CAD/CAM/CAE 工程应用丛书

AutoCAD 2017 机械设计
完全自学手册

第 3 版

钟日铭 等编著

机械工业出版社

本书以 AutoCAD 2017 简体中文版作为软件基础，通过典型实例介绍使用 AutoCAD 2017 进行机械制图的方法和应用技巧等。全书共 11 章，具体内容包括 AutoCAD 2017 基础知识、二维图形创建与编辑、制图准备及样式设置实例、简单图形实例、三视图基础实例、简单零件图实例、常见机械零件图实例、装配图实例、轴测图实例、基本三维图形实例和典型三维机械零件实例。

　　本书结构清晰、重点突出、实例典型、应用性强，是从事机械制图（或工程制图）等工作的专业技术人员的理想参考书。本书还可作为 CAD 培训班及大中专院校的教学参考用书。

图书在版编目（CIP）数据

AutoCAD 2017 机械设计完全自学手册 / 钟日铭等编著. —3 版. —北京：机械工业出版社，2016.9
（CAD/CAM/CAE 工程应用丛书）
ISBN 978-7-111-54953-6

Ⅰ. ①A… Ⅱ. ①钟… Ⅲ. ①机械设计－计算机辅助设计－AutoCAD 软件－手册 Ⅳ. ①TH122-62

中国版本图书馆 CIP 数据核字（2016）第 231297 号

机械工业出版社（北京市百万庄大街 22 号　邮政编码 100037）
策划编辑：张淑谦　　责任编辑：张淑谦
责任校对：张艳霞　　责任印制：李　洋

三河市宏达印刷有限公司印刷

2016 年 10 月第 3 版·第 1 次印刷
184mm×260mm·25.75 印张·630 千字
0001－3000 册
标准书号：ISBN 978-7-111-54953-6
定价：69.00 元

前　言

AutoCAD 是一款功能强大、性能稳定、兼容性好、扩展性强的主流 CAD 软件，它具有二维绘图、三维建模、二次开发等功能，在机械、建筑、电气、广告设计、工业设计和模具制造等领域应用广泛。AutoCAD 2017 中文版是进行机械制图的一个很好的软件平台。

目前市面上关于 AutoCAD 系列的图书很多，但学习者要想在众多的图书中挑选一本适合自己且实用性强的学习用书却并不容易。有不少学习者会有这样的困惑：学习 AutoCAD 很长时间后，却似乎感觉还没有入门，不能够将它有效地应用到实际设计工作中。造成这种困惑的一个重要原因是：在学习 AutoCAD 时，过多地注重了软件的功能，而忽略了实战操作的锻炼和设计经验的积累。事实上，一本好的 AutoCAD 教程，除了要介绍基本的软件功能之外，还要结合典型实例和设计经验来介绍应用知识与使用技巧等，并兼顾设计思路和实战性。鉴于此，笔者根据多年的一线设计经验，编写了这本结合软件功能和实际应用的《AutoCAD 2017 机械设计完全自学手册 第 3 版》。

本书以 AutoCAD 2017 简体中文版作为软件基础，循序渐进地通过典型实例，介绍使用 AutoCAD 2017 进行机械制图的方法和应用技巧等，并且在编排上对相关实例进行了有针对性的归类，使读者阅读和学习起来易于融会贯通，从而在一定程度上提高学习效率。对于本书的每一个实例，都给出了详细的绘图步骤，方便读者上机实践。需要说明的是：本书是在《AutoCAD 2014 机械设计完全自学手册 第 2 版》一书的基础上进行升级改版而成的，专门针对新制图标准更新了一些内容，根据读者反馈和教学反馈增添了一些实用知识与操作技巧，并修正了部分笔误之处。该书除了适合使用 AutoCAD 2017 进行操作的用户学习和使用之外，还适合使用 AutoCAD 2013~ AutoCAD 2016 进行操作的用户学习和使用。

1. 本书内容框架

本书共 11 章，内容全面，典型实用。每一章除了实例介绍外，均设置有"本章点拨"和"思考与特训练习"，以便引导读者总结和巩固所学知识。各章内容如下。

第 1 章　主要介绍一些在实际制图设计中要掌握的基础知识，包括启动与退出 AutoCAD 2017 用户界面、配置绘图环境、AutoCAD 2017 文件管理操作、图形单位设置、坐标系使用基础、AutoCAD 2017 的几种命令执行方式、启用对象捕捉功能、编辑对象特性、图形对象选择操作和功能键参考等。

第 2 章　详细地介绍二维图形创建与编辑的基础知识。

第 3 章　以建立一个某企业内的模板文件为例，说明如何设置图层、文字样式、尺寸标注样式，以及如何绘制图框和标题栏。

第 4 章　详细介绍若干个简单图形的绘制实例，让读者在设计环境中深入学习 AutoCAD 2017 绘图工具（命令）和编辑工具（命令）的使用方法及使用技巧。

第 5 章　详细介绍几个简单零件的三视图绘制实例，侧重点在于使用 AutoCAD 2017 绘制零件三视图的基础知识。

第 6 章　介绍简单零件的绘制方法及步骤，采用的实例零件有平垫圈、螺栓、螺母、平键和花键。

第 7 章 介绍轴、齿轮、螺套、弹簧、凸轮、衬盖、花键-锥齿轮、滚动轴承的零件图绘制方法及步骤，重点内容包括正确选择和合理布置视图、合理标注尺寸、标注公差及表面结构要求、编写技术要求和填写零件图的标题栏等。

第 8 章 通过典型实例介绍如何利用 AutoCAD 2017 来绘制装配图。

第 9 章 主要介绍使用 AutoCAD 2017 绘制轴测图的基础知识以及特训实例。

第 10 章 首先介绍三维制图环境的设置基础和三维建模概述，然后分别通过典型实例介绍绘制基本三维图形的知识。本章涉及的典型实例有绘制三维线条、绘制三维网格、绘制基本三维实体、由二维图形创建三维实体、三维操作实例和实体编辑实例。

第 11 章 通过几个典型实例，深入详细地讲解如何使用 AutoCAD 2017 来创建三维机械零件。本章所介绍的精彩实例包括联轴器、凸轮、支架和普通轴。

2．附赠网盘资料使用说明

为了便于读者学习，强化学习效果，本书特意赠送读者超值网盘资料，内含实例源文件、典型的样板文件以及精选的典型操作视频文件等。使用这些视频文件，读者应该可以快速掌握 AutoCAD 2017 的基础操作和应用技巧。

实例源文件及制作完成的大部分参考文件均放置"配套素材"→"CH#"（#为相应的章号）文件夹中，书中应用到的样板文件放在"图形样板"文件夹中，供参考学习之用的部分操作视频文件放在"操作视频"文件夹中。操作视频文件采用 AVI 格式，可以在大多数的播放器中播放，如 Windows Media Player、暴风影音等较新版本的播放器。如果在播放视频文件时，发现有声音无图像的情况，可以尝试安装相应的视频解码器文件来解决。

附赠网盘资料仅供学习之用，请勿擅自将其用于其他商业活动。

3．技术支持说明

如果读者在阅读本书时遇到什么问题，可以通过 E-mail 方式与作者联系，作者的电子邮箱为 sunsheep79@163.com。欢迎读者提出技术咨询或批评建议。另外，也可以通过登录设计梦网（www.dreamcax.com）进行相关图书的技术答疑沟通，并可获取更多的学习资料和视频教学观看机会。对于提出的问题，作者会尽快答复。

本书主要由钟日铭编写，参与编写的还有肖秋连、钟观龙、庞祖英、钟日梅、刘晓云、钟春雄、陈忠钰、周兴超、陈日仙、黄观秀、钟寿瑞、沈婷、钟周寿、邹思文、肖钦、赵玉华、钟春桃、曾婷婷、肖宝玉、肖世鹏、劳国红、肖秋引、黄后标和黄瑞珍。

书中如有疏漏之处，请广大读者不吝赐教。谢谢。

天道酬勤，熟能生巧，以此与读者共勉。

钟日铭

目　　录

第1章　AutoCAD 2017 基础知识

本章导读：

> 　　AutoCAD 2017 是一款出色的计算机辅助设计软件，它在机械、建筑、电气、化工、服装、广告、工业设计和模具设计等领域得到了广泛的应用。AutoCAD 2017 功能强大，除二维绘图功能外，其三维设计、数据管理、渲染显示以及互联网通信等功能得到了进一步增强。
>
> 　　在学习使用 AutoCAD 2017 绘制具体的图形之前，首先需要对 AutoCAD 2017 有一个初步的认识，比如熟悉 AutoCAD 2017 的用户界面，了解如何配置绘图环境，掌握基本的文件操作，熟知图形单位设置和坐标系使用基础等，学会 AutoCAD 2017 的几种命令执行方式，掌握如何设置和启用对象捕捉功能、编辑对象特性、选择图形对象等。这些都将是本章所要重点介绍的 AutoCAD 2017 入门知识。

1.1　初识 AutoCAD 2017

　　AutoCAD（Auto Computer Aided Design）是 20 世纪 80 年代初期诞生的一款计算机辅助设计绘图软件。经过这些年来的不断发展，AutoCAD 的软件性能得到了大幅提升，其设计功能也得到进一步完善与扩展，已成为一款功能强大、性能稳定、兼容性与扩展性好的主流设计软件。在一些具体的领域，可以将 AutoCAD 与 PhotoShop、3ds max、LightScape 等设计软件结合使用，从而制作出具有真实感或质感较佳的三维透视效果以及动画效果。

　　AutoCAD 具有优秀的二维绘图设计功能、三维建模功能、二次开发功能与数据管理功能等。另外，目前许多机械设计、建筑设计的专业软件的内核都是由 AutoCAD 扩展而成的。

　　AutoCAD 2017 是目前的较新版本，该版本将直观强大的概念设计和视觉工具有效结合在一起，促进了二维设计向三维设计的转换，并整合了制图和可视化，加快了任务的执行，能够满足个人用户的需求和偏好，更容易找到那些不常见的命令，设计效率得到极大的提升。新用户应注意以下列举的一些 AutoCAD 2017 操作特点。

　　（1）保存的默认文件格式与 AutoCAD 2013 的相同，均为"AutoCAD 2013 图形（*.dwg）"。

　　（2）新的移植界面将 AutoCAD 自定义设置组织为用户可以从中生成移植摘要报告的组合类别。

　　（3）AutoCAD 2017 增加了对 PDF 支持的功能。用户可以将几何图形、填充、光栅图像和 TrueType 文字从 PDF 文件输入到当前图形中，PDF 数据可以来自当前图形中附着的 PDF，也可以来自指定的任何 PDF 文件，其数据精度受限于 PDF 文件的精度和支持的对象类型的精度，某些特性（如 PDF 比例、图层、线宽和颜色）可以保留。

（4）可以创建与圆弧和圆关联的中心标记，以及与选定的直线和多段线线段关联的中心线。

（5）可以使用标准二维端点和中心对象捕捉在附着的协调模型上指定精确位置。此功能仅适用于 64 位 AutoCAD。

（6）在主要性能增强功能方面：已针对渲染视觉样式（尤其是内含大量包含边和镶嵌面的小块的模型）改进了 3DORBIT 的性能和可靠性；二维平移和缩放操作的性能得到了进一步改进；线型的视觉质量也已经得到了改进；通过跳过对内含大量线段的多段线的几何图形中心（GCEN）计算，从而改进了对象捕捉的性能。

（7）可以为"新图案填充"和"填充"将 HPLAYER 系统变量设置为不存在的图层。在创建了下一个图案填充或填充后，就会创建该图层。

（8）所有标注命令都可以使用 DIMLAYER 系统变量。

（9）TEXTEDIT 命令现在会自动重复。

（10）AutoCAD 2017 创新扩展成为一个广度和深度都值得称赞的产品组合，涉及很多行业的具体解决方案，如建筑、土木、机械、电气、管路工程、工厂管理和地理空间信息系统等，能够帮助用户改善、实践设计创意。

启动 AutoCAD 2017 时，其初始界面在默认时将显示一个"开始"选项卡，如图 1-1 所示。使用此"开始"选项卡，用户可以轻松访问各种初始操作，包括访问图形样板文件、最近打开的图形和图纸集以及联机和了解选项。"开始"选项卡主要包含"创建"页面和"了解"页面。

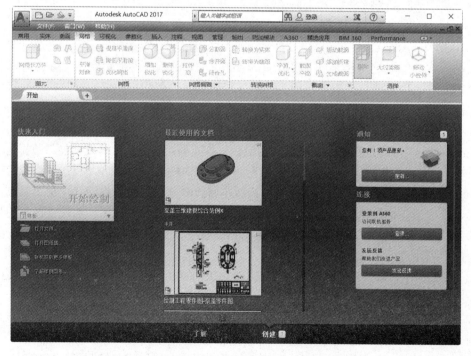

图 1-1　AutoCAD 2017 启动时显示"文件"选项卡

"创建"页面显示的内容主要包括"快速入门""最近使用的文档""通知"和"连接"这几个栏目。其中,"快速入门"栏目提供常用方法以启动文件,例如基于默认的图形样板文件创建新图形,打开图纸集,联机获取更多样板等;通过"最近使用的文档"栏目,可以快速查看最近使用的文件;"通知"栏目显示与产品更新、硬件加速、试用期相关的所有通知,以及脱机帮助文件信息;在"连接"栏目中,用户可以通过单击"登录"按钮登录到A360,然后访问联机服务,还可以发送反馈信息以帮助改进 AutoCAD 产品。

"了解"页面提供了对学习资源(如视频、提示和其他可用的相关联机内容或服务)的访问,例如,观看新特性视频、快速入门视频等。每当有新内容更新时,在页面的底部会显示通知标记。如果没有可用的 Internet 连接,则不会显示"了解"页面。

1.2 启动与退出 AutoCAD 2017

可以通过打开相关 AutoCAD 格式的文件(如*.dwg、*.dwt)来启动 AutoCAD 2017。此外,启动 AutoCAD 2017 的方法还主要有下列两种。

1. 双击桌面快捷方式

按照安装说明安装好 AutoCAD 2017 软件后,若设置在 Windows 操作系统桌面上显示 AutoCAD 2017 快捷方式图标 A,那么双击该快捷方式图标即可启动 AutoCAD 2017。

2. 使用"开始"菜单方式

以 Windows 10 的 64 位操作系统为例,单击 Windows 10 操作系统桌面左下角的"开始"按钮 ,弹出"开始"菜单,进入"所有应用"级联菜单中的"AutoCAD 2017-简体中文(Simplified Chinese)"程序组,然后选择"AutoCAD 2017-简体中文(Simplified Chinese)"选项即可启动 AutoCAD 2017 简体中文版。

退出 AutoCAD 2017,可以采用以下几种方式之一。

(1)单击"应用程序"按钮 打开应用程序菜单浏览器,然后单击"退出 Autodesk AutoCAD 2017"按钮。

(2)显示菜单栏时,从菜单栏中选择"文件"→"退出"命令。

(3)单击 AutoCAD 2017 窗口界面最右上角的"关闭"按钮×。

(4)在命令行中输入"Exit"或"Quit"命令,按〈Enter〉键。

(5)在打开图形文件的情况下,按〈Ctrl+Q〉组合键。

1.3 AutoCAD 2017 的工作空间与用户界面

AutoCAD 的工作空间是由分组组织的菜单、工具栏、选项板和功能区控制面板组成的集合,能够使用户在专门的、面向任务的绘图环境中工作。使用工作空间时,只会显示与任务相关的菜单、工具栏、功能区工具和选项板等。例如,在创建三维模型时,可以使用"三维建模"工作空间,其中仅包含与三维相关的功能区工具等,而三维建模不常需要的界面项、工具会被隐藏,从而更方便用户进行三维建模工作。此外,工作空间还可以显示用于特定任务的特殊选项板。

用户可以创建自己的工作空间,也可以修改默认工作空间。

在 AutoCAD 2017 软件中，系统提供了"草图与注释"工作空间、"三维基础"工作空间和"三维建模"工作空间。通常情况下，用户可在"快速访问"工具栏的"工作空间"下拉列表框中选择所需要的一个工作空间，如图 1-2 所示。如果在"工作空间"下拉列表框中选择"工作空间设置"选项，则打开图 1-3 所示的"工作空间设置"对话框。利用该对话框可以设置默认工作空间，可以设置工作空间菜单显示及顺序，还可以设置切换工作空间时是否自动保存工作空间修改。

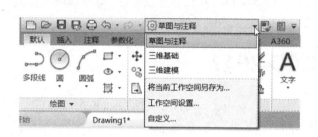

图 1-2 "快速访问"工具栏的"工作空间"下拉列表框

图 1-3 "工作空间设置"对话框

通常要绘制二维草图时，用户可以选用"草图与注释"工作空间。现在以"草图与注释"工作空间为例，简单介绍 AutoCAD 2017 的用户界面。在"快速访问"工具栏的"工作空间"下拉列表框中选择"草图与注释"选项，或者在状态栏中单击"切换工作空间"按钮 ⚙ ▼ 并接着从弹出的菜单中选择"草图与注释"选项，即可进入该工作空间的用户界面，如图 1-4 所示。该工作空间默认的用户界面主要由标题栏、"快速访问"工具栏、应用程序菜单、功能区、命令窗口（即命令行）、绘图区域和状态栏等几部分组成。用户也可以自定义界面。

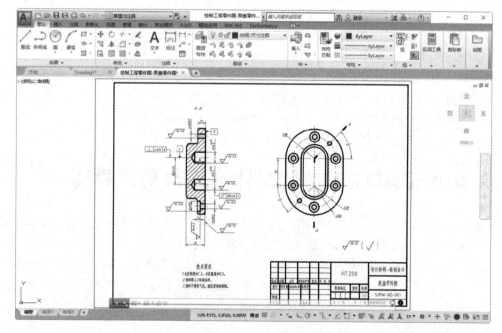

图 1-4 AutoCAD 2017 "草图与注释"工作空间的用户界面

1.3.1　标题栏与"快速访问"工具栏

标题栏位于 AutoCAD 2017 用户工作界面的最上方，在标题栏中显示了当前软件版本名称，当新建或打开模型文件时，标题栏中还会显示出该文件的名称。

在标题栏的左侧区域，嵌入了"快速访问"工具栏，如图 1-5 所示。"快速访问"工具栏提供对定义的常用命令集的直接访问。用户可以自定义"快速访问"工具栏，包括向"快速访问"工具栏添加更多的工具，其一般方法是在"快速访问"工具栏中单击"自定义快速访问工具栏"按钮 ⇩，接着从滑出的菜单列表中选择所需的命令进行设置，如图 1-6 所示。如果为"快速访问"工具栏添加了相当多的工具，那么超出工具栏最大长度范围的工具会以弹出按钮显示。

图 1-5　"快速访问"工具栏

图 1-6　自定义"快速访问"工具栏

在标题栏右侧部位提供的实用按钮包括"最小化"按钮 －、"最大化"按钮 □／"向下还原"按钮 ▢ 和"关闭"按钮 ✕。

1.3.2　应用程序菜单和菜单栏

AutoCAD 2017 提供了一个实用的"应用程序"按钮 ▲，单击此按钮将打开图 1-7 所示的应用程序菜单，从中可搜索命令以及访问用于创建、打开、关闭和发布文件的工具。在应用程序菜单中，可以使用"最近使用的文档"列表来查看最近使用的文件。应用程序菜单支持对命令的实时搜索，搜索字段显示在应用程序菜单的顶部区域，搜索结果可以包括菜单命令、基本工具提示和命令提示文字字符串。使用应用程序菜单搜索命令的典型示例如图 1-8 所示。

图 1-7 应用程序菜单   图 1-8 使用应用程序搜索命令

对于一些老用户，他们对 AutoCAD 的菜单栏比较熟悉。要在当前工作空间显示经典菜单栏，那么用户可以在"快速访问"工具栏中单击"自定义快速访问工具栏"按钮 ▾，接着从其下拉菜单列表中选择"显示菜单栏"命令，即可在当前工作空间的界面显示经典菜单栏。如图 1-9 所示，通过设置在 AutoCAD 2017 的工作界面中显示有菜单栏。菜单栏包含有"文件""编辑""视图""插入""格式""工具""绘图""标注""修改""参数""窗口"和"帮助"这些下拉菜单，其中的菜单命令可作为功能区工具的替代。

图 1-9 显示菜单栏

1.3.3 绘图区域

绘图区域也称图形窗口，它是主要的工作区域，绘制的图形在该区域中显示。在绘图区域中，需要关注绘图光标、当前坐标系图标、视口控件、ViewCube 工具和导航栏。其中，视口控件显示在每个视口的左上角，提供更改视图、视觉样式和其他设置的快捷方式；ViewCube 工具位于绘图区域的右上角，它是一种方便的工具，用来控制三维视图的方向；导航栏是一种用户界面元素，默认时它浮动于当前绘图区域的右边，在导航栏中提供有用于特定产品的导航工具，包括用于平行于屏幕移动视图的"平移"工具，用于增大或缩小模型当前视图比例的一组导航工具，用于旋转模型当前视图的导航工具集等。

在绘制二维图形时，默认坐标系图标的 X 轴正方向为向右，Y 轴正方向为向上。

一般情况下，鼠标光标在绘图区域显示为一个十字光标，当在执行某些命令而需要选择对象时，绘图区域中的鼠标光标会变成一个小小的方形拾取框。

1.3.4 命令窗口

命令窗口也称命令行窗口，它主要由当前命令行和命令历史列表框组成。AutoCAD 的命令窗口可以为传统固定形式的，也可以是浮动形式的，如图 1-10 所示。在 AutoCAD 2017 中，默认提供浮动形式的命令窗口。在命令窗口中单击"最近使用的命令"按钮 ，可以打开"最近使用的命令"列表，从中可选择所需的命令进行操作。

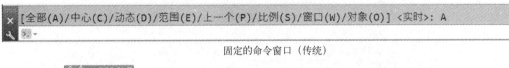

固定的命令窗口（传统）

浮动的命令窗口

图 1-10　命令窗口

对于浮动命令窗口，单击"自定义"按钮 ，接着从打开的自定义列表中选择"透明度"命令，弹出"透明度"对话框，从中可设置命令行的透明度样式，如图 1-11 所示。

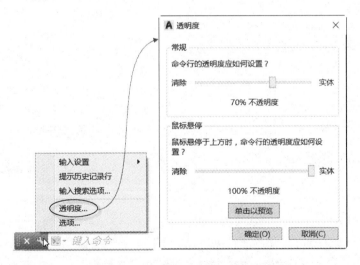

图 1-11　设置浮动命令窗口的透明度

在命令行中输入命令或命令别名，然后按〈Enter〉键或者空格键，系统会执行该命令的操作。在输入命令后，用户可能看到显示在命令行中的一系列提示选项，此时可以使用鼠标单击所需的一个选项，也可以通过使用键盘输入大写或小写的相应字母来指定提示选项。如果对当前输入命令的操作不满意，可以按〈Esc〉键取消该命令操作。

在默认情况下，命令或系统变量的名称在输入时会自动完成，也会显示使用相同字母的命令和系统变量的建议列表。用户可以在"输入搜索选项"对话框中控制这些功能的设置。对于初学者来说，应该多注意命令行的提示。

在使用固定命令窗口时，按〈F2〉功能键，将打开独立的 AutoCAD 文本窗口，如图 1-12 所示。可以直接在该窗口的命令行中输入命令或相应的参数来执行操作。另外，利用该 AutoCAD 文本窗口，可以很方便地查看和编辑命令操作的历史记录。再次按〈F2〉功能键，将关闭 AutoCAD 文本窗口。如果使用浮动命令窗口，则按〈Ctrl+F2〉组合键才能打开或关闭独立的 AutoCAD 文本窗口。

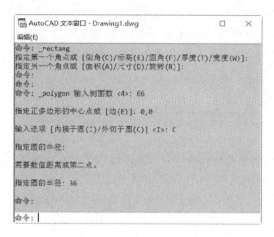

图 1-12   AutoCAD 文本窗口

1.3.5   状态栏

状态栏位于图形窗口和命令窗口的下方，在状态栏上显示了光标位置、绘图工具以及会影响绘图环境的工具，如图 1-13 所示。默认情况下，状态栏不会显示所有工具。读者可以根据设计情况增加显示所需的工具，其方法是在状态栏上最右侧单击"自定义"按钮 ，接着从打开的"自定义"菜单中选择要显示的工具即可。状态栏上显示的工具可能会发生变化，具体取决于当前的工作空间以及当前显示的是"模型"选项卡还是"布局"选项卡。

4489.5277, 882.5876, 0.0000 模型 ▦ ▦ ▾ ↳ ∠ ⦾ ▾ ↘ ∠ ☐ ▾ ☰ ⦰ ⋗ 人 ⅄ 人 1:1 ▾ ✿ ▾ ＋ ⌗ ● ▭ ☰

图 1-13   状态栏

在实际设计工作中，通常需要使用状态栏中的相关模式控制按钮，如"捕捉模式"▦ 、"栅格显示"▦ 、"正交模式"↳ 、"极轴追踪"⦾ 、"对象捕捉"☐ 、"三维对象捕捉"▢ 、"对象捕捉追踪"∠ 、"允许/禁止动态 UCS"↘ 、"动态输入"↳ 、"显示/隐藏线宽"▤ 、"选择循环"▥ 、"显示/隐藏透明度"▨ 和"快捷特性"▤ 等。

1.3.6   功能区

功能区由许多面板组成，这些面板被组织到依任务进行标记的选项卡中。可以将功能区看作是显示基于任务的工具和控件的选项板。使用功能区时无须显示多个工具栏，应用程序窗口会变得简洁有序。功能区可以水平显示、垂直显示，也可以将功能区设置显示为浮动选项板。创建或打开图形时，默认情况下，在图形窗口的顶部将显示水平的功能区，如图 1-14 所示。当功能区水平显示时，每个选项卡都由文本标签标识。

图 1-14　水平显示的功能区

1.3.7　工具选项板

工具选项板是一种十分有用的辅助设计工具，它提供了一种用来组织、共享和放置块、图案填充及其他工具的有效方法。工具选项板还可以包含由第三方开发人员提供的自定义工具。

在工具选项板中，包含了很多工具类别的选项卡，例如选择"机械"选项卡，将列出常用的机械图形，如图 1-15 所示。在绘制图形的过程中，对于一些常用件，可以使用鼠标拖曳的方式将其从工具选项板相应的选项卡中拖到图形区域中放置。

如果当前的用户界面中没有显示工具选项板，那么可以在功能区中切换至"视图"选项卡，然后在"选项板"面板中单击"工具选项板"按钮，如图 1-16 所示，即可打开工具选项板。用户也可以在菜单栏中选择"工具"→"选项板"→"工具选项板"命令来打开或关闭工具选项板，另外，按〈Ctrl+3〉组合键亦可打开或关闭工具选项板。

图 1-15　工具选项板

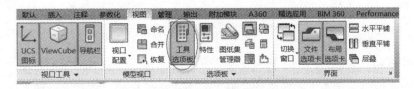

图 1-16　设置打开工具选项板

1.3.8 图纸集管理器

图纸集可以被理解成几个图形文件中图纸的有序命名集合，图纸集中的每张图纸都与图形文件中的一个布局相对应。众所周知，整理图形集是大多数设计项目的主体部分。如果使用手动的方式组织图形集，将会非常耗时。而使用图纸集管理器，这项工作就变得轻松自如了，可以将图纸集作为一个单元进行管理、传递、发布和归档。具体来说，利用图纸集管理器，可以很方便地对图纸集进行组织、管理和显示设置，包括创建图纸集、查看和修改图纸集、将视图放在图纸上、交叉引用图纸视图、创建图纸一览表、归档图纸集等。

在 AutoCAD 2017 中，要打开或关闭图纸集管理器窗口，则可以在功能区"视图"选项卡的"选项板"面板中单击"图纸集管理器"按钮 以选中此按钮或取消选中此按钮。

1.4 配置绘图环境

如果对系统默认的绘图环境不满意，则可以根据个人习惯、喜好和具体的绘图需要来进行重新配置。

在应用程序菜单中单击"选项"按钮，或者在菜单栏中选择"工具"→"选项"命令，将打开图 1-17 所示的"选项"对话框。该对话框具有 10 个选项卡，分别为"文件"选项卡、"显示"选项卡、"打开和保存"选项卡、"打印和发布"选项卡、"系统"选项卡、"用户系统配置"选项卡、"绘图"选项卡、"三维建模"选项卡、"选择集"选项卡和"配置"选项卡。利用这些选项卡可以设置具体的配置项目。

图 1-17 "选项"对话框

例如，要调整绘图光标显示的大小，则需要切换到"选项"对话框的"显示"选项卡，在"十字光标大小"选项组中，输入一个有效的数值，或者拖曳文本框右侧的滑块来选定十字光标的大小，如图 1-18 所示，然后单击"应用"按钮即可。

图 1-18　设置十字光标大小

有些用户比较喜欢二维模型空间的背景颜色为白色。设置的方法是从菜单栏中选择"工具"→"选项"命令，打开"选项"对话框；切换到"显示"选项卡，在"窗口元素"选项组中单击"颜色"按钮，弹出"图形窗口颜色"对话框，确保"上下文"列表中的"二维模型空间"选项处于被选中的状态，"界面元素"为"统一背景"，接着从"颜色"下拉列表框中选择"白"选项，如图 1-19 所示，单击"应用并关闭"按钮，然后在"选项"对话框中单击"确定"按钮。

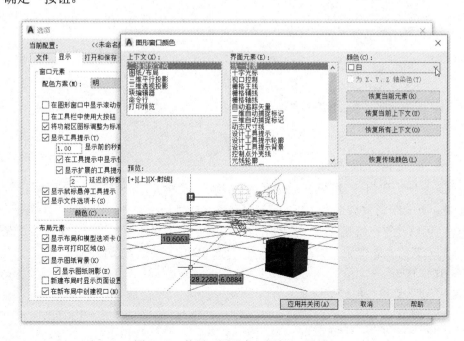

图 1-19　使用"图形窗口颜色"对话框

1.5 AutoCAD 2017 文件管理操作

AutoCAD 2017 常用文件管理操作包括：创建图形文件、打开图形文件、保存图形文件、关闭图形文件等。

1.5.1 新建图形文件

在默认情况下（系统变量"STARTUP"初始值为 3，系统变量"FILEDIA"初始值为 1），在"快速访问"工具栏中单击"新建"按钮 🗋，或者单击"应用程序"按钮 🅰 并在弹出的应用程序菜单中选择"新建"→"图形"命令，系统将弹出图 1-20 所示的"选择样板"对话框。对于中国的用户，可以选择符合国标的公制样板，然后单击"打开"按钮。如果单击位于"打开"按钮右侧的 🔽（下三角形）按钮，还可以从出现的下拉菜单中选择"无样板打开-英制"选项或"无样板打开 公制"选项，从而不使用样板文件来创建一个基于英制测量系统或公制测量系统的新图形文件。

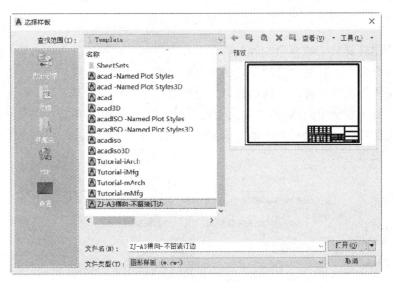

图 1-20 "选择样板"对话框

知识点拨： 还可以直接在 AutoCAD 2017 的命令行中输入"NEW"命令并按〈Enter〉键，或者使用键盘上的〈Ctrl+N〉组合键来新建图形文件。

此外，可以设置在新建图形文件的过程中，显示"创建新图形"对话框。方法是通过命令行输入的方式将系统变量"STARTUP"和"FILEDIA"的值均设置为 1（开）。

命令: STARTUP↙
输入 STARTUP 的新值 <3>: 1↙
命令: FILEDIA↙
输入 FILEDIA 的新值 <1>: ↙

设置好系统变量"STARTUP"和"FILEDIA"的新值后，当在"快速访问"工具栏中单击"新建"按钮，或者单击"应用程序"按钮并在弹出的应用程序菜单中选择"新建"→"图形"命令，将会打开图 1-21 所示的"创建新图形"对话框。该对话框中的按钮说明如下。

"从草图开始"按钮：单击此按钮时，"创建新图形"对话框变为图 1-22 所示，可以在"默认设置"选项组中选择"英制（英尺和英寸）"或"公制"单选按钮。读者使用默认公制设置来创建新图形文件即可。

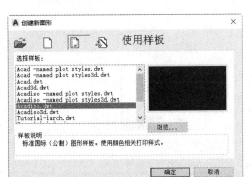

图 1-21 "创建新图形"对话框

图 1-22 从草图开始创建新图形

"使用样板"按钮：单击此按钮时，"创建新图形"对话框出现"选择样板"列表框和"样板说明"信息栏，读者可从"选择样板"列表框中选择所需的样板来创建新图形文件。

"使用向导"按钮：单击此按钮时，可以选择"高级设置"选项或"快速设置"选项，如图 1-23 所示，通过指定的向导来创建新图形文件。

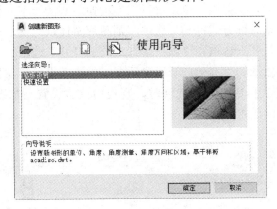

图 1-23 使用向导创建新图形

如果没有特别说明，本书后面章节相关范例均默认使用系统变量"STARTUP"初始值为 3，系统变量"FILEDIA"初始值为 1。

1.5.2 打开图形文件

在 AutoCAD 2017 系统中，打开图形文件的方法主要下列几种。

（1）单击"快速访问"工具栏中的"打开"按钮。

（2）单击"应用程序"按钮，弹出应用程序菜单，接着将鼠标移至应用程序菜单的

"打开"命令处以展开其下一级菜单，或者在应用程序菜单中单击位于"打开"命令右侧的"展开"按钮▶来打开其下一级菜单，然后选择"图形"命令。

（3）在命令窗口的命令行中输入"OPEN"命令，按〈Enter〉键。

（4）使用〈Ctrl+O〉组合键。

执行上述操作工具（命令）后，系统弹出图 1-24 所示的"选择文件"对话框，从中选择所需要的图形文件，单击"打开"按钮。

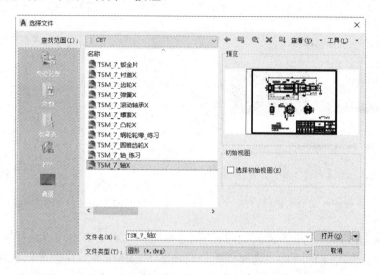

图 1-24 "选择文件"对话框

如果在"选择文件"对话框中，单击"打开"按钮右侧的"下三角形"按钮▼，还可以从其下拉菜单中选择"以只读方式打开"选项，则图形文件以只读形式打开。此外，还有两个主要选项，即"局部打开"选项和"以只读方式局部打开"选项。当选择"局部打开"选项时，将弹出图 1-25 所示的"局部打开"对话框，由读者设置要加载的项目来打开所需图形；当选择"以只读方式局部打开"选项时，则也由读者设置要加载的项目打开局部的图形，但该图形文件以只读形式打开。

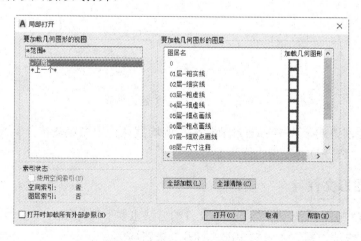

图 1-25 "局部打开"对话框

1.5.3 保存图形文件

保存图形文件的方式主要有两种：一种是直接保存图形文件，其使用的菜单命令为"文件"→"保存"命令，其对应的工具按钮为"保存"按钮 ；另一种则是以"另存为"的方式保存图形文件，其使用的菜单命令为"文件"→"另保存"命令，其对应的工具按钮为"另存为"按钮 。

如果是第一次为新图形文件执行保存操作，则会打开图 1-26 所示的"图形另存为"对话框。在该对话框中，可以指定文件保存的路径、文件名、文件类型等。

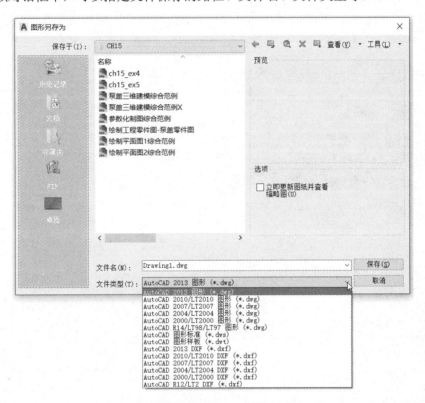

图 1-26 "图形另存为"对话框

AutoCAD 默认保存的文件格式为"AutoCAD 2013 图形（*.dwg)"，还可以保存的文件格式主要有"*.dws""*.dwt"和"*.dxf"等。注意，如果要想以后使用低版本的 AutoCAD 来打开保存的文件，则需要在 AutoCAD 2017 中将图形文件保存为某低版本格式的文件。

建议读者在制图过程中，养成及时保存文件的良好习惯，以防突然断电或者其他原因导致文件数据丢失。

1.5.4 关闭图形文件

在不退出 AutoCAD 2017 系统的情况下，关闭当前活动图形文件的方法主要以下几种。

（1）单击当前图形文件的"关闭"按钮 ，或者按〈Alt+F4〉组合键。也可以在当前文件的文件选项卡上单击相应的"关闭"按钮 。

（2）在菜单栏中选择"文件"→"关闭"命令，或者选择"窗口"→"关闭"命令。

（3）单击"应用程序"按钮 ，弹出应用程序菜单，接着从应用程序菜单中选择"关闭"命令，或展开"关闭"命令的下一级菜单并从中选择"当前图形"命令。

（4）在命令窗口的命令行中输入"CLOSE"，按〈Enter〉键。

如果要一次关闭打开的所有（多个）图形文件，则可以在菜单栏中选择"窗口"→"全部关闭"命令；或者单击"应用程序"按钮并从弹出的应用程序菜单中展开"关闭"命令的下一级菜单，然后选择"所有图形"命令，如图 1-27 所示。

在关闭文件之前，倘若读者对图形内容进行了修改而未及时执行保存操作，那么在执行文件关闭操作的过程中，系统会弹出图 1-28 所示的对话框，询问是否将改动保存到指定文件。

图 1-27　关闭当前打开的所有图形

图 1-28　询问是否要保存文件

1.6　图形单位设置

在进行具体的设计项目前，有时候需要根据设计要求进行图形单位的设置，比如设置长度单位、角度单位及其精度等。

设置图形单位的方法及步骤如下。

❶ 设置显示菜单栏，在菜单栏中选择"格式"→"单位"命令，或者在命令窗口的当前命令行中输入"UNITS"命令并按〈Enter〉键确认，系统弹出图 1-29 所示的"图形单

位"对话框。

2 在"长度"选项组的"类型"下拉列表框中设置长度尺寸的类型,可供选择的长度类型选项有"小数""科学""建筑""分数"和"工程"。在机械制图和建筑制图中,常使用"小数"类型的以十进制表示的长度单位。指定长度类型选项后,在"精度"下拉列表框中选择所需的单位精度值,如0.0000。

3 在"角度"选项组的"类型"下拉列表框中选择角度单位类型,接着在"精度"下拉列表框中选择所需的单位精度值,并可以勾选"顺时针"复选框将角度方向由默认的逆时针方向改为顺时针方向。在AutoCAD 2017中,系统提供了5种角度单位类型选项,即"十进制度数""度/分/秒""弧度""勘测单位"和"百分度",其中我国工程界多采用"十进制度数"。

4 在"插入时的缩放单位"选项组中,可以控制插入到当前图形中的块和图形的测量单位。如果创建块或图形时所使用的单位与该选项组设置的"用于缩放插入内容的单位"不相符,则在插入这些块或图形时,系统将对其进行比例缩放。这里所述的插入比例是指源块或图形使用的单位与目标图形使用的单位之比。如果想在插入块时不按照指定单位缩放,那么可以在该选项组的下拉列表框中选择"无单位"选项。

5 在"光源"选项组中设置用于指定光源强度的单位。

6 如果需要,可以单击"方向"按钮,打开"方向控制"对话框,如图1-30所示,从中设置基准角度。

图1-29 "图形单位"对话框

图1-30 "方向控制"对话框

7 单击"图形单位"对话框中的"确定"按钮,完成图形单位的设置。

1.7 坐标系使用基础

要绘制图形,就必须掌握坐标系的使用方法。熟练而灵活地应用坐标系为图形中的点定位,这将有助于精确制图。

1.7.1 坐标系的概念

在 AutoCAD 中，按照坐标系的定制对象不同，可以将坐标系分为两种主要类型：一种是被称为世界坐标系（WCS）的固定坐标系，另一种则是被称为用户坐标系（UCS）的可移动坐标系。在系统默认情况下，这两种坐标系在新图形中是重合的。

通常，在新图形的二维视图中，WCS 的 X 轴方向是水平的，Y 轴方向是垂直的，其原点为 X 轴和 Y 轴的交点（0,0）。图形文件中的所有对象都可以由 WCS 坐标来定义，然而，在某些设计场合，使用可移动的 UCS 创建和编辑图形对象则更为灵活方便。

按照坐标值参考点的不同，可以将坐标系分为绝对坐标系和相对坐标系，也就是说，在制图过程中，输入点坐标的方式有两种，一种是使用绝对坐标输入，另一种则是使用相对坐标输入。

不管是绝对坐标系还相对坐标系，按照坐标轴的不同，又可分为笛卡儿直角坐标系、极坐标系、球坐标系和柱坐标系。

下面重点介绍在非动态输入模式下，绝对坐标和相对坐标的使用方法。有关动态输入模式的知识将在本章 1.8.4 小节中介绍。

1.7.2 绝对坐标的使用

点的绝对坐标表示的是点相对于一个固定的坐标原点的位置。在制图中常使用的绝对坐标有绝对笛卡儿坐标和绝对极坐标。

（1）绝对笛卡儿坐标

笛卡儿坐标系用 X、Y、Z 坐标值来表示点的位置，即每一点的位置都是以坐标原点为基准，并分别沿着 X 轴、Y 轴和 Z 轴进行测量的。

绝对笛卡儿坐标的输入格式为

$$x,y,z$$

在二维制图中，z 值为 0，此时可以省略输入 z 值，即只输入（x,y）坐标值便可以确定二维空间中的一点。

（2）绝对极坐标

绝对极坐标表示点到原点之间的绝对距离和角度，若按照专业术语描述，就是使用绝对极径和极角来确定点的位置。所述的极径是指当前点到极点（原点）之间的距离，而极角是指当前点到极点（原点）的方位角，默认逆时针方向为正方向。

绝对极坐标的输入格式为

$$极径<极角$$

1.7.3 相对坐标的使用

相对坐标表示的是当前点相对于前一点的位置。在实际设计工作中，灵活使用相对坐标来确定点位置是很实用的，也比较直观。

（1）相对笛卡儿坐标

相对笛卡儿坐标的输入格式为

$$@x,y,z$$

在二维制图中，可以省略 z 值。例如，输入“@2,16”，表示要指定的当前点相对于前一点而言，在 X 轴正方向上移动 2 个长度单位，在 Y 轴正方向上移动 16 个长度单位。

（2）相对极坐标

相对极坐标的输入格式为

@极径<极角

1.8 AutoCAD 2017 的几种命令执行方式

在 AutoCAD 2017 中，命令执行的方式是比较灵活的。譬如，执行同一个操作命令，可以采用在命令行输入命令的形式，也可以使用工具按钮的执行形式，还可以通过选择菜单命令的操作形式等。读者可根据自己的操作习惯来灵活选择适合自己的命令执行方式。在很多场合，实践证明，多种执行方式的巧妙混合使用，能在一定程度上提高设计效率。

1.8.1 在命令行输入命令的执行方式

在命令行输入命令的执行方式是 AutoCAD 最为经典的操作方式。具体的执行步骤是，在命令窗口的命令行中输入所需工具的命令或命令别名，按〈Enter〉键或者空格键，然后根据系统提示进一步完成绘图设置。

例如，要绘制一条直线，如图 1-31 所示，在命令行中输入“LINE”，按〈Enter〉键，接着在命令行中输入“0,0”，按〈Enter〉键确认第 1 点，再输入“120,100”并按〈Enter〉键确认第 2 点，从而由指定的两点绘制一条直线段。

命令: LINE
指定第一个点: 0,0
指定下一点或 [放弃(U)]: 120,100
LINE 指定下一点或 [放弃(U)]:

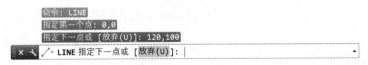

图 1-31　在命令行中输入命令及参数

在命令行中输入命令后，需要了解当前命令行出现的文字提示信息。在文字提示信息中，“[　]”中的内容为可供选择的选项，具有多选项时，各选项之间用“/”符号来隔开，如果要选择某个选项时，则可以在当前命令行中输入该选项圆括号中的选项标识（亮显字母），也可以使用鼠标在命令行中单击提示选项以选择它。在执行某些命令的过程中，若命令提示信息的最后有一个“<>”尖括号，该尖括号内的值或选项即为当前系统默认的值或选项，此时，若直接按〈Enter〉键，则表示接受系统默认的当前值或选项。有时，要响应提示，则输入所需的值或单击图形中的某个位置。例如，在命令行输入“ZOOM”或“Z”并按〈Enter〉键，接着输入“A”以 选择“全部”选项，如图 1-32 所示，最后按〈Enter〉键。

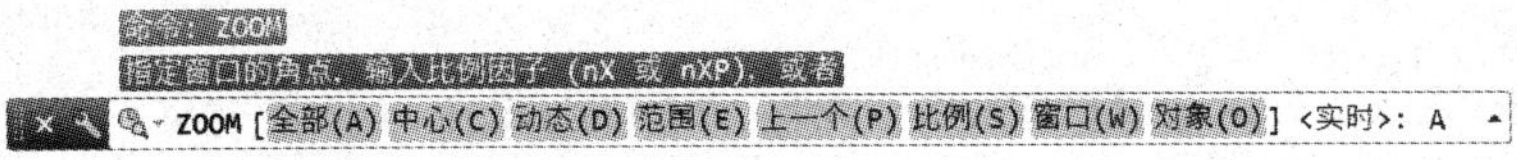

命令: ZOOM
指定窗口的角点，输入比例因子 (nX 或 nXP)，或者
ZOOM [全部(A) 中心(C) 动态(D) 范围(E) 上一个(P) 比例(S) 窗口(W) 对象(O)] <实时>: A

图 1-32　执行显示全部的操作

如果要取消在命令行输入的正在进行的命令操作，可以按键盘中的〈Esc〉键。

要重复上一个命令，可在"输入命令"的提示下按〈Enter〉键或空格键，而无须输入命令。

通过这种执行方式来进行制图，要求读者必须熟记各常用工具的完整命令名称及其对应的命令别名（有些命令具有缩写的名称，称为命令别名）。此外，读者亦可以这样输入命令：如果自动命令完成处于打开状态，则开始输入命令，当正确的命令在命令文本区域高亮时，按〈Enter〉键。

1.8.2 使用工具按钮

使用工具栏或功能区面板中的工具按钮进行制图，是较为直观的一种执行方式。该执行方式的一般操作步骤是，在工具栏或功能区面板中单击所需要的命令按钮，接着结合键盘与鼠标，并可利用命令行辅助执行余下的操作。

例如，使用"草图与注释"工作空间时，在功能区"默认"选项卡的"绘图"面板中单击"正多边形"按钮，如图 1-33 所示，接着根据命令行提示进行如下操作即可绘制一个正六边形。

图 1-33　使用功能区面板上的工具按钮

命令: _polygon
输入侧面数 <4>: 6↙
指定正多边形的中心点或 [边(E)]: 50,50↙
输入选项 [内接于圆(I)/外切于圆(C)] <I>:↙
指定圆的半径: 18.5↙

1.8.3 执行菜单命令

执行菜单命令是通过菜单栏相关菜单命令或鼠标右键快捷菜单中的相关命令来执行的，余下操作步骤则可以根据命令行提示来完成。

例如要在图形区域绘制一个圆，该圆半径为 80，圆心位置为（30,50）。绘制步骤如下。

1️⃣ 通过"快速访问"工具栏自定义当前界面显示菜单栏，从图 1-34 所示的"绘图"菜单中选择"圆"→"圆心、半径"命令。

2️⃣ 根据命令行提示进行如下操作步骤。

命令: _circle
指定圆的圆心或 [三点(3P)/两点(2P)/切点、切点、半径(T)]: 30,50↙
指定圆的半径或 [直径(D)]: 80↙

完成的圆如图 1-35 所示。

图 1-34 选择菜单命令

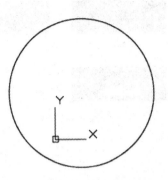

图 1-35 绘制的圆

1.8.4 动态输入

动态输入模式是一种实用的相对高效的输入模式，其优点是在光标附近提供了一个命令界面，可以使用户更专注于绘图区域。启用"动态输入"时，系统将在位于绘图区域中的光标附近显示信息，该信息会随着光标在绘图区域中的移动而动态更新。当某条命令为活动时，光标附近出现的命令界面将为读者提供可输入的位置。

在 AutoCAD 2017 的状态栏中单击"动态输入"按钮 ，或者按键盘中的〈F12〉功能键，可以开启或者关闭动态输入模式。

用户可以对动态输入模式进行设置，方法是在状态栏中右击"动态输入"按钮 ，从弹出的图 1-36 所示的快捷菜单中选择"动态输入设置"命令，打开"草图设置"对话框。

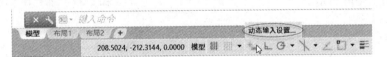

图 1-36 选择设置动态输入模式的命令

在"草图设置"对话框的"动态输入"选项卡中，设置是否启用指针输入和标注输入，并可以设置指针输入、标注输入和动态提示的项目内容，还可以设计工具栏提示外观（选择预览），如图 1-37 所示。

1. 指针输入

启用指针输入的作用主要有：执行命令时，在十字光标附近的工具栏提示（或者称命令界面）中将显示十字光标所处位置的坐标，如图 1-38 所示；此时，可以在工具栏提示中输入坐标值，而不用在命令行中输入坐标值。

启用指针输入时需要注意，第二个点和后续点将默认以相对极坐标（对于"RECTANG"命令，为相对笛卡儿坐标）显示。在动态输入模式下，对于相对坐标，不需要输入"@"符号。如果要使用绝对坐标，则使用"#"符号作为前缀。

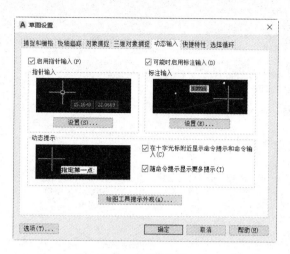

图1-37 "草图设置"对话框

图1-38 启用指针输入

在"草图设置"对话框的"动态输入"选项卡中，单击"指针输入"选项组中的"设置"按钮，弹出图1-39所示的"指针输入设置"对话框，从中可以修改坐标的默认格式，以及控制指针输入工具栏提示何时显示。

2．标注输入

启用标注输入的结果是，当命令提示读者输入第二点或距离时，在工具栏提示界面中将显示距离值和角度值的工具提示，如图1-40a所示，这些值将随着十字光标的移动而改变。若按〈Tab〉键则可以切换到要更改的值，如图1-40b所示。

图1-39 "指针输入设置"对话框

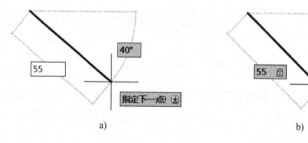

图1-40 标注输入

a）显示距离和角度值 b）切换到要更改的值

标注输入可用于"ARC""CIRCLE""ELLIPSE""LINE"和"PLINE"等命令。

在"草图设置"对话框的"动态输入"选项卡中，单击"标注输入"选项组中的"设置"按钮，弹出图1-41所示的"标注输入的设置"对话框，从中进行标注输入的相关设置。

3．动态提示

需要时将在光标旁边显示工具提示中的提示，以完成命令。在"草图设置"对话框的

"动态输入"选项卡中，勾选"动态提示"选项组中的"在十字光标附近显示命令提示和命令输入"复选框，则启用动态提示以显示"动态输入"工具提示中的提示。另外，可以设置随命令提示显示更多提示。在启用动态提示的情况下，可以在工具提示中输入响应，而不必在命令行中输入响应。

在动态提示中，按键盘中的〈↓〉下箭头键可以访问（包括查看和选择）其他选项，按〈↑〉上箭头键则可以显示最近的输入。

4．设计工具栏提示外观

在"草图设置"对话框的"动态输入"选项卡中单击"绘图工具提示外观"按钮，打开图 1-42 所示的"工具提示外观"对话框。利用"工具提示外观"对话框可以定制工具提示外观，包括相关的模型预览和布局预览，而具体的设置内容包括颜色、大小、透明度和应用场合等。

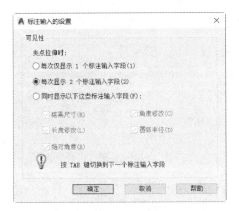

图 1-41 "标注输入的设置"对话框

图 1-42 "工具提示外观"对话框

5．在动态输入模式下绘制图形的实例

前面介绍了有关动态输入的概念和基础知识，在这里再介绍一个在动态输入模式下绘制图形的实例，以加深初学者对动态输入的理解。

本实例要完成的图形如图 1-43 所示。

具体的操作步骤如下。

🌑1 在一个新建的图形文件中，在状态栏中单击"动态输入"按钮，以开启动态输入模式。

🌑2 单击"矩形"按钮。

🌑3 将鼠标光标移至绘图区域，此时，在十字光标附近显示十字光标所处位置的坐标，输入"100"，如图 1-44 所示，接着按〈Tab〉键，输入"100"，如图 1-45 所示，按〈Enter〉键，从而完成第 1 角点的定义。

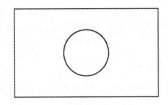

图 1-43 要绘制的简单图形

图 1-44 输入第 1 点的 X 坐标

4 往相对于第 1 角点的右上方向移动光标，输入"500"，按〈Tab〉键，接着输入"300"，按〈Enter〉键。此时，完成矩形的创建，如图 1-46 所示。

图 1-45　输入第 1 点的 Y 坐标

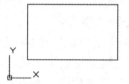

图 1-46　绘制的矩形

5 单击"圆：圆心、半径"按钮 ⊙。

6 将鼠标光标移至矩形内部，注意动态提示信息，输入"#"，接着输入"350"，如图 1-47 所示，按〈Tab〉键，输入"250"，按〈Enter〉键，完成圆心的定位。

7 在键盘中按〈↓〉朝下箭头按钮，直到选择"直径"选项，如图 1-48 所示。

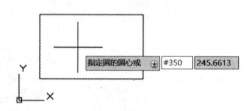

图 1-47　以绝对坐标输入形式定位圆心

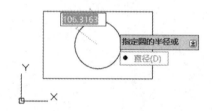

图 1-48　选择"直径"选项

8 按〈Enter〉键确认选择"直径"选项，接着输入"156"，如图 1-49 所示，按〈Enter〉键确认。

此时，完成本例图形的绘制操作，结果如图 1-50 所示。

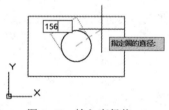

图 1-49　输入直径值

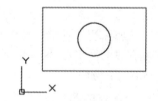

图 1-50　完成的图形

1.9　启用对象捕捉功能

AutoCAD 2017 提供了丰富的对象捕捉功能，读者可以灵活地使用对象捕捉功能来快速而准确地拾取到所需的点位置，从而提高作图效率。

在状态栏中单击"对象捕捉"按钮 ⬚，使该按钮处于高亮显示状态时，表示启用了对象捕捉功能；反之，则关闭对象捕捉功能。

用户可以根据制图需要设置不同的捕捉方式。典型设置步骤如下。

1 在状态栏中右击"对象捕捉"按钮 ⬚，接着从弹出的快捷菜单中选择"对象捕捉设置"选项，打开图 1-51 所示的"草图设置"对话框并自动切换至"对象捕捉"选项卡。

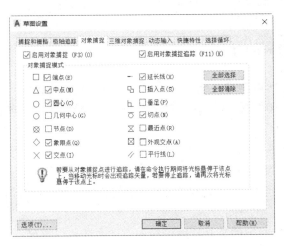

图 1-51 "草图设置"对话框的"对象捕捉"选项卡

2 在"对象捕捉"选项卡中勾选"启用对象捕捉"复选框和"启用对象捕捉追踪"复选框。

3 在"对象捕捉模式"选项组中勾选所需要的复选框,即表示启用相应的对象捕捉模式,例如勾选"端点""中点""圆心""象限点""交点""延长点"和"切点"复选框等。

4 单击"确定"按钮。

在这里,要了解一个"执行对象捕捉"的概念,"执行对象捕捉"是指可以重复使用一个或多个对象捕捉,这些对象捕捉设置将在所有后续命令中保留。除了可以在状态栏上单击"对象捕捉"按钮□或按〈F3〉键来打开或关闭执行对象捕捉,还可以在状态栏上单击"对象捕捉"按钮□旁边的向下图标▼,如图 1-52 所示,然后从打开的菜单列表中选择希望保留的"对象捕捉"。

如果要指定临时的替代捕捉,那么可以在绘图区域中按住〈Shift〉键并右击以弹出图 1-53 所示的"对象捕捉"快捷菜单,从中选择所需的命令即可。也可以在绘图区域中直接单击鼠标右键,然后从快捷菜单的"捕捉替代"子菜单中选择对象捕捉选项。

图 1-52 使用执行对象捕捉的一种方法　　图 1-53 用来选择对象捕捉模式的快捷菜单

1.10 编辑对象特性

对象特性通常包括一般特性（基本特性）和几何特性，所述的对象一般特性包括对象的颜色、图层、线型、打印样式等，而几何特性包括对象的尺寸和位置。有些特性是专门用于某个对象的特性，例如，圆的特性包括半径和面积，直线的特性包括长度和角度。

多数基本特性可以通过图层指定给对象，也可以直接指定给对象。如果将某对象的特性值设置为"随层"，那么系统将为对象与其所在的图层指定相同的值。例如，若图层 1 指定的颜色为"红"，并且在图层 1 上绘制的直线指定颜色为"随层"，那么该直线的颜色将为红色。

以"草图与注释"工作空间为例，读者可以通过功能区"默认"选项卡的"特性"面板（见图 1-54）来修改指定对象的某些特性，如颜色、线型和线宽等。

图 1-54 利用"特性"面板

读者可以直接在"特性"选项板中设置和修改对象的特性。"特性"选项板显示了当前选择集中对象的所有特性和特性值，当选择多个对象时，"特性"选项板将显示这些对象的共有特性。当选择单个对象时，可以修改单个对象的特性；当选择多个对象时，可以修改选择集中对象的共有特性。

选择图形对象之后，单击"特性"按钮，或者在菜单栏中选择"修改"→"特性"命令，则打开图 1-55 所示的"特性"选项板。使用"特性"选项板可以浏览、修改指定对象的特性等。例如，修改选定圆的颜色，可以在"特性"选项板的"常规"选项区域中，从"颜色"下拉列表框中选择所需要的颜色，如图 1-56 所示。

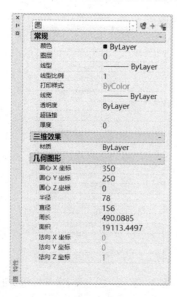

图 1-55 "特性"选项板

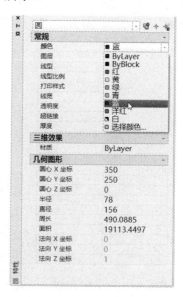

图 1-56 修改颜色

利用"特性"选项板还可以给指定的尺寸设置尺寸公差。这将在后面章节的实例中进行深入介绍。

知识点拨： 按〈Ctrl+1〉组合键可以快速打开或关闭"特性"选项板。

在状态栏中单击"快捷特性"按钮█，使其处于高亮显示以启用快捷特性模式，此时，对于选定对象，系统弹出"快捷特性"面板，如图 1-57 所示。选定对象后"快捷特性"面板所显示的特性是所有对象类型的共同特性，也是选定对象的专用特性。

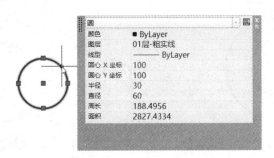

图 1-57 使用"快捷特性"面板

1.11 选择图形对象的操作

选择图形对象的常用操作需要初学者认真掌握。

从菜单栏的"工具"菜单中选择"选项"命令，或者单击"应用程序"按钮█并从打开的应用程序菜单中单击"选项"按钮，弹出"选项"对话框，切换到"选择集"选项卡，从中可以设置相关的选择集模式，如图 1-58 所示。例如，在此对话框的"选择集"选项卡中，在"选择集模式"选项组中勾选"允许按住并拖动套索"复选框等。

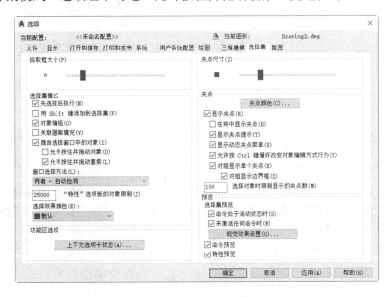

图 1-58 设置选择集模式

应该注意如下两种选择操作流程。

选择操作流程 1：使用鼠标先选择对象，后选择修改编辑命令。先选择的图形对象以特定颜色高亮亮显（在早期版本中以虚线显示），并且在对象的特定位置显示"夹点"，如图 1-59 所示。

选择操作流程 2：在执行一些命令（如修改编辑）后，此时位于图形窗口的光标为显示为小正方形（此小正方形被称为"拾取框"），再根据提示选择所需的对象，此时被选择的对象以特定颜色高亮显示，但没有显示"夹点"，如图 1-60 所示。

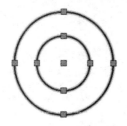

图 1-59　先选择对象后执行相关命令

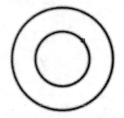

图 1-60　先执行命令后选择对象

在 AutoCAD 中，需要选择图形对象时，可以采用下列的合适方法来进行操作。

（1）通过单击鼠标左键可选择单个独立的对象，而以连续单击的方式可以选择更多对象。如果要从选择集中移除某图形对象，则按住〈Shift〉键的同时单击它即可。

（2）窗口选择：使用鼠标在图形左边指定一个角点，接着从左向右拖曳鼠标光标指定另一个对角点（在此过程中切勿一直按住鼠标左键），完全位于矩形区域中的对象被选择，如图 1-61 所示。

（3）交叉选择（也称窗交选择）：从右向左指定一对对角点，矩形窗口包围的或相交的对象被选择，如图 1-62 所示。

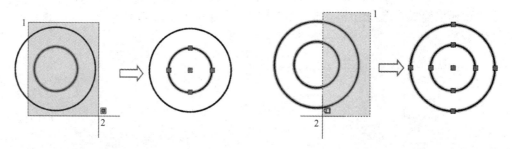

图 1-61　窗口选择　　　　　　　　　　　图 1-62　交叉选择

（4）栏选：在执行某些命令时，在"选择对象"提示下，输入"F"并按〈Enter〉键以启用栏选方式，接着指定若干点创建经过要选择对象的选择的选择栏，然后按〈Enter〉键完成栏选操作。栏选操作示例如图 1-63 所示，为了让读者更好地看清被选择到的图线，特意在图中用"√"符号标识哪些图线最后被选中。

（5）创建套索选择：按住鼠标左键的同时拖曳光标形成一个套索来选择图形对象，然后释放鼠标左键结束选择操作。在使用套索选择时，可以按空格键在窗口选择、窗交选择和"栏选"这些对象选择模式之间切换。

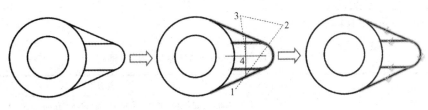

图 1-63　栏选示例

（6）使用"窗口多边形选择"来选择完全封闭在选择区域中的对象。例如，执行某命令出现"选择对象"的提示时，在命令窗口的命令行输入"WPOLYGON"或"WP"命令，按〈Enter〉键确认，接着指定若干点创建一个实线的多边形区域，处于完全被包围在里面的图形对象被选择，如图 1-64 所示，图中所选图线用"✓"符号标识。

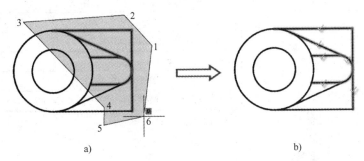

a)　　　　　　　　　　　　　　b)

图 1-64　窗口多边形选择示例

a) 指定点形成窗口多边形选择区域　b) 完全处于选择区域中的对象被选择

（7）使用"交叉多边形选择"选择完全包含于或经过选择区域的对象。例如，执行某命令出现"选择对象"的提示时，在命令窗口的命令行输入"CPOLYGON"或"CP"命令，按〈Enter〉键，接着指定若干点创建一个虚线的多边形区域，完全被围住的或与它相交的图形对象将被选择，如图 1-65 所示，图中被选图线用"✓"符号标识。

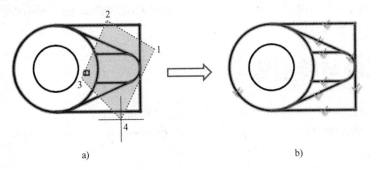

a)　　　　　　　　　　　　　　b)

图 1-65　交叉多边形选择

a) 指定若干点形成交叉多边形选择区域　b) 完成选择对象

1.12　功能键参考

在 AutoCAD 中，使用键盘上的功能键〈F1〉～〈F12〉可以提高设计效率，因为它们控制着经常打开和关闭的设置，见表 1-1。

表 1-1　功能键在 AutoCAD 中的应用参考

功能键	对应在 AutoCAD 中的功能	说明
〈F1〉	帮助	显示活动工具提示、命令、选项板或对话框的帮助
〈F2〉	展开的历史记录	在命令窗口中显示展开的命令历史记录
〈F3〉	对象捕捉	打开和关闭对象捕捉
〈F4〉	三维对象捕捉	打开和关闭其他三维对象捕捉
〈F5〉	等轴测平面	循环浏览二维等轴测平面设置
〈F6〉	动态 UCS（仅限于 AutoCAD）	打开和关闭 UCS 与平面曲面的自动对齐
〈F7〉	栅格显示	打开和关闭栅格显示
〈F8〉	正交	锁定光标按水平或垂直方向移动
〈F9〉	栅格捕捉	限制光标按指定的栅格间距移动
〈F10〉	极轴追踪	引导光标按指定的角度移动
〈F11〉	对象捕捉追踪	从对象捕捉位置水平和垂直追踪光标
〈F12〉	动态输入	显示光标附近的距离和角度并在字段之间使用〈Tab〉键时接受输入

注：〈F8〉和〈F10〉功能键相互排斥，打开一个将关闭另外一个。

1.13　本章点拨

本章主要介绍一些在实际制图设计中所要掌握的基础知识，包括 AutoCAD 用户界面、配置绘图环境、AutoCAD 2017 文件管理操作、图形单位设置、坐标系使用基础、AutoCAD 2017 命令执行的几种方式、启用对象捕捉功能、编辑对象特性、选择图形对象的操作方法和功能键参考等。了解和掌握好这些基础知识，将有助于更好地、更有效地学习应用 AutoCAD 2017 来进行机械设计，从而成为一名出色的机械工程师。

在本章的学习中，尤其要掌握坐标的应用、AutoCAD 2017 的几种命令执行方式以及对象捕捉功能的应用等内容。

1.14　思考与特训练习

（1）AutoCAD 2017 的用户界面主要由哪些部分组成？

（2）如何配置绘图环境？以设置 AutoCAD 2017 系统自动保存文件为例，保存间隔的时间为 5min。

（3）如何启用对象捕捉功能？如何进行对象捕捉模式的设置？结合 AutoCAD 2017 的帮助文件，分析对象捕捉和对象追踪有什么不同？

（4）简述在非动态输入模式下，绝对坐标与相对坐标的输入格式。

（5）简述 AutoCAD 2017 的几种命令执行方式。

（6）请找出状态栏的按钮与键盘上的哪些功能键一一对应？例如，按什么键可以开启或关闭正交模式？

（7）如何设置图形单位？

（8）如何编辑对象特性？了解快速特性的应用特点了吗？

（9）扩展练习：请在命令行中输入"ZOOM"命令，熟悉其中几种调整视图显示的方式。

（10）特训练习：启用动态输入模式，绘制图 1-66 所示的图形，具体的尺寸由读者自行选择，绘制好图形后进行选择图形对象的练习操作并查看特性。

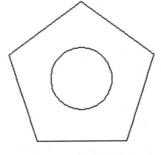

图 1-66　绘制的图形

第2章 二维图形创建与编辑

本章导读：

在介绍绘制具体的机械工程图实例之前，先介绍二维图形创建与编辑的基础知识。AutoCAD 中的基本二维图形包括直线、射线、构造线、圆、圆弧、矩形、正多边形、椭圆与椭圆弧、多段线、点、多线、样条曲线、圆环、填充图案和面域。绘制好相关的基本二维图形之后，可以对图形进行相关的编辑处理，以获得满意的图形效果。图形的编辑处理包括删除、复制、镜像、偏移、阵列、移动、倒角、圆角、旋转、缩放、拉伸、修剪、延伸、打断、合并和分解。在本章中，最后还将介绍文本输入与图形块的应用基础。

2.1 熟悉二维图形创建与编辑命令

在 AutoCAD 2017 中，基本二维图形的创建命令位于菜单栏的"绘图"菜单中，而图形编辑的命令基本上位于菜单栏的"修改"菜单中。当然，AutoCAD 2017 也提供了相应的工具按钮，这些工具按钮可以从相关的功能区面板和工具栏中找到。

表 2-1 给出了用于创建和编辑二维图形的一些常用命令，以供初学者熟悉。

表 2-1 二维图形创建与编辑命令（常用）一览表

序号	按钮	按钮名称	相应的菜单命令	命令拼写	说明
1		直线	"绘图"→"直线"	LINE	创建直线段，可以创建一系列连续的线段，每条线段都是可以单独进行编辑的直线对象
2		构造线	"绘图"→"构造线"	XLINE	创建向两侧无限延伸的线
3		射线	"绘图"→"射线"	RAY	创建向一侧无限延伸的线
4		圆（圆心，半径）	"绘图"→"圆"→"圆心，半径"	CIRCLE	用圆心和半径绘制圆
5		圆（圆心，直径）	"绘图"→"圆"→"圆心，直径"	CIRCLE	用圆心和直径绘制圆
6		圆（两点）	"绘图"→"圆"→"两点"	CIRCLE	用直径的两个端点创建圆
7		圆（三点）	"绘图"→"圆"→"三点"	CIRCLE	用圆周上的三个点创建圆
8		圆（相切，相切，半径）	"绘图"→"圆"→"相切，相切，半径"	CIRCLE	用指定半径创建相切于两个对象的圆
9		圆（相切，相切，相切）	"绘图"→"圆"→"相切，相切，相切"	CIRCLE	创建相切于三个对象的圆

（续）

序号	按钮	按钮名称	相应的菜单命令	命令拼写	说明
10		圆弧（三点）	"绘图"→"圆弧"→"三点"	ARC	用三点创建圆弧
11		圆弧（起点，圆心，端点）	"绘图"→"圆弧"→"起点，圆心，端点"	ARC	用起点、圆心和端点创建圆弧
12		圆弧（起点，圆心，角度）	"绘图"→"圆弧"→"起点，圆心，角度"	ARC	用起点、圆心和包含角创建圆弧
13		圆弧（起点，圆心，长度）	"绘图"→"圆弧"→"起点，圆心，长度"	ARC	用起点、圆心和弦长创建圆弧
14		圆弧（起点，端点，角度）	"绘图"→"圆弧"→"起点，端点，角度"	ARC	用起点、端点和包含角创建圆弧
15		圆弧（起点，端点，方向）	"绘图"→"圆弧"→"起点，端点，方向"	ARC	用起点、端点和起点处的切线方向创建圆弧
16		圆弧（起点，端点，半径）	"绘图"→"圆弧"→"起点，端点，半径"	ARC	用起点、端点和半径创建圆弧
17		圆弧（圆心，起点，端点）	"绘图"→"圆弧"→"圆心，起点，端点"	ARC	用圆心、起点用于确定端点的第三个点创建圆弧
18		圆弧（圆心，起点，角度）	"绘图"→"圆弧"→"圆心，起点，角度"	ARC	用圆心、起点和包含角创建圆弧
19		圆弧（圆心，起点，长度）	"绘图"→"圆弧"→"圆心，起点，长度"	ARC	用圆心、起点和弦长创建圆弧
20		圆弧（继续）	"绘图"→"圆弧"→"继续"	ARC	创建圆弧使其相切于上一次绘制的直线或圆弧
21		矩形	"绘图"→"矩形"	RECTANG	创建矩形多段线
22		正多边形	"绘图"→"多边形"	POLYGON	创建等边闭合多段线
23		多段线	"绘图"→"多段线"	PLINE	创建二维多段线
24		点	"绘图"→"点"→"多点"	POINT	创建多个点对象
25		定数等分	"绘图"→"点"→"定数等分"	DIVIDE	沿对象的长度或周长按照设定数目创建等间距排列的点对象或块
26		定距等分	"绘图"→"点"→"定距等分"	MEASURE	沿对象的长度或周长按指定间距创建点对象或块
27		椭圆（轴，端点）	"绘图"→"椭圆"→"轴，端点"	ELLIPSE	创建椭圆或椭圆弧，椭圆上的前两个点确定第一条轴的长度和位置，第三个点确定椭圆的圆心和第二条轴的端点之间的距离
28		椭圆（圆心）	"绘图"→"椭圆"→"圆心"	ELLIPSE	使用中心点、第一个轴的端点和第二个轴的长度来创建椭圆
29		椭圆弧	"绘图"→"椭圆"→"圆弧"	ELLIPSE	创建椭圆弧
30		样条曲线拟合	"绘图"→"样条曲线"→"拟合点"	SPLINE	使用拟合点绘制样条曲线
31		样条曲线控制点	"绘图"→"样条曲线"→"控制点"	SPLINE	使用控制点绘制样条曲线
32		多线	"绘图"→"多线"	MLINE	创建多条平行线
33		矩形修订云线	"绘图"→"修订云线"	REVCLOUD	通过绘制矩形创建修订云线，即可以通过指定两个角点创建新的修订云线，此外还可以将闭合对象（如椭圆）转换为修订云线
		多边形修订云线			通过指定多个点（形成多段线形态）创建新的修订云线
		徒手画修订云线			通过绘制自由形状的多段线创建修订云线，即可以通过拖动光标创建新的修订云线

（续）

序号	按钮	按钮名称	相应的菜单命令	命令拼写	说明
34		面域	"绘图"→"面域"	REGION	将包含封闭区域的对象转换为面域对象
35		圆环	"绘图"→"圆环"	DONUT	创建实心圆或较宽的环
36		图案填充	"绘图"→"图案填充"	HATCH	使用填充图案等对封闭区域或选定对象进行填充
37		渐变色	"绘图"→"渐变色"	GRADIENT	使用渐变填充对封闭区域或选定对象进行填充
38		边界	"绘图"→"边界"	BOUNDARY	用封闭区域创建面域或多段线
39		区域覆盖	"绘图"→"区域覆盖"	WIPEOUT	创建多边形区域，该区域将用作当前背景色屏蔽其下面的对象
40		螺旋	"绘图"→"螺旋"	HELIX	创建二维螺旋或三维螺旋
41	A	多行文字	"绘图"→"文字"→"多行文字"	MTEXT	创建多行文字对象
42	A	单行文字	"绘图"→"文字"→"单行文字"	TEXT	可以使用单行文字创建一行或多行文字，其中每行文字都是独立的对象，可对其进行移动、格式设置或其他修改
43		删除	"修改"→"删除"	ERASE	从图形删除对象
44		复制	"修改"→"复制"	COPY	将对象复制到指定方向上的指定距离处
45		镜像	"修改"→"镜像"	MIRROR	创建指定对象的镜像副本
46		偏移	"修改"→"偏移"	OFFSET	创建同心圆、平行线和等距曲线
47		矩形阵列	"修改"→"阵列"→"矩形阵列"	ARRAYRECT	按任意行、列和层组合分布对象副本
48		环形阵列	"修改"→"阵列"→"环形阵列"	ARRAYPOLAR	通过围绕指定的中心点或旋转轴复制选定对象来创建阵列
49		路径阵列	"修改"→"阵列"→"路径阵列"	ARRAYPATH	沿整个路径或部分路径平均分布对象副本
50		移动	"修改"→"移动"	MOVE	将对象在指定方向上移动指定距离
51		旋转	"修改"→"旋转"	ROTATE	绕基点旋转对象
52		缩放	"修改"→"缩放"	SCALE	放大或缩小选定对象，缩放后保持对象的比例不变
53		拉伸	"修改"→"拉伸"	STRETCH	通过窗选或多边形框选的方式拉伸对象
54		修剪	"修改"→"修剪"	TRIM	修剪对象以适合其他对象的边
55		延伸	"修改"→"延伸"	EXTEND	延伸对象以适合其他对象的边
56		打断于点	——	BREAK	在一点打断选定的对象
57		打断	"修改"→"打断"	BREAK	在两点之间打断选定的对象
58		合并	"修改"→"合并"	JOIN	合并相似对象以形成一个完整的对象
59		倒角	"修改"→"倒角"	CHAMFER	给对象添加倒角
60		圆角	"修改"→"圆角"	FILLET	给对象添加圆角
61		光顺曲线	"修改"→"光顺曲线"	BLEND	在两条开放曲线的端点之间创建相切或平滑的样条曲线
62		分解	"修改"→"分解"	EXPLODE	将复合对象分解为其部件对象
63		拉长	"修改"→"拉长"	LENGTHEN	修改对象的长度和圆弧的包含角

2.2 基本二维图形创建

  AutoCAD 中的基本二维图形包括直线、射线、构造线、圆、圆弧、矩形、正多边形、椭圆与椭圆弧、多段线、点、多线、样条曲线、圆环、填充图案和面域。下面介绍一些常见基本二维图形的创建方法及其过程。

2.2.1 直线

  直线的绘制很简单，可以绘制一条单一的直线段，也可以绘制一系列连续的线段，并可以使一系列线段闭合（将第一条线段和最后一条线段连接起来）。

  绘制直线的典型步骤如下。

  1 在菜单栏中选择"绘图"→"直线"命令，也可以在功能区"默认（常用）"选项卡的"绘图"面板中单击"直线"按钮　。

  2 指定直线段的起点。可以使用定点设备（如鼠标光标），也可以在命令提示下输入坐标值。

  3 指定端点以完成第一条线段。如果要在执行"LINE"命令期间放弃前一条直线段，则输入"U"并按〈Enter〉键。

  4 指定其他线段的端点。

  5 按〈Enter〉键结束，或者输入"C"使一系列直线段闭合。

  如果要以最近绘制的直线的端点为起点绘制新的直线，那么再次启动"LINE"命令时，在出现"指定起点"提示后按〈Enter〉键。

  下面介绍绘制连续线段的一个操作实例。在单击"直线"按钮　后，根据命令提示进行如下操作。

  命令: _line
  指定第一个点: 0,0✓
  指定下一点或 [放弃(U)]: 100,100✓
  指定下一点或 [放弃(U)]: @100<-90✓
  指定下一点或 [闭合(C)/放弃(U)]: C✓
  绘制的闭合线段如图 2-1 所示。

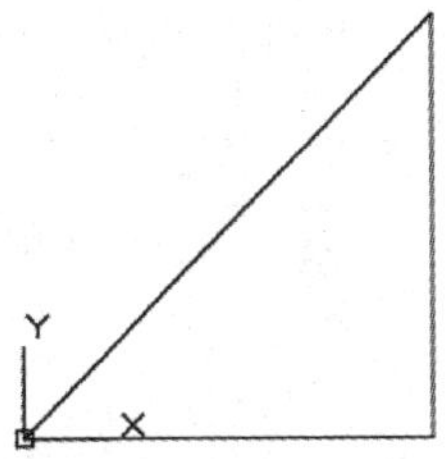

图 2-1　绘制闭合线段

2.2.2 射线及构造线

  射线和构造线通常用来作为创建其他对象的参照。所述的射线是由一点向一个方向无限延伸的直线，而构造线则是向两个方向无限延伸的直线。

  1. 射线

  射线起始于三维空间中的指定点并且仅在一个方向上延伸。创建射线的典型步骤如下。

  1 在功能区中打开"默认"选项卡，接着在"绘图"面板中单击"射线"按钮　。

  2 为射线指定起点。

  3 指定射线要经过的点。

  4 根据需要继续指定点创建其他射线，所有后续射线都经过第一个指定点。

按〈Enter〉键结束命令。

请看如下一个绘制若干射线的操作实例。

1️⃣ 在"绘图"面板中单击"射线"按钮 📏。

2️⃣ 根据命令提示进行如下操作。

命令: _ray

指定起点: 50,50↙

指定通过点: 80,68↙

指定通过点: 100,10↙

指定通过点: 80,50↙

指定通过点: ↙

绘制的 3 条射线如图 2-2 所示。

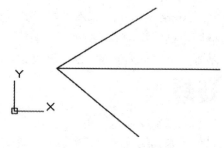

图 2-2　绘制 3 条射线

2．构造线

构造线可以放置在三维空间中的任意位置。要注意的是，有时候创建构造线，可能会造成一定的视觉混乱。

可以采用两点法来创建构造线，即通过指定两点创建构造线，其中，指定的第一个点（根）被认为是构造线概念上的中点。构造线的中点可以通过"中点"对象捕捉来捕捉到。

指定两点创建构造线的步骤如下。

1️⃣ 单击"构造线"按钮 📏。

2️⃣ 指定一个点以定义构造线的根。

3️⃣ 指定第二个点，即构造线要经过的点。

4️⃣ 根据需要继续指定其他点来创建构造线。所有后续参照线都经过第一个指定点。

5️⃣ 按〈Enter〉键结束命令。

此外，也可以使用其他方法创建构造线，这些方法选项可以从命令提示中选择，如图 2-3 所示，包括"水平""垂直""角度""二等分"和"偏移"。

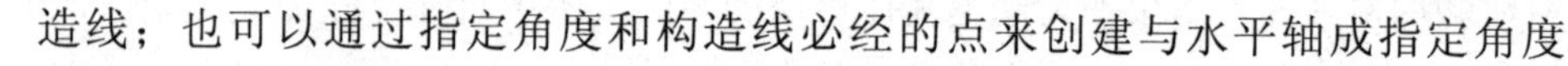

✕ 🔧 📏 XLINE 指定点或 [水平(H) 垂直(V) 角度(A) 二等分(B) 偏移(O)]: ▲

图 2-3　创建构造线的提示选项

- "水平"/"垂直"：创建一条经过指定点并且与当前 UCS 的 X/Y 轴平行的构造线。
- "角度"：可以选择一条参考线，指定该线与构造线的角度，从而创建所需的构造线；也可以通过指定角度和构造线必经的点来创建与水平轴成指定角度的构造线。
- "二等分"：创建二等分指定角的构造线，需要指定用于创建角度的顶点和直线。
- "偏移"：创建平行于指定基线的构造线，需要指定偏移距离，选择基线，然后指明构造线位于基线的哪一侧。

2.2.3　圆

绘制圆的方式主要有"圆心，半径""圆心，直径""两点""三点""相切，相切，半

径"和"相切，相切，相切"。这些绘制圆的方式选项可以在菜单栏的"绘图"→"圆"级
联菜单中选择，也可以在功能区"默认"选项卡的"绘图"面板中选择。

1．圆心，半径

绘制圆的默认方法是指定圆心和半径。通过指定圆心和半径绘制圆的步骤如下。

1️⃣ 在功能区"默认"选项卡的"绘图"面板中单击"圆心，半径"按钮⊙。

2️⃣ 指定圆心。

3️⃣ 指定半径。

下面是采用"圆心，半径"命令绘制一个圆的历史记录及说明。

命令: _circle　　　　　　　　　　　//单击"圆心，半径"按钮

指定圆的圆心或 [三点(3P)/两点(2P)/切点、切点、半径(T)]: 0,0↙

　　　　　　　　　　　　　　//输入圆心的坐标（0,0）

指定圆的半径或 [直径(D)]: 50↙　　　//输入圆的半径为 50

绘制的圆如图 2-4 所示。

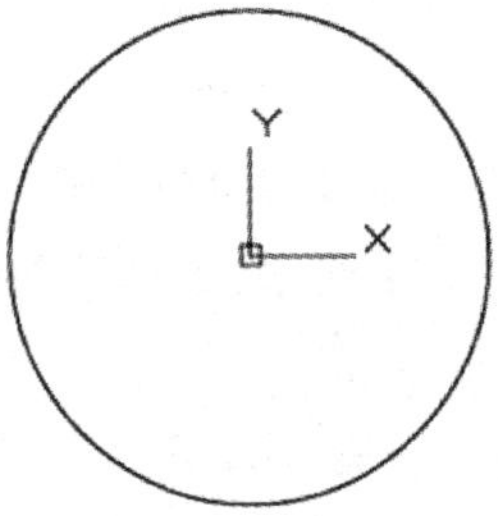

2．圆心，直径

图 2-4　绘制圆

通过指定圆心和直径绘制圆的步骤如下。

1️⃣ 在功能区"默认"选项卡的"绘图"面板中单击"圆心，直径"按钮⊘。

2️⃣ 指定圆心。

3️⃣ 指定直径。

图 2-4 所示的圆也可以采用"圆心，直径"命令绘制，其操作历史记录及说明如下。

命令: _circle　　　　　　　　　　　　　　　　　　　　　//单击"圆心，直径"按钮

指定圆的圆心或 [三点(3P)/两点(2P)/切点、切点、半径(T)]: 0,0↙　　//输入圆心的坐标（0,0）

指定圆的半径或 [直径(D)] <5.0000>: _d 指定圆的直径 <10.0000>: 100↙　　//输入圆的直径为 100

3．两点

基于圆直径上的两个端点绘制圆。

采用"两点"方式绘制圆的简单典型实例操作如下。

1️⃣ 在菜单栏中选择"绘图"→"圆"→"两点"命令，或者在"绘图"面板中单击
"圆：两点"按钮⊙。

2️⃣ 根据命令提示进行如下操作。

命令: _circle

指定圆的圆心或 [三点(3P)/两点(2P)/切点、切点、半径(T)]: _2p 指定圆直径的第一个端点: 50,50↙

指定圆直径的第二个端点: 109,55↙

4．三点

基于圆周上的三点绘制圆。

采用"三点"方式绘制圆的简单典型实例操作如下。

1️⃣ 在菜单栏中选择"绘图"→"圆"→"三点"命令。

2️⃣ 根据命令提示进行如下操作。

命令: _circle

指定圆的圆心或 [三点(3P)/两点(2P)/切点、切点、半径(T)]: _3p 指定圆上的第一个点: 0,0↙

指定圆上的第二个点: 32,0↙

指定圆上的第三个点: 25,37↙

5. 相切，相切，半径

基于指定半径和两个相切对象绘制圆，即需要指定对象与圆的第一个切点、对象与圆的第二个切点以及圆的半径。有时候会碰到有多个圆符合指定的条件，在这种情况下，AutoCAD 程序将绘制具有指定半径的圆并且使其切点与选定点的距离最近。

采用"相切，相切，半径"方式绘制圆的典型步骤如下。

① 在功能区"默认"选项卡的"绘图"面板中单击"相切，相切，半径"按钮。此命令启动"切点"对象捕捉模式。

② 选择与要绘制的圆相切的第一个对象。

③ 选择与要绘制的圆相切的第二个对象。

④ 设置圆的半径。

典型的操作示例如图 2-5 所示。

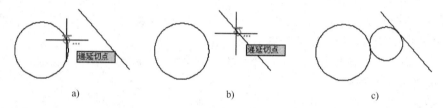

图 2-5 "相切，相切，半径"操作示例

a) 选择要相切的第一个对象 b) 选择要相切的第二个对象 c) 设置圆半径后的完成效果

6. 相切，相切，相切

创建与 3 个对象均相切的圆。请看图 2-6 所示的简单实例，其操作命令历史记录及说明如下。

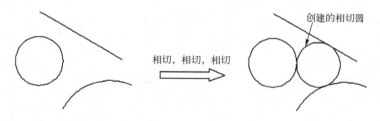

图 2-6 "相切、相切、相切"操作示例

① 在菜单栏中选择"绘图"→"圆"→"相切，相切，相切"命令。

② 根据命令提示进行如下操作。

命令: _circle
指定圆的圆心或 [三点(3P)/两点(2P)/切点、切点、半径(T)]: _3p
指定圆上的第一个点: _tan 到   //选择图 2-7a 所示的对象
指定圆上的第二个点: _tan 到   //选择图 2-7b 所示的对象
指定圆上的第三个点: _tan 到   //选择图 2-7c 所示的对象

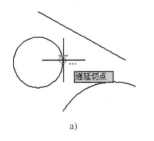
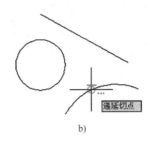
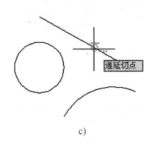

a)   b)   c)

图 2-7   选择与要绘制的圆相切的对象

a) 指定对象 1   b) 指定对象 2   c) 指定对象 3

2.2.4   圆弧

可以使用"三点"方式绘制圆弧。通过指定三点绘制圆弧的步骤如下。

1 单击"圆弧：三点"按钮 ，或者在菜单栏中选择"绘图"→"圆弧"→"三点"命令。

2 指定圆弧的起点。

3 指定一点作为圆弧上的一个中间点（圆弧点）。

4 指定圆弧的端点。

此外还有多种方法可以绘制圆弧，包括"起点，圆心，端点""起点，圆心，角度""起点，圆心，长度""起点，端点，角度""起点，端点，方向""起点，端点，半径""圆心，起点，端点""圆心，起点，角度""圆心，起点，长度"和"继续"。这些绘制圆弧的方法选项可以在菜单栏的"绘图"→"圆弧"级联菜单中选择，也可以在功能区的"绘图"面板中选择。执行命令后，根据命令行提示进行相关操作来绘制圆弧即可。

下面介绍一个绘制圆弧的操作实例。

1 从菜单栏中选择"绘图"→"圆弧"→"起点，圆心，角度"命令，或者在功能区"默认"选项卡的"绘图"面板中单击"圆弧：起点，圆心，角度"按钮 ，接着根据命令行的提示信息，进行如下操作。

命令: _arc
指定圆弧的起点或 [圆心(C)]: 100,100↙
指定圆弧的第二个点或 [圆心(C)/端点(E)]: _c
指定圆弧的圆心: 45,25↙
指定圆弧的端点(按住〈Ctrl〉键以切换方向)或 [角度(A)/弦长(L)]: _a
指定夹角(按住〈Ctrl〉键以切换方向): 60↙

绘制的圆弧如图 2-8 所示。

2 从菜单栏中选择"绘图"→"圆弧"→"继续"命令，或者在"绘图"面板中单击"圆弧：继续"按钮 ，进行如下操作。

命令: _arc
指定圆弧的起点或 [圆心(C)]:
指定圆弧的端点(按住〈Ctrl〉键以切换方向): @30<120↙

绘制的第二段圆弧如图 2-9 所示。使用"绘图"→"圆弧"→"继续"命令创建连接的圆弧与前一对象相切。

图 2-8　绘制的圆弧 1　　　　　　　　　图 2-9　绘制的圆弧 2

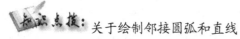关于绘制邻接圆弧和直线

完成圆弧的绘制后，紧接着启动"LINE"命令创建直线，在"指定第一点"提示下直接按〈Enter〉键，然后只需指定直线长度即可绘制出一端与该圆弧相切的直线。同样地，完成直线的绘制后，紧接着启动"ARC"命令，在"指定圆弧的起点 或[圆心(C)]"提示下直接按〈Enter〉键，然后只需指定圆弧的端点即可绘制一端与该直线相切的圆弧。

2.2.5　矩形

绘制矩形的典型步骤如下。

❶ 单击"矩形"按钮▭，或者在菜单栏中选择"绘图"→"矩形"命令。

❷ 指定矩形第一个角点的位置。

❸ 指定矩形另一角点的位置。

在创建矩形的过程中，可以根据实际情况选择"倒角""标高""圆角""厚度"和"宽度"等选项进行相关设置。在指定第一个角点后，还可以指定矩形参数（长度、宽度、旋转角度）等。

下面介绍一个绘制带圆角的矩形实例，其操作及说明如下。

单击"矩形"按钮▭，或者在菜单栏中选择"绘图"→"矩形"命令，然后根据命令提示进行如下操作。

命令: _rectang
指定第一个角点或 [倒角(C)/标高(E)/圆角(F)/厚度(T)/宽度(W)]: F✓
指定矩形的圆角半径 <0.0000>: 3✓
指定第一个角点或 [倒角(C)/标高(E)/圆角(F)/厚度(T)/宽度(W)]: 10,10✓
指定另一个角点或 [面积(A)/尺寸(D)/旋转(R)]: D✓
指定矩形的长度 <10.0000>: 36✓
指定矩形的宽度 <10.0000>: 15✓
指定另一个角点或 [面积(A)/尺寸(D)/旋转(R)]:
　//在相对于第一个角点的右上区域单击
绘制的该矩形如图 2-10 所示。

图 2-10　绘制的矩形

2.2.6 正多边形

在 AutoCAD 2017 中，可以创建具有 3～1024 条等长边的闭合多段线（正多边形）。绘制正多边形的方法主要有：绘制外切于圆的正多边形；绘制内接于圆的正多边形；通过指定一条边绘制正多边形。

1. 绘制外切于圆的正多边形

使用该方法需要指定从正多边形圆心到各边中点的距离，如图 2-11 所示。使用该方法的绘制步骤如下。

1️⃣ 单击"正多边形"按钮⬠，或者选择菜单栏中的"绘图"→"多边形"命令。

2️⃣ 在命令提示下输入边数。

3️⃣ 指定正多边形的中心。

4️⃣ 输入"C"以选择"外切于圆"选项。

5️⃣ 输入半径长度。

下面是一个执行"外切于圆"创建正六边形的操作命令记录。

命令: _polygon 输入侧面数 <4>: 6✓

指定正多边形的中心点或 [边(E)]: 0,0✓

输入选项 [内接于圆(I)/外切于圆(C)] <C>: C✓

指定圆的半径: 50✓

2. 绘制内接于圆的正多边形

使用该方法需要指定外接圆的半径，正多边形的所有顶点都将在此圆周上，如图 2-12 所示。

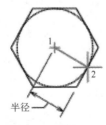

图 2-11　外切于圆

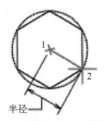

图 2-12　内接于圆

绘制内接于圆的正多边形的典型步骤如下。

1️⃣ 单击"正多边形"按钮⬠，或者选择菜单栏中的"绘图"→"多边形"命令。

2️⃣ 在命令提示下指定多边形的边数。

3️⃣ 指定正多边形的中心。

4️⃣ 输入"I"以选择"内接于圆"选项。

输入圆半径。

下面是一个执行"内接于圆"创建正六边形的操作命令记录。

命令: _polygon

输入边的数目 <6>:↙

指定正多边形的中心点或 [边(E)]: 0,0↙

输入选项 [内接于圆(I)/外切于圆(C)] <C>: I↙

指定圆的半径: 50↙

3. 通过指定一条边绘制正多边形

通过指定第一条边的两个端点来定义正多边形,其操作步骤如下。

① 单击"正多边形"按钮⬠,或者选择菜单栏中的"绘图"→"多边形"命令。

② 在命令提示下输入边数。

③ 在命令窗口的命令行中输入"E"以选择"边(E)"选项,也可以使用鼠标在命令行中直接选择提示选项"边(E)"。

④ 指定正多边形一条线段的第一个端点。

⑤ 指定正多边形的该线段的第二个端点。

2.2.7 椭圆与椭圆弧

椭圆可以由定义其长度和宽度的两条轴决定,其中较长的轴被称为长轴,较短的轴被称为短轴。在本小节中,以简单实例介绍绘制椭圆和椭圆弧的典型操作。

1. 绘制椭圆

在功能区"默认"选项卡的"绘图"面板中单击"椭圆:轴、端点"按钮⬭,接着在命令提示下进行如下操作。

命令: _ellipse

指定椭圆的轴端点或 [圆弧(A)/中心点(C)]: 20,0↙

指定轴的另一个端点: 50,10↙

指定另一条半轴长度或 [旋转(R)]: 10↙

绘制的第一个椭圆如图 2-13 所示。

再绘制一个椭圆。在功能区"默认"选项卡的"绘图"面板中单击"椭圆:圆心"按钮⬭,接着在命令提示下进行如下操作。

命令: _ellipse

指定椭圆的轴端点或 [圆弧(A)/中心点(C)]: _c

指定椭圆的中心点: 35,5↙

指定轴的端点: @10<0↙

指定另一条半轴长度或 [旋转(R)]: 5↙

完成绘制椭圆 2,图形效果如图 2-14 所示。

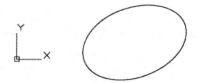

图 2-13 绘制椭圆 1

图 2-14 绘制椭圆 2

2. 绘制椭圆弧

在菜单栏的"绘图"菜单中选择"椭圆"→"圆弧"命令，或者在功能区"默认"选项卡的"绘图"面板中单击"椭圆弧"按钮，接着根据命令提示进行如下操作。

命令: _ellipse
指定椭圆的轴端点或 [圆弧(A)/中心点(C)]: _a
指定椭圆弧的轴端点或 [中心点(C)]: 100,5✓
指定轴的另一个端点: 150,5✓
指定另一条半轴长度或 [旋转(R)]: 10✓
指定起点角度或 [参数(P)]: 30✓
指定端点角度或 [参数(P)/夹角(I)]: 270✓
完成的椭圆弧如图2-15所示。

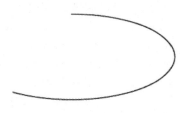

图2-15 绘制椭圆弧

2.2.8 多段线

AutoCAD中的多段线是作为单个对象创建的相互连接的线段序列，它可以是直线段、弧线段或两者的组合线段。多段线适用于这些方面：地形、等压和其他科学应用的轮廓素线；布线图和印制电路板布局；流程图和布管图；三维实体建模的拉伸轮廓和拉伸路径等。

单击"多段线"按钮，系统提示"指定起点"；指定起点后，命令窗口中显示的提示信息如图2-16所示。读者可以指定下一个点，或者选择"圆弧""半宽""长度""放弃"和"宽度"选项之一来定义多段线。

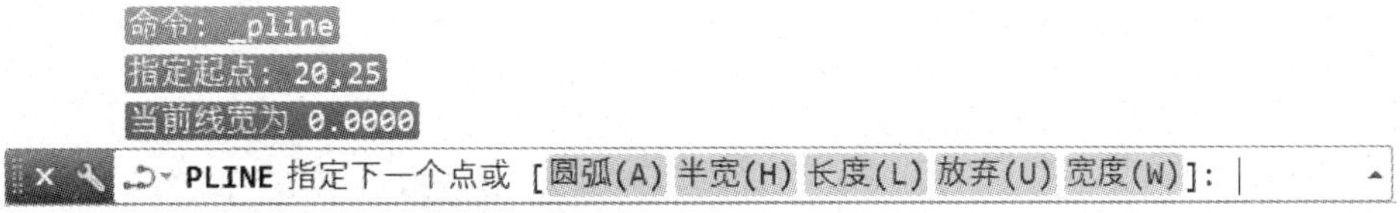

```
命令: _pline
指定起点: 20,25
当前线宽为 0.0000
✕ ✎ ⌒▾ PLINE 指定下一个点或 [圆弧(A) 半宽(H) 长度(L) 放弃(U) 宽度(W)]:           ▲
```

图2-16 创建多段线的提示信息

可以绘制由直线和圆弧组合的多段线，步骤如下。

1 单击"多段线"按钮。

2 指定多段线线段的起点。

3 指定多段线线段的端点。如果在"指定下一个点或 [圆弧(A)/半宽(H)/长度(L)/放弃(U)/宽度(W)]:"命令提示下输入"A"并按〈Enter〉键，即选择"圆弧（A）"选项，则切换到"圆弧"模式；如果在"[角度(A)/圆心(CE)/闭合(CL)/方向(D)/半宽(H)/直线(L)/半径(R)/第二个点(S)/放弃(U)/宽度(W)]:"命令提示下输入"L"并按〈Enter〉键，即选择"直线（L）"选项，则返回到"直线"模式。

4 根据需要指定其他多段线线段。

5 按〈Enter〉键结束，或者输入"C"并按〈Enter〉键以选择"闭合（C）"选项使多段线闭合。

下面是绘制多段线的一个操作实例。

单击"多段线"按钮，根据命令行提示执行下列操作。

命令: _pline

指定起点: 50,0↙

当前线宽为 0.0000

指定下一个点或 [圆弧(A)/半宽(H)/长度(L)/放弃(U)/宽度(W)]: 150,0↙

指定下一点或 [圆弧(A)/闭合(C)/半宽(H)/长度(L)/放弃(U)/宽度(W)]: 150,30↙

指定下一点或 [圆弧(A)/闭合(C)/半宽(H)/长度(L)/放弃(U)/宽度(W)]: A↙

指定圆弧的端点(按住〈Ctrl〉键以切换方向)或 [角度(A)/圆心(CE)/闭合(CL)/方向(D)/半宽(H)/直线(L)/半径(R)/第二个点(S)/放弃(U)/宽度(W)]: 100,30↙

指定圆弧的端点(按住〈Ctrl〉键以切换方向)或 [角度(A)/圆心(CE)/闭合(CL)/方向(D)/半宽(H)/直线(L)/半径(R)/第二个点(S)/放弃(U)/宽度(W)]: L↙

指定下一点或 [圆弧(A)/闭合(C)/半宽(H)/长度(L)/放弃(U)/宽度(W)]: 50,30↙

指定下一点或 [圆弧(A)/闭合(C)/半宽(H)/长度(L)/放弃(U)/宽度(W)]: C↙

完成绘制的多段线如图 2-17 所示。

2.2.9 点

在菜单栏的"绘图"菜单中选择"点"→"单点"命令，可以在绘图区域绘制单个点。而在菜单栏的"绘图"菜单中选择"点"→"多点"命令，可以在绘图区域连续绘制多个点对象。

在一些应用场合，为了使点对象获得视觉上的特定效果，可以根据需要设置点样式。设置点样式的方法如下。

1 打开菜单栏，从"格式"菜单中选择"点样式"命令，或者在命令行的"输入命令"提示下输入"PTYPE"并按〈Enter〉键，打开图 2-18 所示的"点样式"对话框。

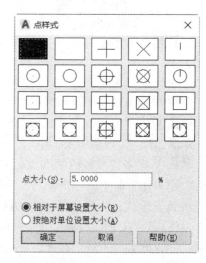

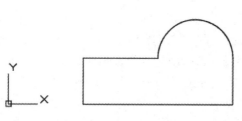

图 2-17　绘制的多段线　　　　　　　　图 2-18　"点样式"对话框

2 在"点样式"对话框的列表中选择其中一种点样式。例如选择一种点样式按钮⊠。

3 选择"相对于屏幕设置大小"单选按钮，并在"点大小"文本框中设置点大小占屏幕尺寸的百分比。也可以选择"按绝对单位设置大小"单选按钮，并在"点大小"文本框中指定实际单位数值来设置点显示的大小。

◢ 单击"点样式"对话框的"确定"按钮。

AutoCAD 允许在指定对象上创建定数等分点和定距等分点。

1. 定数等分点

定数等分点将点对象或块沿对象的长度或周长按照设定数目来等间隔排列。注意直线或非闭合多段线的定数等分是从距离选择点最近的端点处开始处理的。

例如在一个直径为 30 的圆周上均布地创建 7 个点对象，其操作步骤如下。

◢ 新建一个使用公制单位的图形文件，在该图形文件中绘制一个直径为 30 的圆。

命令: CIRCLE↙
指定圆的圆心或 [三点(3P)/两点(2P)/切点、切点、半径(T)]: 0,0↙
指定圆的半径或 [直径(D)] <12.9308>: D↙
指定圆的直径 <25.8616>: 30↙

◢ 在功能区"默认"选项卡的"绘图"面板中单击"定数等分"按钮 ，或者打开菜单栏并从"绘图"菜单中选择"点"→"定数等分"命令，接着在命令提示下进行操作。

命令: _divide
选择要定数等分的对象:　　　　　 //选择之前绘制好的圆
输入线段数目或 [块(B)]: 7↙　　　 //输入点数目为 7

在该圆上创建定数等分点的前后效果如图 2-19 所示。

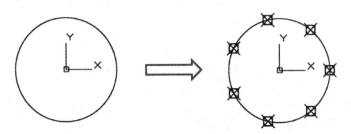

图 2-19　创建定数等分点

2. 定距等分点

定距等分点是指沿选定对象按指定间隔放置点对象，从最靠近用于选择对象的点的端点处开始放置。对于闭合多段线，其定距等分将从它们的初始顶点（绘制的第一个点）处开始；对于圆，其定距等分从设置为当前捕捉旋转角的自圆心的角度开始，如果捕捉旋转角为零，则从圆心右侧的圆周点开始定距等分圆。

请看如下一个创建定距等分点的操作实例。

在功能区"默认"选项卡的"绘图"面板中单击"定距等分"按钮 ，或者打开菜单栏并从"绘图"菜单中选择"点"→"定距等分"命令，接着在命令行提示下进行操作。

命令: _measure
选择要定距等分的对象:　　　　　 //在图 2-20 所示的线段大概位置处单击
指定线段长度或 [块(B)]: 12↙　　 //输入线段长度

创建的定距等分点如图 2-21 所示。

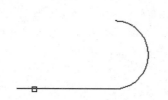

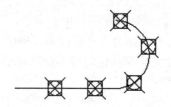

图 2-20 选择要定距等分的对象　　　图 2-21 创建定距等分点

2.2.10 样条曲线

在 AutoCAD 机械制图应用中，经常使用样条曲线来作为局部剖视图的边界。所述的样条曲线是经过或靠近一组拟合点或由控制框的顶点定义的平滑曲线。样条曲线可以是封闭的，即在绘制时可以使其起点和端点重合。

在 AutoCAD 2017 中，创建样条曲线的方式有两种，第一种是单击"样条曲线拟合" 按钮通过指定拟合点来创建样条曲线，另一种是单击"样条曲线控制点"按钮通过定义控制点来创建样条曲线。两者的创建方法都基本相同。下面以通过拟合点创建样条曲线为例进行步骤介绍。

① 在功能区"默认"选项卡的"绘图"面板中单击"样条曲线拟合"按钮。

② 在绘图区域依次指定图 2-22 所示的点 1、点 2、点 3 和点 4。

图 2-22 指定若干点绘制样条曲线

③ 按〈Enter〉键确认。

该样条曲线的创建历史记录及说明如下。

```
命令: _SPLINE                                      //单击"样条曲线拟合"按钮
当前设置: 方式=拟合    节点=弦
指定第一个点或 [方式(M)/节点(K)/对象(O)]: _M
输入样条曲线创建方式 [拟合(F)/控制点(CV)] <拟合>: _FIT
当前设置: 方式=拟合    节点=弦
指定第一个点或 [方式(M)/节点(K)/对象(O)]:              //指定点 1
输入下一个点或 [起点切向(T)/公差(L)]:                 //指定点 2
输入下一个点或 [端点相切(T)/公差(L)/放弃(U)]:           //指定点 3
输入下一个点或 [端点相切(T)/公差(L)/放弃(U)/闭合(C)]:     //指定点 4
输入下一个点或 [端点相切(T)/公差(L)/放弃(U)/闭合(C)]: ✓  //按〈Enter〉键
```

知识点拨： 在创建样条曲线的过程中，可以定义起点切向、端点相切、公差、闭合和方式等参数或选项。其中通过设置"方式"选项可以在"拟合"和"控制点"方式之间切换。

2.2.11 多线

多线又称多行，它是由 1～16 条平行线组成的。多线的平行线被称为元素。在 AutoCAD 中，可以根据需要创建多线的命名样式，用来控制元素的数量和每个元素的特性。多线的特性包括：元素的总数和每个元素的位置、每个元素与多行中间的偏移距离、每个元素的颜色和线型、每个顶点出现的称为"JOINTS"的直线的可见性、使用的端点封口类型、多行的背景填充颜色。

在绘制多线之前，通常要准备所需的多线命名样式。可以使用包含两个元素的"STANDARD"样式来创建默认样式的多线，也可以使用自定义的多线样式来创建所需的多线。

新建一个多线样式的方法如下。

1 确保显示菜单栏，从"格式"菜单中选择"多线样式"命令，或者在命令行的"输入命令"提示下输入"MLSTYLE"并按〈Enter〉键，弹出图 2-23 所示的"多线样式"对话框。

2 在"多线样式"对话框中单击"新建"按钮。

3 在弹出的"创建新的多线样式"对话框中输入多线样式的名称，如图 2-24 所示，必要时选择基础样式，然后单击"继续"按钮。

图 2-23 "多线样式"对话框

图 2-24 "创建新的多线样式"对话框

4 系统弹出"新建多线样式：BC_A"对话框，如图 2-25 所示。在该对话框中设置多线样式的参数，如起点和端点的封口类型、填充颜色、图元偏移参数和颜色等，可以添加平行线。需要时，可以在"说明"文本框中输入说明信息，这些说明信息可以包含 255 个字符，包括空格。

5 设置好新多线样式后，单击"新建多线样式：BC_A"对话框中的"确定"按钮。

6 在"多线样式"对话框中单击"保存"按钮将多线样式保存到文件（默认文件为"acad.mln"）。可以将多个多线样式保存到同一个文件中。

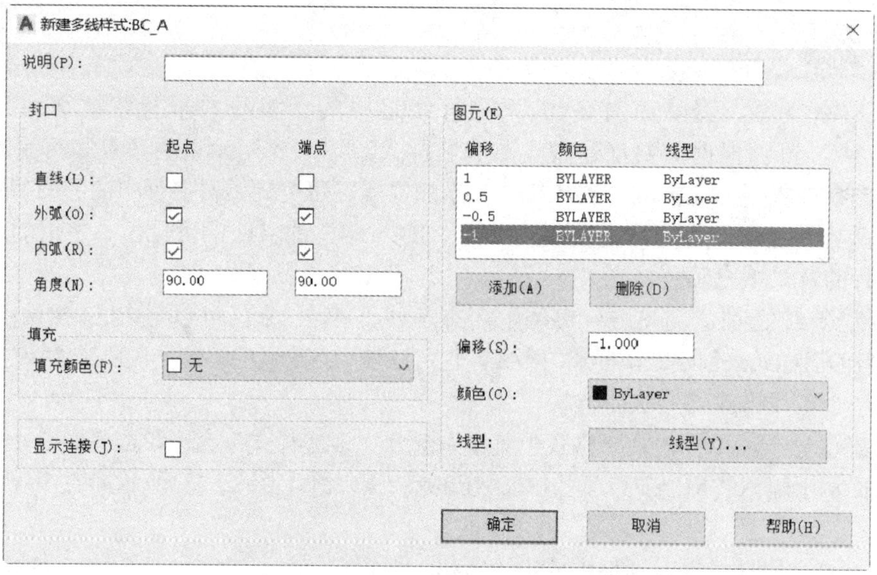

新建多线样式:BC_A ×

说明(P):

封口

	起点	端点
直线(L):	☐	☐
外弧(O):	☑	☑
内弧(R):	☑	☑
角度(N):	90.00	90.00

图元(E)

偏移	颜色	线型
1	BYLAYER	ByLayer
0.5	BYLAYER	ByLayer
-0.5	BYLAYER	ByLayer
-1	BYLAYER	ByLayer

添加(A)　删除(D)

填充

填充颜色(F): ☐无 ∨

偏移(S): -1.000

颜色(C): ■ByLayer ∨

显示连接(J): ☐

线型: 线型(Y)...

确定　取消　帮助(H)

图 2-25 "新建多线样式:BC_A"对话框

📗 确认新建多线样式后关闭"多线样式"对话框。

准备好多线样式之后,便可以创建所需要的多线了。请看下面创建多线的操作实例。

📗 确保显示菜单栏,从"绘图"菜单中选择"多线"命令。

📗 根据命令行提示进行如下操作。

命令: _mline

当前设置: 对正 = 上,比例 = 20.00,样式 = STANDARD

指定起点或 [对正(J)/比例(S)/样式(ST)]: ST↙

输入多线样式名或 [?]: BC_A↙ 　　　　　　　//输入之前创建并保存的新命名多线样式

当前设置: 对正 = 上,比例 = 20.00,样式 = BC_A

指定起点或 [对正(J)/比例(S)/样式(ST)]: 20,20↙

指定下一点: 50,50↙

指定下一点或 [放弃(U)]: 150,50↙

指定下一点或 [闭合(C)/放弃(U)]: 180,20↙

指定下一点或 [闭合(C)/放弃(U)]: ↙

绘制的参考多线如图 2-26 所示。

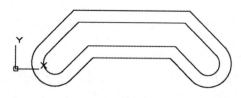

图 2-26 绘制的多线(参考)

2.2.12 圆环

在 AutoCAD 中,圆环是填充环或实体填充圆,即带有宽度的闭合多段线。创建圆环,需要指定圆环的内外直径和圆心。在执行圆环创建命令的过程中，可以通过指定不同的圆心来继续创建具有相同直径的多个圆环副本。

如果将内径设置为 0，则创建实体填充圆。

创建圆环的典型步骤如下。

① 确保显示菜单栏，从"绘图"菜单中选择"圆环"命令，或者在功能区"默认"选项卡的"绘图"面板中单击"圆环"按钮◎。

② 指定圆环的内径。

③ 指定圆环的外径。

④ 指定圆环的中心点位置。

⑤ 需要时指定另一个圆环的中心点位置。按〈Enter〉键结束命令操作。

下面是创建圆环的一个简单实例。

在功能区"默认"选项卡的"绘图"面板中单击"圆环"按钮◎，接着根据命令行提示进行如下操作。

命令: _donut
指定圆环的内径 <0.5000>: 20✓
指定圆环的外径 <1.0000>: 30✓
指定圆环的中心点或 <退出>: 0,0✓
指定圆环的中心点或 <退出>: 30,30✓
指定圆环的中心点或 <退出>: 60,0✓
指定圆环的中心点或 <退出>: 30,-30✓
指定圆环的中心点或 <退出>:✓

绘制的 4 个圆环如图 2-27 所示。

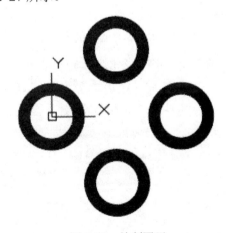

图 2-27　绘制圆环

2.2.13　填充图案

在机械制图中，零件的实体剖面处被绘上代表特定信息的剖面线。例如，金属零件的实体剖面多被绘制有与水平方向成 45°锐角的剖面线，剖面线用间距均匀的细实线绘制，可以向左倾斜也可以向右倾斜。图 2-28 所示的零件视图便绘制有剖面线。

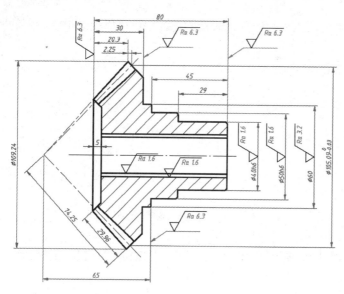

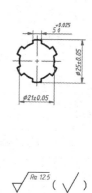

图 2-28　内花键-锥齿轮

可以使用预定义填充图案填充区域、使用当前线型定义简单的线图案，也可以创建更复杂的填充图案。下面以图 2-29 所示的剖面为例，在该剖面区域绘制合适的剖面线。

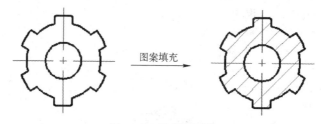

图案填充

图 2-29　绘制剖面线

该实例具体的操作步骤如下。本书网盘资源提供配套的"绘制剖面线练习.dwg"文件。

1️⃣　切换到"草图与注释"工作空间。在功能区"默认"选项卡的"绘图"面板中单击"图案填充"按钮，此时，功能区显示"图案填充创建"选项卡，如图 2-30 所示。

图 2-30　"图案填充创建"选项卡

2️⃣　在"图案填充创建"选项卡的"图案"选项组中，从"图案"列表中选择"ANSI31"图标选项。

3️⃣　在"特性"面板中设置"角度"为 0 和"比例值"为 1。

4️⃣　在"边界"选项组中单击"添加：拾取点"按钮，接着分别在图形中的 4 个封闭区域单击，如图 2-31 所示。

5️⃣　在"选项"面板中确保选中"关联"按钮。

6️⃣　在"图案填充创建"对话框中单击"关闭"按钮，

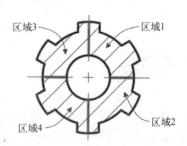

图 2-31　拾取点以定义填充区域

完成在指定的区域填充图案，即绘制了剖面线。

值得注意的是，如果关闭了功能区，在菜单栏的"绘图"菜单中单击"图案填充"命令，此时系统弹出图 2-32 所示的"图案填充和渐变色"对话框，在该对话框的"图案填充"选项卡中选定要填充的图案，设定角度和比例等特性，通过"边界"选项组的工具来指定要填充图案的区域或对象。在"图案填充和渐变色"对话框中进行的操作和在功能区中进行图案填充操作实际上是一样的。

图 2-32 "图案填充和渐变色"对话框

2.2.14 面域

面域是用闭合的形状或环创建的二维区域，它具有物理特性（如质心）。面域可以用于应用填充和着色、使用"MASSPROP"分析特性（如面积）、提取设计信息（如形心）和作为创建三维实体的基础截面等。

用于创建面域的环可以是直线、多段线、圆、圆弧、椭圆、椭圆弧和样条曲线的组合。组成环的对象必须闭合或通过与其他对象共享端点而形成闭合的区域。注意：不能通过开放对象内部相交构成的闭合区域构造面域，例如不能使用相交圆弧或自相交曲线构造面域。

在 AutoCAD 中定义面域的步骤如下。

1 从菜单栏的"绘图"菜单中选择"面域"命令，也可以在"绘图"面板中单击"面域"按钮 。

2 选择对象以创建面域。所选择的这些对象集必须要形成相应的闭合区域，例如圆或闭合多段线等。

3 按〈Enter〉键。此时，命令提示下的消息指出检测到了多少个环以及创建了多少个面域。

请看下面的操作实例。

假设在图形文件（附赠网盘资源提供配套的"面域练习.dwg"）中存在着图 2-33 所示的一个矩形和 6 个圆。使用这些图形来创建若干个面域，然后将生成的若干个面域进行差集处理来生成一个独立的复合面域。

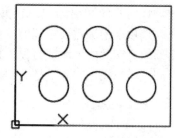

图 2-33　存在的图形

1 构造若干个面域。

在"绘图"面板中单击"面域"按钮，接着根据命令行提示进行以下操作。

命令: _region
选择对象: 指定对角点: 找到 7 个　　　　　　　//以窗口选择的方式选择所有图形对象
选择对象: ✓
已提取 7 个环。
已创建 7 个面域。

2 求面域差集。

在命令行的"输入命令"提示下输入"SUBTRACT"并按〈Enter〉键，接着根据命令行提示进行如下操作。

命令: _subtract 选择要从中减去的实体、曲面和面域...
选择对象: 找到 1 个　　　　　　　　　//选择矩形面域
选择对象: ✓
选择要减去的实体、曲面和面域...
选择对象: 找到 1 个　　　　　　　　　//选择其中一个圆面域
选择对象: 找到 1 个，总计 2 个　　　　//选择第 2 个圆面域
选择对象: 找到 1 个，总计 3 个　　　　//选择第 3 个圆面域
选择对象: 找到 1 个，总计 4 个　　　　//选择第 4 个圆面域
选择对象: 找到 1 个，总计 5 个　　　　//选择第 5 个圆面域
选择对象: 找到 1 个，总计 6 个　　　　//选择第 6 个圆面域
选择对象: ✓

2.3　图形编辑

图形编辑操作包括删除、复制、镜像、偏移、阵列、移动、倒角、圆角、旋转、缩放、拉伸、修剪、延伸、打断、合并和分解。这将是本节重点介绍的内容。

2.3.1　删除

在制图中，如果对某些图元对象不满意，可以使用"删除"（ERASE）命令将其删除。删除图元对象的方法很简单，用户可以采用如下常见方法之一来进行。

方法一：单击"删除"按钮，或者选择菜单栏中的"修改"→"删除"命令，或者在命令窗口的"命令"提示下输入"ERASE"，接着在图形区域中选择要删除的图元对象，

按〈Enter〉键。

　　方法二：先选择要删除的图形对象，然后单击"删除"按钮✐，或者选择菜单栏中的"修改"→"删除"命令。

　　方法三：先选择要删除的图形对象，然后按键盘中的〈Delete〉键。

　　如果不小心删除了图形对象，可以通过在命令窗口的命令行中输入"OOPS"命令来恢复最近一次由"ERASE"命令删除的对象。如果要一次恢复先前连续多次删除的对象，可以在命令行中使用"UNDO"命令来执行，当然也可以巧用"快速访问"工具栏中的"放弃"按钮↶（用于撤销上一个动作）来进行操作。

2.3.2　复制

　　单击"复制"按钮❀，可以在指定方向上按指定距离复制对象，并可以多次复制对象。

　　在单击"复制"按钮❀并选择要复制的对象后，命令窗口中出现"指定基点或 [位移(D)/模式(O) /多个(M)] <位移>:"的提示信息。在这里简单地介绍该提示信息中的操作指令。

- "指定基点"：使用由基点及后跟的第二点指定的距离和方向复制对象。指定的两点定义一个矢量，指示复制的对象移动的距离和方向。
- "位移"：使用坐标指定相对距离和方向。
- "模式"：控制是否自动重复此"复制"命令。选择该提示选项后，出现"输入复制模式选项 [单个(S)/多个(M)] <多个>:"的提示信息，从中选择"单个"选项或"多个"选项。

下面介绍一个使用两点复制对象的操作实例。

🔟 在"修改"面板中单击"复制"按钮❀。

🔟 选择要复制的对象，如图 2-34 所示，按〈Enter〉键结束对象选择。

🔟 选择图 2-35 所示的中点作为基点。

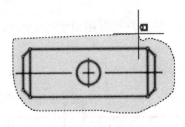

图 2-34　套索选择

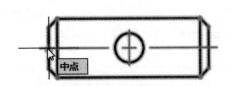

图 2-35　指定基点

🔟 指定第 2 点，如图 2-36 所示。

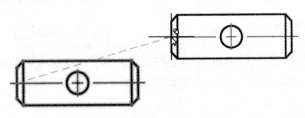

图 2-36　指定第 2 点

如果之前在"指定基点或 [位移(D)/模式(O)/多个(M)]<位移>:"提示下选择"模式"选项并将复制模式选项由"单个"更改为"多个",那么在指定第一个复制副本后可以继续指定其他点来创建多个副本,如图 2-37 所示。按〈Enter〉键结束图形的复制操作。

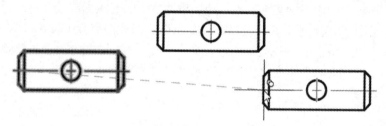

图 2-37　创建多个副本

2.3.3　镜像

镜像操作是指绕指定轴翻转对象创建对称的镜像图像。在设计中巧用镜像是非常有用的,比如在某些场合可以快速地绘制半个对象,然后将其镜像,而不必开始便绘制整个对象。

在镜像图形的过程中,需要指定镜像线,并可以选择是删除原对象还是保留原对象。

以图 2-38 所示的典型实例(附赠网盘资源提供配套的"镜像练习.dwg"文件)介绍镜像操作的常用方法及其步骤。

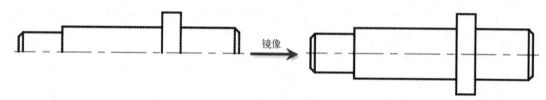

图 2-38　镜像示例

1 单击"镜像"按钮⚏。

2 选择要镜像的对象(源对象),如图 2-39 所示(该实例选择用粗实线绘制的全部图形作为要镜像的对象),按〈Enter〉键结束对象选择。

3 指定镜像线的第 1 点和第 2 点,如图 2-40 所示。

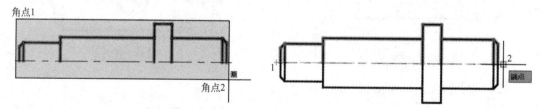

图 2-39　选择要镜像的对象　　　　图 2-40　指定镜像线的第 1 点和第 2 点

4 在命令窗口的命令行中出现"要删除源对象吗?[是(Y)/否(N)] <否>:"的提示信息,直接按〈Enter〉键,以接受默认不删除源对象,即保留源对象。

知识点拨: 默认情况下,镜像文字、属性和属性定义时,它们在镜像图像中不会反转或倒置。文字的对齐和对正方式在镜像对象前后相同。如果确实要反转文字，请将"MIRRTEXT"系统变量设置为1。

2.3.4 偏移

偏移对象是一种高效的绘图技巧，偏移后可以再对图形进行修剪或延伸等操作。可以使用偏移的方式创建同心圆、平行线和平行曲线。可以偏移的对象包括直线、圆弧、圆、椭圆和椭圆弧（形成椭圆形样条曲线）、二维多段线、样条曲线、构造线（参照线）和射线。

在偏移多段线盒烟条曲线时，需要注意如下两种情况（摘自 AutoCAD 帮助文件）。

（1）二维多段线和样条曲线在偏移距离大于可调整的距离时将自动进行修剪。

（2）偏移的用于创建更长多段线的闭合二维多段线会导致线段间存在潜在间隔。"OFFSETGAPTYPE"系统变量用于控制这些潜在间隔的闭合方式。

通常以指定的距离偏移对象，其典型步骤如下。

1 单击"偏移"按钮。

2 指定偏移距离。可以输入值或使用定点设备（如鼠标）。

3 选择要偏移的对象。

4 在要放置新对象的一侧指定一点以定义在该侧偏移。

5 选择另一个要偏移的对象继续偏移操作，或按〈Enter〉键结束命令。

下面介绍一个涉及偏移操作的简单实例。

1 打开附赠网盘资源的"偏移练习.dwg"文件。该图形文件中存在着图 2-41 所示的图形。

图 2-41　已有图形

2 偏移操作 1。

单击"偏移"按钮，根据命令行提示进行如下操作。

命令:_offset
当前设置: 删除源=否　图层=源　OFFSETGAPTYPE=0
指定偏移距离或 [通过(T)/删除(E)/图层(L)] <通过>: 40✓　　　　　//输入偏移距离
选择要偏移的对象，或 [退出(E)/放弃(U)] <退出>:　　　　　　//选择图 2-42 所示的中心线
指定要偏移的那一侧上的点，或 [退出(E)/多个(M)/放弃(U)] <退出>: //在竖直中心线右侧区域单击
选择要偏移的对象，或 [退出(E)/放弃(U)] <退出>:✓
得到的偏移结果 1 如图 2-43 所示。

图 2-42　选择要偏移的对象

图 2-43　偏移结果 1

3 绘制圆。

单击"圆：圆心，半径"按钮，接着根据命令提示进行如下操作。

命令: _circle

指定圆的圆心或 [三点(3P)/两点(2P)/切点、切点、半径(T)]: _int 于

//选择右竖直中心线与水平中心线的交点

指定圆的半径或 [直径(D)]: D√

指定圆的直径: 6√

知识点拨: 执行创建圆命令时如果出现"指定圆的圆心"提示，希望捕捉到一个交点，此时可以将鼠标光标置于绘图区域的空白区域，单击鼠标右键，弹出一个快捷菜单，从中选择"捕捉替代"→"交点"命令，此时命令行中出现"_int 于"，接着便很容易地在绘图区域选择所需交点作为圆心。

绘制的小圆如图 2-44 所示。

图 2-44　绘制小圆

4 偏移操作 2。

单击"偏移"按钮，根据命令提示进行如下操作。

命令: _offset

当前设置: 删除源=否　图层=源　OFFSETGAPTYPE=0

指定偏移距离或 [通过(T)/删除(E)/图层(L)] <40.0000>: 2√

选择要偏移的对象，或 [退出(E)/放弃(U)] <退出>:　　　　　　　　//选择左侧的大圆

指定要偏移的那一侧上的点，或 [退出(E)/多个(M)/放弃(U)] <退出>:　//单击大圆的圆心位置

选择要偏移的对象，或 [退出(E)/放弃(U)] <退出>:　　　　　　　　//选择右侧的小圆

指定要偏移的那一侧上的点，或 [退出(E)/多个(M)/放弃(U)] <退出>:　//在该小圆外侧单击任意一点

选择要偏移的对象，或 [退出(E)/放弃(U)] <退出>:√

完成的偏移结果 2 如图 2-45 所示。

图 2-45　偏移结果 2

2.3.5　阵列

阵列包括矩形阵列、环形阵列和路径阵列 3 种。在二维制图中使用矩形阵列，可以控制

行和列的数目以及它们之间的距离；使用环形阵列，可以围绕中心点在环形阵列中均匀分布对象副本；使用路径阵列，可以沿路径或部分路径均匀分布对象副本。注意在创建阵列的过程中可以设置阵列的关联性。

下面通过实例的方式分别介绍矩形阵列、环形阵列和路径阵列的具体操作方法。

1. 矩形阵列

① 新建一个图形文件，以原点为圆心，绘制一个半径为 10 的圆，如图 2-46a 所示。

② 单击"矩形阵列"按钮，接着根据命令行提示进行如下操作。

```
命令：_arrayrect
选择对象：找到 1 个                              //选择要阵列的圆
选择对象：✓
类型 = 矩形  关联 = 是
选择夹点以编辑阵列或 [关联(AS)/基点(B)/计数(COU)/间距(S)/列数(COL)/行数(R)/层数(L)/退出(X)]
<退出>: COU✓
    输入列数数或 [表达式(E)] <4>: 5✓
    输入行数数或 [表达式(E)] <3>: 3✓
    选择夹点以编辑阵列或 [关联(AS)/基点(B)/计数(COU)/间距(S)/列数(COL)/行数(R)/层数(L)/退出(X)]
<退出>: S✓
    指定列之间的距离或 [单位单元(U)] <30>: 38✓
    指定行之间的距离 <30>:32✓
    选择夹点以编辑阵列或 [关联(AS)/基点(B)/计数(COU)/间距(S)/列数(COL)/行数(R)/层数(L)/退出(X)]
<退出>: AS✓
    创建关联阵列 [是(Y)/否(N)] <是>: N✓
    选择夹点以编辑阵列或 [关联(AS)/基点(B)/计数(COU)/间距(S)/列数(COL)/行数(R)/层数(L)/退出(X)]
<退出>:✓
```

完成该矩形阵列操作得到的图形效果如图 2-46b 所示。

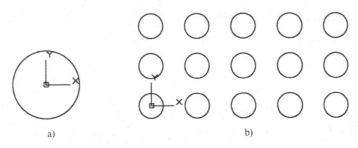

a)   b)

图 2-46 绘制圆和阵列圆

a) 绘制一个圆 b) 完成矩形阵列后的效果

经验点拨： 在确保启用功能区的情况下，则在创建矩形阵列的过程中，读者可以在功能区出现的图 2-47 所示的"阵列创建"选项卡中设置列数、列间距、行数、行间距、级别等参数和选项。通常而言，在功能区中进行操作，对相关参数和选项设置会一目了然，直观且便于修改。

	列数:	5		行数:	3		级别:	1				
矩形	介于:	38		介于:	32		介于:	1	关联	基点	关闭阵列
	总计:	152		总计:	64		总计:	1			
类型	列			行 ▾			层级		特性		关闭

图 2-47 "阵列创建"选项卡

2．环形阵列

① 打开"环形阵列练习.dwg"文件，该文件中存在的图形如图 2-48 所示。

② 单击"环形阵列"按钮🔅，接着根据命令行提示进行如下操作。

命令: _arraypolar

选择对象: 找到 1 个 　　　　　　　　　　　　　　　//选择最小的圆作为要阵列的对象

选择对象: ✓

类型 = 极轴　关联 = 否

指定阵列的中心点或 [基点(B)/旋转轴(A)]: 0,0✓

选择夹点以编辑阵列或 [关联(AS)/基点(B)/项目(I)/项目间角度(A)/填充角度(F)/行(ROW)/层(L)/旋转项目(ROT)/退出(X)] <退出>: I✓

输入阵列中的项目数或 [表达式(E)] <6>: 5✓

选择夹点以编辑阵列或 [关联(AS)/基点(B)/项目(I)/项目间角度(A)/填充角度(F)/行(ROW)/层(L)/旋转项目(ROT)/退出(X)] <退出>: F✓

指定填充角度(+=逆时针、-=顺时针)或 [表达式(EX)] <360>: ✓

选择夹点以编辑阵列或 [关联(AS)/基点(B)/项目(I)/项目间角度(A)/填充角度(F)/行(ROW)/层(L)/旋转项目(ROT)/退出(X)] <退出>: AS✓

创建关联阵列 [是(Y)/否(N)] <否>: Y✓

选择夹点以编辑阵列或 [关联(AS)/基点(B)/项目(I)/项目间角度(A)/填充角度(F)/行(ROW)/层(L)/旋转项目(ROT)/退出(X)] <退出>: ✓

创建好该环形阵列的效果如图 2-49 所示。该环形阵列为关联阵列，整个阵列为单一对象。读者也可以在功能区出现的"阵列创建"上下文选项卡中设置环形阵列的相关参数。

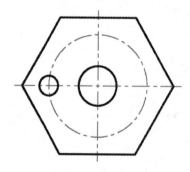

图 2-48　存在的图形

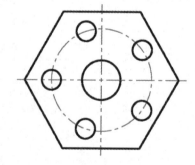

图 2-49　创建环形阵列

3．路径阵列

① 打开"路径阵列练习.dwg"文件，该文件中存在的图形如图 2-50 所示。

② 单击"路径阵列"按钮🔄，接着根据命令行提示进行如下操作。

命令: _arraypath

选择对象: 找到 1 个　　　　　　　　　　　　　//选择图 2-51 所示的三角形对象

选择对象: ↙

类型 = 路径　关联 = 是

选择路径曲线:　　　　　　　　　　　　　　　//选择图 2-52 所示的二维多段线

选择夹点以编辑阵列或 [关联(AS)/方法(M)/基点(B)/切向(T)/项目(I)/行(R)/层(L)/对齐项目(A)/Z 方向(Z)/退出(X)] <退出>: M↙

输入路径方法 [定数等分(D)/定距等分(M)] <定距等分>: D↙

选择夹点以编辑阵列或 [关联(AS)/方法(M)/基点(B)/切向(T)/项目(I)/行(R)/层(L)/对齐项目(A)/Z 方向(Z)/退出(X)] <退出>: I↙

输入沿路径的项目数或 [表达式(E)] <12>: 9↙

选择夹点以编辑阵列或 [关联(AS)/方法(M)/基点(B)/切向(T)/项目(I)/行(R)/层(L)/对齐项目(A)/Z 方向(Z)/退出(X)] <退出>: AS↙

创建关联阵列 [是(Y)/否(N)] <是>: N↙

选择夹点以编辑阵列或 [关联(AS)/方法(M)/基点(B)/切向(T)/项目(I)/行(R)/层(L)/对齐项目(A)/Z 方向(Z)/退出(X)] <退出>:↙

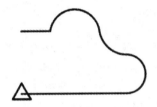

图 2-50　存在的图形

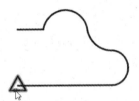

图 2-51　选择三角形作为要阵列的对象

完成该路径阵列操作得到的图形效果如图 2-53 所示。注意：如果启用功能区，那么在执行"路径阵列"命令并指定要阵列的对象和路径曲线后，功能区将会提供"阵列创建"选项卡，读者可以在"阵列创建"选项卡中设置项目、行、层级和特性（如关联、基点、切线方向、等分方法、对齐项目和 Z 方向）这些方面的选项、参数来完成路径阵列的创建，如图 2-54 所示。

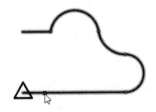

图 2-52　选择二维多段线作为路径

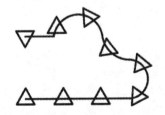

图 2-53　完成路径阵列操作的图形效果

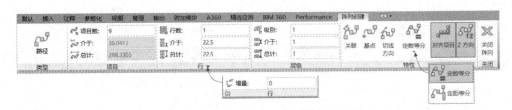

图 2-54　使用"阵列创建"选项卡设置路径阵列的相关选项和参数

2.3.6 移动

使用系统提供的"移动"功能，可以在指定方向上按指定距离移动对象。

单击"移动"按钮 ✛，并选择要复制的对象，命令窗口将出现"指定基点或 [位移(D)] <位移>:"的提示信息。在这里简单地介绍该提示信息中的操作指令。

● "指定基点"：使用由基点及后跟的第二点指定的距离和方向移动对象。指定的两个点定义了一个矢量，用于指示选定对象要移动的距离和方向。如果在"指定第二个点"提示下直接按〈Enter〉键，第一点将被解释为相对 X、Y、Z 位移。例如，如果指定基点为（3,5）并在下一个提示下直接按〈Enter〉键，则该对象从它当前的位置开始在 X 方向上移动 3 个单位，在 Y 方向上移动 5 个单位。

● "位移"：输入的坐标值将指定相对距离和方向。

下面结合操作实例介绍使用两点移动对象的典型步骤。

1 打开"移动练习.dwg"文件。

2 单击"移动"按钮 ✛。

3 使用窗口选择方法选择所有图形，按〈Enter〉键。

4 命令行出现"指定基点或 [位移(D)] <位移>:"的提示信息，选择图 2-55a 所示的圆心定义基点。

5 指定第 2 点。在"指定第二个点或 <使用第一个点作为位移>:"提示下输入"68,20"，按〈Enter〉键。移动图形的结果如图 2-55b 所示。

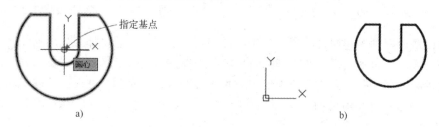

图 2-55　移动练习中的指定移动基点与移动结果

a) 指定基点　b) 移动结果

2.3.7 倒角

在机械制图中，倒角是较为常见的一种结构表现形式。倒角使用成角的直线连接两个对象，它通常用于表示角点上的倒角边。可以倒角的图形包括直线、多段线、射线、构造线和三维实体。

单击"倒角"按钮 ⌐，命令窗口出现的命令提示信息如图 2-56 所示。倒角命令提示中的各命令选项含义如下。

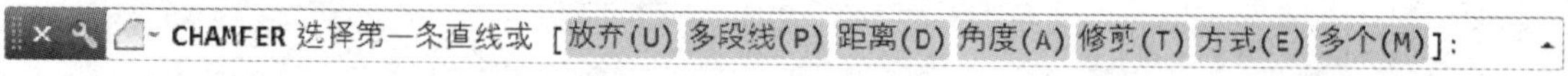

× ✎ ⌐ CHAMFER 选择第一条直线或 [放弃(U) 多段线(P) 距离(D) 角度(A) 修剪(T) 方式(E) 多个(M)]:

图 2-56　倒角命令提示

● "第一条直线"：指定定义二维倒角所需的两条边中的第一条边或要倒角的三维实体

的边。

- "放弃"：恢复在命令中执行的上一个操作。
- "多段线"：对整个二维多段线倒角。选择该选项，需要选择二维多段线，则相交多段线线段在每个多段线顶点被倒角，倒角成为多段线的新线段。如果多段线包含的线段过短以至于无法容纳倒角距离，则不对这些线段倒角。
- "距离"：设置倒角至选定边端点的距离。如果将两个距离均设置为 0，"CHAMFER"命令将延伸或修剪两条直线，以使它们终止于同一点。
- "角度"：用第一条线的倒角距离和第二条线的角度设置倒角距离。
- "修剪"：控制是否将选定的边修剪到倒角直线的端点。
- "方式"：控制使用两个距离还是一个距离和一个角度来创建倒角。
- "多个"：为多组对象的边倒角。系统将重复显示主提示和"选择第二个对象"的提示，直到用户按〈Enter〉键结束命令。

以图 2-57 所示的图形中的倒角为例，介绍该倒角是如何绘制的。

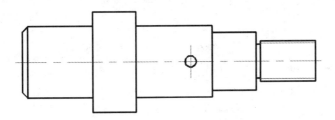

图 2-57　具有倒角的轴

1️⃣ 打开"倒角练习.dwg"文件，该文件中存在的图形如图 2-58 所示。

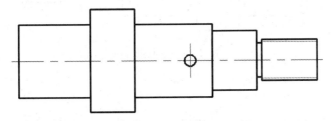

图 2-58　未倒角的轴

2️⃣ 单击"倒角"命令，接着根据命令行提示进行如下操作。

命令: _chamfer
（"修剪"模式）当前倒角距离 1 = 0.0000，距离 2 = 0.0000
选择第一条直线或 [放弃(U)/多段线(P)/距离(D)/角度(A)/修剪(T)/方式(E)/多个(M)]: D✓
指定 第一个 倒角距离 <0.0000>: 2.5✓
指定 第二个 倒角距离 <2.5000>: ✓
选择第一条直线或 [放弃(U)/多段线(P)/距离(D)/角度(A)/修剪(T)/方式(E)/多个(M)]: M✓
选择第一条直线或 [放弃(U)/多段线(P)/距离(D)/角度(A)/修剪(T)/方式(E)/多个(M)]:
//选择图 2-59 所示的边 1
选择第二条直线，或按住〈Shift〉键选择直线以应用角点或 [距离(D)/角度(A)/方法(M)]:
//选择图 2-59 所示的边 2

选择第一条直线或 [放弃(U)/多段线(P)/距离(D)/角度(A)/修剪(T)/方式(E)/多个(M)]:

//选择图 2-60 所示的边 2

选择第二条直线，或按住〈Shift〉键选择直线以应用角点或 [距离(D)/角度(A)/方法(M)]:

//选择图 2-60 所示的边 3

选择第一条直线或 [放弃(U)/多段线(P)/距离(D)/角度(A)/修剪(T)/方式(E)/多个(M)]: ↙

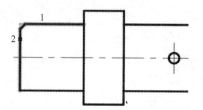 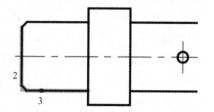

图 2-59　选择要倒角的边 1、2　　　　　图 2-60　选择要倒角的边 2、3

3 绘制直线。

单击"直线"按钮，接着在命令行提示下执行操作。

命令：_line

指定第一点：　　　　　　　　　　　//捕捉到图 2-61 所示的点 A

指定下一点或 [放弃(U)]：　　　　　//捕捉到图 2-61 所示的点 B

指定下一点或 [放弃(U)]：↙

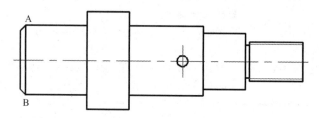

图 2-61　绘制直线段

2.3.8　圆角

　　圆角使用与对象相切并且具有指定半径的圆弧连接两个对象。同样可以为多段线的所有角点添加圆角。

　　创建圆角时，需要注意圆角半径的设置。圆角半径是连接被圆角对象的圆弧半径。修改圆角半径将影响后续的圆角操作。如果将圆角半径设置为 0，那么被圆角的对象将被修剪或延伸直到它们相交，但并不创建圆弧。设置圆角半径的对比效果如图 2-62 所示。

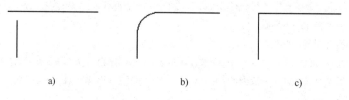

a)　　　　　　　　　　　b)　　　　　　　　　　　c)

图 2-62　设置圆角半径

a) 圆角前的两条直线　b) 带半径圆角　c) 带零半径圆角

单击"圆角"按钮，命令窗口出现的命令提示信息如图 2-63 所示。圆角命令提示中的各命令选项含义如下。

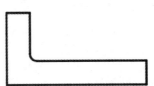

图 2-63 圆角命令提示

- "第一个对象"：选择定义二维圆角所需的两个对象中的第一个对象，或选择三维实体的边以便给其加圆角。
- "放弃"：恢复在命令中执行的上一个操作。
- "多段线"：在二维多段线中两条线段相交的每个顶点处插入圆角弧。如果一条弧线段将会聚于该弧线段的两条直线段分开，则执行"FILLET"命令将删除该弧线段并以圆角弧代替。
- "半径"：定义圆角弧的半径。
- "修剪"：控制是否将选定的边修剪到圆角弧的端点。
- "多个"：给多个对象集添加圆角。

下面介绍一个圆角操作的实例。

① 打开"圆角练习.dwg"文件，该文件中存在的图形如图 2-64 所示。

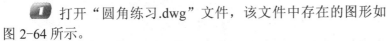

图 2-64 存在的图形

② 单击"圆角"按钮，根据命令提示进行如下操作。

命令: _fillet
当前设置: 模式 = 修剪，半径 = 3.0000
选择第一个对象或 [放弃(U)/多段线(P)/半径(R)/修剪(T)/多个(M)]: R↙
指定圆角半径 <3.0000>: 13↙
选择第一个对象或 [放弃(U)/多段线(P)/半径(R)/修剪(T)/多个(M)]: T↙
输入修剪模式选项 [修剪(T)/不修剪(N)] <修剪>: T↙   //设置修剪模式
选择第一个对象或 [放弃(U)/多段线(P)/半径(R)/修剪(T)/多个(M)]:   //选择图 2-65 所示的边 1
选择第二个对象，或按住〈Shift〉键选择对象以应用角点或 [半径(R)]:   //选择图 2-65 所示的边 2
得到的圆角效果如图 2-66 所示。

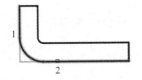

图 2-65 选择要圆角的对象

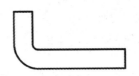

图 2-66 圆角效果

2.3.9 旋转

可以绕指定基点旋转图形中的对象。具体地概括，旋转对象的方式包括：按指定角度旋转对象；通过拖动旋转对象；旋转对象到绝对角度等。

旋转对象的典型操作如下。

① 单击"旋转"按钮。

② 选择要旋转的对象，按〈Enter〉键完成对象选择。

③ 指定旋转基点。

④ 此时，命令行出现"指定旋转角度，或 [复制(C)/参照(R)] <0>:"的操作提示。执行以下操作之一：

● 输入旋转角度。

● 绕基点拖动对象并指定旋转对象的终止位置点。

● 输入"C"并按〈Enter〉键，创建选定对象的副本。

● 输入"R"并按〈Enter〉键，将选定对象从指定参照角度旋转到绝对角度。

例如，在图 2-67 所示中，将原正六边形旋转 15°。其旋转操作的命令历史记录及说明如下。

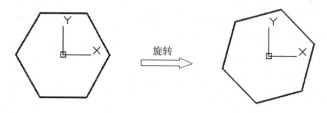

图 2-67 旋转操作

命令: _rotate   //单击"旋转"按钮◐

UCS 当前的正角方向： ANGDIR=逆时针 ANGBASE=0

选择对象: 找到 1 个   //选择正六边形

选择对象: ✓

指定基点: 0,0✓

指定旋转角度，或 [复制(C)/参照(R)] <0>: 15✓

2.3.10 缩放

在实际设计中，有时候会碰到需要将选定图形放大或者缩小的情况，此时就可以应用到系统提供的"缩放（SCALE）"功能。缩放图形对象的方法主要有使用比例因子缩放对象和使用参照距离缩放对象。

1. 使用比例因子缩放对象

使用"缩放（SCALE）"功能，可以将对象按统一比例放大或缩小。此方法缩放对象需要指定基点和比例因子。比例因子大于 1 时，则放大对象；比例因子介于 0 和 1 之间时，则将缩小对象。

使用比例因子缩放对象的典型步骤如下。

① 单击"缩放"按钮◻。

② 选择要缩放的对象，按〈Enter〉键结束选择。

③ 指定基点。

④ 此时，命令窗口的命令行中出现"指定比例因子或 [复制(C)/参照(R)]:"的提示信息。输入比例因子，或拖曳并单击以指定新比例。

2. 使用参照距离缩放对象

使用参照进行缩放将现有距离作为新尺寸的基础。要使用参照进行缩放，需要指定当前距离和新的所需尺寸。

使用参照距离缩放对象的典型步骤如下。

1 单击"缩放"按钮□。

2 选择要缩放的对象,按〈Enter〉键结束选择。

3 指定基点。

4 此时,命令窗口的命令行中出现"指定比例因子或 [复制(C)/参照(R)]:"的提示信息。在命令行中输入"R"以选中"参照"选项。接着根据命令提示输入参照长度和新的长度,或指定第一个和第二个参照点。

2.3.11 拉伸

执行系统提供的"拉伸"按钮□,可以重定位穿过或在交叉选择窗口内的对象的端点。值得注意的是,该操作将拉伸交叉窗口部分包围的对象,如图 2-68 所示;而完全包含在交叉窗口中的对象或单独选定的对象不会被拉伸,而是被移动。

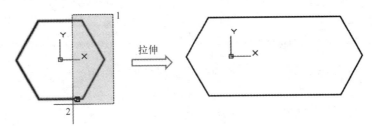

图 2-68　拉伸对象的示例

在图 2-68 所示的示例中,其拉伸对象的操作步骤如下。

1 单击"拉伸"按钮□。

2 根据命令提示进行如下操作。

```
命令: _stretch
以交叉窗口或交叉多边形选择要拉伸的对象...
选择对象: 指定对角点: 找到 1 个       //使用鼠标光标从图 2-68 所示的点 1 拖曳到点 2 处
选择对象: ↙
指定基点或 [位移(D)] <位移>:  0,0↙
指定第二个点或 <使用第一个点作为位移>:  60,0↙
```

2.3.12 修剪

绘制好大概的图形后,通常要将一些不需要的线段修剪掉,使图线精确地终止于由指定对象定义的边界。在修剪若干个对象时,巧妙地使用不同的选择方法将有助于选择当前的剪切边和修剪对象,这些需要读者在实际操作中多多注意和积累经验。

下面通过练习实例来介绍修剪对象的典型方法及其步骤。注意两次修剪操作的不同之处,修剪 1 没有指定剪切边,而修剪 2 则指定了剪切边。

1 打开"修剪练习.dwg"文件。

2 单击"修剪"按钮/,根据命令行提示进行如下操作。

```
命令: _trim
```

当前设置:投影=UCS，边=延伸

选择剪切边...

选择对象或 <全部选择>:✓   //按〈Enter〉键

选择要修剪的对象，或按住〈Shift〉键选择要延伸的对象，或

[栏选(F)/窗交(C)/投影(P)/边(E)/删除(R)/放弃(U)]:   //单击图 2-69 所示的圆弧段

选择要修剪的对象，或按住〈Shift〉键选择要延伸的对象，或

[栏选(F)/窗交(C)/投影(P)/边(E)/删除(R)/放弃(U)]:   //单击图 2-70 所示的圆弧段

选择要修剪的对象，或按住〈Shift〉键选择要延伸的对象，或

[栏选(F)/窗交(C)/投影(P)/边(E)/删除(R)/放弃(U)]:✓

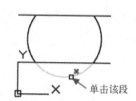

图 2-69　要修剪的对象 1   图 2-70　要修剪的对象 2

③ 单击"修剪"按钮 ━━，根据命令行提示进行如下操作。

命令:_trim

当前设置:投影=UCS，边=延伸

选择剪切边...

选择对象或 <全部选择>: 找到 1 个   //选择图 2-71 所示的其中一条圆弧

选择对象: 找到 1 个，总计 2 个   //选择图 2-71 所示的另一条圆弧

选择对象:✓

选择要修剪的对象，或按住〈Shift〉键选择要延伸的对象，或

[栏选(F)/窗交(C)/投影(P)/边(E)/删除(R)/放弃(U)]:   //单击图 2-72 所示的线段 1

选择要修剪的对象，或按住〈Shift〉键选择要延伸的对象，或

[栏选(F)/窗交(C)/投影(P)/边(E)/删除(R)/放弃(U)]:   //单击图 2-72 所示的线段 2

选择要修剪的对象，或按住〈Shift〉键选择要延伸的对象，或

[栏选(F)/窗交(C)/投影(P)/边(E)/删除(R)/放弃(U)]:   //单击图 2-72 所示的线段 3

选择要修剪的对象，或按住〈Shift〉键选择要延伸的对象，或

[栏选(F)/窗交(C)/投影(P)/边(E)/删除(R)/放弃(U)]:   //单击图 2-72 所示的线段 4

选择要修剪的对象，或按住〈Shift〉键选择要延伸的对象，或

[栏选(F)/窗交(C)/投影(P)/边(E)/删除(R)/放弃(U)]:✓

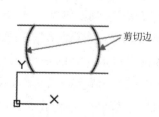
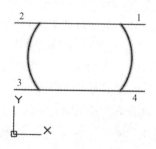

图 2-71　指定剪切边   图 2-72　选择要修剪的对象

完成修剪后的图形如图 2-73 所示。

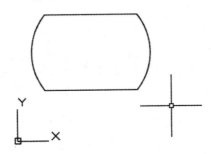

图 2-73　修剪的结果

提示点拨： 选择的剪切边或边界边无须与修剪对象相交。可以将对象修剪或延伸至投影边或延长线交点，即对象延长后相交的地方。如图 2-74 所示，其操作的命令历史记录及说明如下。

命令:_trim
当前设置:投影=UCS，边=无
选择剪切边...
选择对象或 <全部选择>: 找到 1 个　　　　　　　　　　//如图 2-74a 所示
选择对象: ↙
选择要修剪的对象，或按住〈Shift〉键选择要延伸的对象，或
[栏选(F)/窗交(C)/投影(P)/边(E)/删除(R)/放弃(U)]: E↙
输入隐含边延伸模式 [延伸(E)/不延伸(N)] <不延伸>:E↙
选择要修剪的对象，或按住〈Shift〉键选择要延伸的对象，或
[栏选(F)/窗交(C)/投影(P)/边(E)/删除(R)/放弃(U)]:　　　//在图 2-74b 所示的位置单击
选择要修剪的对象，或按住〈Shift〉键选择要延伸的对象，或
[栏选(F)/窗交(C)/投影(P)/边(E)/删除(R)/放弃(U)]: ↙
得到的修剪结果如图 2-74c 所示。

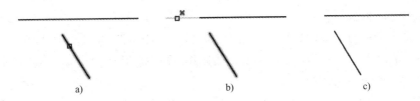

a)　　　　　　　　　　　　　　b)　　　　　　　　　　　　　c)

图 2-74　修剪示例

a) 选择剪切边　b) 修剪对象　c) 修剪结果

2.3.13　延伸

延伸与修剪的操作方法基本相同。单击"延伸"工具，可以延伸对象，使它们精确地延伸至由其他对象定义的边界边。延伸示例如图 2-75 所示，该示例的操作命令记录及说明如下。

命令:_extend　　　　　　　　　　　　　　　//单击"延伸"按钮

当前设置:投影=UCS，边=延伸

选择边界的边...

选择对象或 <全部选择>: 找到 1 个　　　　　　　　　//选择图 2-75a 所示的边界

选择对象:↙

选择要延伸的对象，或按住〈Shift〉键选择要修剪的对象，或

[栏选(F)/窗交(C)/投影(P)/边(E)/放弃(U)]:　　　　　//选择图 2-75b 所示的对象（光标所指）

选择要延伸的对象，或按住〈Shift〉键选择要修剪的对象，或

[栏选(F)/窗交(C)/投影(P)/边(E)/放弃(U)]:↙

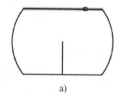 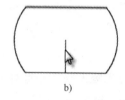 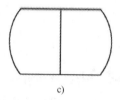

a)　　　　　　　　　　　b)　　　　　　　　　　　c)

图 2-75　延伸示例

a) 选择边界边　b) 选择要延伸的对象　c) 延伸结果

2.3.14　打断

AutoCAD 提供了实用的"打断"功能，可以将一个对象打断为两个对象，对象之间可以具有间隙，也可以没有间隙。可以在大多数几何对象上创建打断，但不包括块、标注、多线（多行）和面域这些对象。

1. 在一点打断选定对象

在一点打断选定对象的操作方法很简单，即在"修改"面板中单击"打断于点"按钮，接着选择要打断的对象，然后指定打断点即可。

2. 在两点之间打断选定的对象

在两点之间打断选定对象的操作方法如下。

① 在"修改"面板中单击"打断"按钮。

② 选择要打断的对象。

此时，命令提示为"指定第二个打断点 或 [第一点(F)]:"。即默认情况下，在其上选择要打断的对象的点为第一个打断点。如果要选择其他断点，则选择"第一点(F)"提示选项，然后指定第一个断点。

③ 指定第二个打断点。如果要打断对象而不创建间隙，可以输入"@0,0"作为第二个打断点。

在两点之间打断选定对象的操作示例如图 2-76 所示。

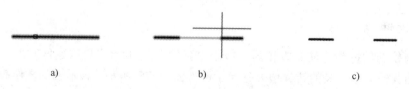

a)　　　　　　　　　　　b)　　　　　　　　　　　c)

图 2-76　在两点之间打断选定的对象

a) 选择要打断的对象　b) 指定第二个打断点　c) 打断效果

2.3.15 合并

单击"合并"按钮 ⁺⁺，可以将相似的对象合并以形成一个完整的对象；可以合并的对象包括圆弧、椭圆弧、直线、多段线和样条曲线。

例如，在图 2-77 中，将两条线段合并成一条直线段（成为一个完整的对象），其操作说明如下。

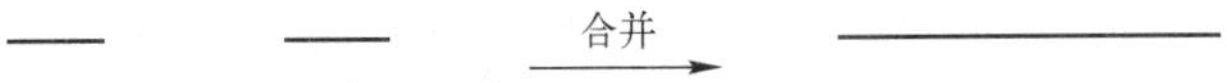

————   ————   ——合并——→   ——————————————

图 2-77 将两段直线合并成一条直线段

命令: _join   //单击"合并"按钮 ⁺⁺
选择源对象或要一次合并的多个对象: 找到 1 个   //选择其中一条线段
选择要合并的对象: 找到 1 个，总计 2 个   //选择另一条线段
选择要合并的对象: ↙
2 条直线已合并为 1 条直线

2.3.16 分解

可以使用下述命令执行方式之一将合成对象分解为其部件对象。

● 功能区：在"默认"选项卡的"修改"面板中单击"分解"按钮 🗗。
● 菜单：从菜单栏的"修改"菜单中选择"分解"命令。
● 命令条目：在命令行的"输入命令"提示下，输入"EXPLODE"。

值得注意的是，任何分解对象的颜色、线型和线宽都可能会改变，其他结果将根据分解的合成对象类型的不同而有所不同，见表 2-2。

表 2-2 分解对象说明

序号	合成对象	分解说明
1	二维和优化多段线	放弃所有关联的宽度或切线信息；对于宽多段线，将沿多段线中心放置结果直线和圆弧
2	三维多段线	分解成线段；为三维多段线指定的线型将应用到每一个得到的线段
3	三维实体	将平整面分解成面域；将非平整面分解成曲面
4	注释性对象	将当前比例图示分解构成该图示的组件（变为非注释性）；已删除其他比例图示
5	位于非一致比例的块内的圆弧（圆）	分解为椭圆弧（椭圆）
6	体	分解成一个单一表面的体（非平面表面）、面域或曲线
7	引线	根据引线的不同，可分解成直线、样条曲线、实体（箭头）、块插入（箭头、注释块）、多行文字或公差对象
8	多行（多线）	分解成直线和圆弧
9	面域	分解成直线、圆弧或样条曲线
10	块	一次删除一个编组级等
11	多面网格	单顶点网格分解成点对象；双顶点网格分解成直线；三顶点网格分解成三维面
12	多行文字	分解成文字对象

将合成对象（复合图形）分解的典型操作步骤如下。

⚊ 执行分解命令功能，例如在"默认"选项卡的"修改"面板中单击"分解"按钮 。

⚋ 选择要分解的对象，可以选择多个有效对象。

⚌ 按〈Enter〉键结束命令操作，完成分解。

2.4 文本输入

在 AutoCAD 中，文本相当于一种特殊的二维图形。在菜单栏的"绘图"→"文字"级联菜单中提供了两个实用的文本输入命令，即"多行文字"命令（对应的按钮为 **A**）和"单行文字"命令（对应的按钮为 **A**）。

2.4.1 单行文字

使用"单行文字"命令，可以创建一行或多行文字，其中每行文字都是独立的对象，读者可以对其进行重定位、调整格式或进行其他修改。

选择"单行文字"命令时，命令窗口的命令行中出现图 2-78 所示的提示信息。

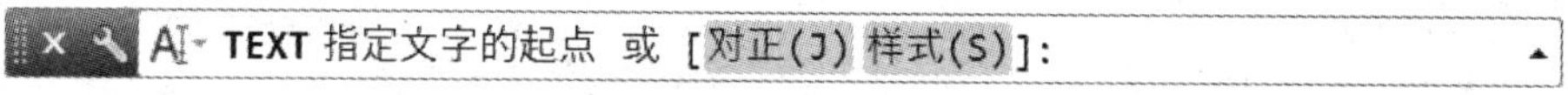

图 2-78　命令提示

此时，可以指定文字的起点，也可以重新指定文字样式并设置对正方式。"样式"选项设置文字对象的默认特征；"对正"选项决定字符的哪一部分与插入点对齐。

指定文字起点、高度和旋转角度后，便可以输入一行文字，按〈Enter〉键结束该行输入，可以继续输入另一行文字，每行文字都是独立的对象，如果在一行空行直接按〈Enter〉键则结束单行文字输入操作。

下面是输入单行文字的一个典型操作实例。

⚊ 在功能区"默认"选项卡的"注释"面板中单击"单行文字"按钮 **A**，或者选择菜单栏的"绘图"→"文字"→"单行文字"命令。

⚋ 根据命令行提示进行如下操作。

命令: _text
当前文字样式: "BD-3.5"　文字高度: 3.5000　注释性: 否
指定文字的起点或 [对正(J)/样式(S)]: 60,60✓
指定文字的旋转角度 <0>:✓

⚌ 输入第一单行的文字为"技术要求"，按〈Enter〉键。

⚍ 输入第二单行的文字为"1.未注倒角为 C2。"，按〈Enter〉键。

⚎ 输入第三单行的文字为"2.表面光滑，没有毛刺。"，按〈Enter〉键。

⚏ 在第四单行没有输入文字，直接按〈Enter〉键结束命令。

完成绘制的单行文字如图 2-79 所示，每一行文字都

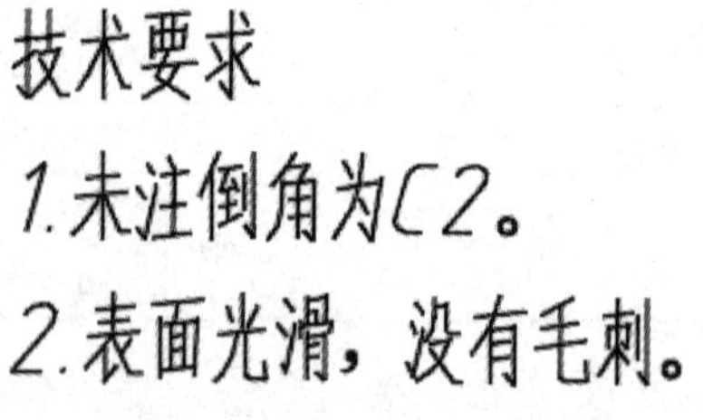

图 2-79　绘制单行文字

是单独的对象。

在机械制图中经常会碰到输入直径符号"∅"、正负符号"±"、角度符号"°"等。这些符号可以采用结合控制码的方式输入，例如，输入"%%C"代表输入直径符号"∅"，输入"%%D"代表输入角度符号"°"，输入"%%P"代表输入正负符号"±"。

2.4.2 多行文字

多行文字的输入比单行文字更灵活，在实际应用中，通常使用多行文字来创建较为复杂的文字说明。在多行文字对象中，可以通过将格式（如下画线、粗体和不同的字体）应用到单个字符来替代当前文字样式；还可以创建堆叠文字（如分数或形位公差）并插入特殊字符，包括用于 TrueType 字体的 Unicode 字符。

创建多行文字的方法及步骤说明如下。

① 在功能区"默认"选项卡的"注释"面板中单击"多行文字"按钮**A**，或者从菜单栏中选择"绘图"→"文字"→"多行文字"命令。

② 指定边框的对角点以定义多行文字对象的宽度。

此时，如果功能区处于活动状态，则将在功能区中显示"文字编辑器"选项卡，如图 2-80 所示。如果功能区未处于活动状态，则将显示在位文字编辑器（含"文字格式"对话框），如图 2-81 所示。

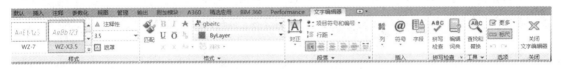

图 2-80 功能区的"文字编辑器"选项卡

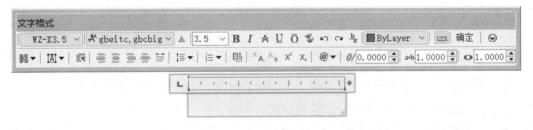

图 2-81 在位文字编辑器

③ 在文字输入框中输入所需的多行文字，利用功能区的"文字编辑器"选项卡或者在位文字编辑器中的"文字格式"对话框，设置文字样式、格式、段落参数、插入特殊符号等。

④ 在功能区"文字编辑器"选项卡的"关闭"面板中单击"关闭文字编辑器"按钮**✕**，或者在在位文字编辑器的"文字格式"对话框中单击"确定"按钮，完成多行文字的输入。

创建堆叠文字是多行文字应用的重点内容之一。在机械制图中，也经常绘制图 2-82 所示的文字组合形式（堆叠文字）。

$$\varnothing 25^{H7}\!/_{p6} \qquad \frac{B\text{-}B}{5:1} \qquad \varnothing 18^{+0.036}_{+0.005} \qquad \varnothing 20^{+0.039}_{-0.013} \qquad \varnothing 19.4 p6\!\left(^{+0.029}_{-0.007}\right)$$

图 2-82　机械制图中常见的堆叠文字形式

堆叠是对分数、公差和配合的一种位置控制方式，读者应该掌握 AutoCAD 中的下列 3 种字符堆叠控制码。

- "/"：字符堆叠为分式形式。例如输入字符"H8/c6"，设置其堆叠后显示为"$\frac{H8}{c6}$"。
- "#"：字符堆叠为比值形式。例如输入字符"H8#c6"，设置其堆叠后显示为"$^{H8}\!/_{c6}$"。
- "^"：字符堆叠为上下排列的形式，和分式类似，但比分式少一条横线。例如字符"H8^c6"，设置其堆叠后显示为"$^{H8}_{c6}$"。

下面以多行文字"$\varnothing 25^{H7}\!/_{p6}$"为例，说明如何进行字符堆叠处理。

1 单击"多行文字"按钮 **A**，或者从菜单栏中选择"绘图"→"文字"→"多行文字"命令。

2 在绘图区域指定边框的对角点以定义多行文字对象的宽度。

3 在文字输入窗口中输入"%%C25H7#p6"。

4 在文字输入窗口中选择"H7#p6"，在功能区的"文字编辑器"选项卡展开"格式"面板，如图 2-83 所示，从中单击"堆叠"按钮 $\frac{b}{a}$ 。

图 2-83　选择"堆叠"按钮

如果不显示功能区，则可以在在位文本编辑器的"文字格式"对话框中单击"堆叠"按钮 $\frac{b}{a}$，将所选有效文本设置为相应的堆叠形式。

5 在功能区"文字编辑器"选项卡的"关闭"面板中单击"关闭文字编辑器"按钮 **X**，或者在在位文字编辑器的"文字格式"对话框中单击"确定"按钮。

如果要修改堆叠字符的特性，譬如要修改堆叠上、下文字，修改公差样式，设置堆叠字符的大小等，则可以按照如下的方法进行（以功能区处于活动状态为例）。

1 双击要修改堆叠特性的多行文字，则在功能区打开"文字编辑器"选项卡。

2 在文字输入窗口中选择堆叠字符，接着通过"文字编辑器"选项卡的"选项"面板来设置显示工具栏，显示"文字格式"工具栏（也称"文字格式"对话框）后选择"堆叠特性"命令，相关的操作细节如图 2-84 所示。这里还有更为便捷的方法选择"堆叠特性"命令，即在文字输入窗口中选择堆叠字符后，单击屏显的图标 以打开一个快捷下拉菜单，从中选择"堆叠特性"命令。

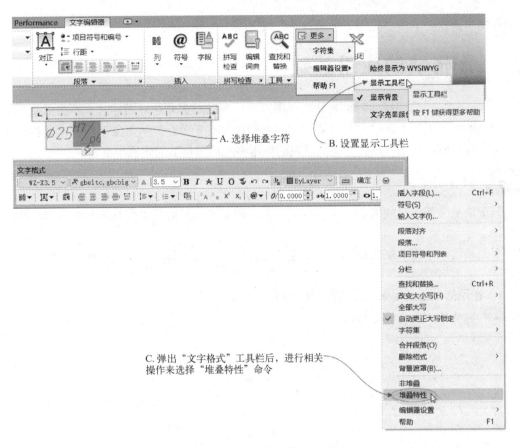

A. 选择堆叠字符

B. 设置显示工具栏

C. 弹出"文字格式"工具栏后，进行相关
操作来选择"堆叠特性"命令

图2-84 选择"堆叠特性"命令

系统弹出图 2-85 所示的"堆叠特性"对话框。例如利用该对话框设置上、下文字，定制堆叠外观样式、位置和大小等。如果单击"自动堆叠"按钮，则打开图 2-86 所示的"自动堆叠特性"对话框，以设置是否需要在输入形如"x/y""x#y"和"x^y"的表达式时自动堆叠等。

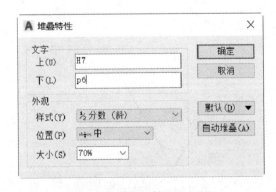

图 2-85 "堆叠特性"对话框

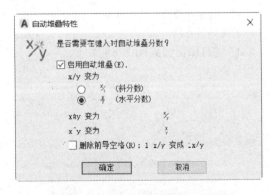

图 2-86 "自动堆叠特性"对话框

设置修改好堆叠特性后，单击"堆叠特性"对话框的"确定"按钮。

在"文字格式"对话框中单击"确定"按钮，或者在功能区"文字编辑器"选项卡

的"关闭"面板中单击"关闭文字编辑器"按钮 ✕。

2.5 图形块的应用基础

对于一些常用的图样，可以将其生成图形块，在以后需要这些图样时，不必重新再从头开始绘制，而采用插入块的方式来快速完成这些图样。下面介绍从对象创建块定义和向当前图形插入块的应用基础知识。有关图形块的应用将在后面章节的实例中涉及。

2.5.1 创建块定义

每个块定义都包括块名、一个或多个对象、用于插入块的基点坐标值和所有相关的属性数据。

下面通过一个简单实例辅助介绍创建图形块的方法及步骤（使用"草图与注释"工作空间）。

1. 在图形中绘制用来创建图形块的图形

① 首先绘制所需的直线段。

命令: LINE↙
指定第一点: 100,100↙
指定下一点或 [放弃(U)]: @6<-60↙
指定下一点或 [放弃(U)]: @12<60↙
指定下一点或 [闭合(C)/放弃(U)]: ↙
绘制的直线段如图 2-87 所示。

② 绘制相切圆。

从功能区"默认"选项卡的"绘图"面板中单击"相切，相切，半径"按钮 ⊙，根据命令提示进行如下操作。

命令: _circle
指定圆的圆心或 [三点(3P)/两点(2P)/切点、切点、半径(T)]: _ttr
指定对象与圆的第一个切点:　　　　　 //在左侧线段上捕捉到一点
指定对象与圆的第二个切点:　　　　　 //在右侧险段上捕捉到一点
指定圆的半径:　2↙　　　　　　　　　 //输入圆半径
创建的相切圆如图 2-88 所示。

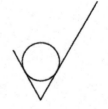

图 2-87　绘制直线段　　　　　　　　　　图 2-88　绘制相切圆

③ 创建块定义。

1）在功能区"默认"选项卡的"块"面板中单击"创建块"按钮 ▱，打开图 2-89 所示的"块定义"对话框。

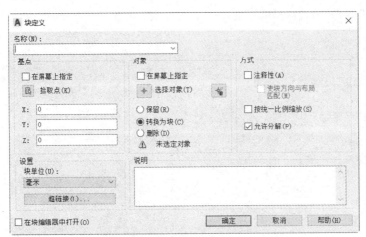

图 2-89 "块定义"对话框

2）在"名称"文本框中输入块名称，例如输入为"表面结构-不去除材料的扩展符号"。

3）在"对象"选项组中选择"转换为块"单选按钮，接着单击"选择对象"按钮 ，在绘图区域以窗口选择的方法选择之前绘制的直线和圆，按〈Enter〉键。

4）在"基点"选项组中单击"拾取点"按钮 ，接着在图形区域中单击图 2-90 所示的端点定义块的基点。

5）在"说明"文本框中输入说明信息，如图 2-91 所示。

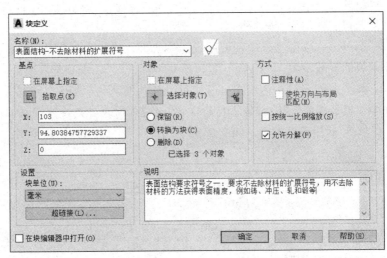

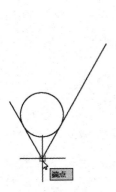

图 2-90 指定基点　　　　　　　图 2-91 "块定义"对话框

6）在"块定义"对话框中单击"确定"按钮，从而完成块定义。

2.5.2 插入块

插入块时，将基点作为放置块的参照。

如果需要向当前图形插入块，则可以按照如下典型步骤进行操作。

1️⃣ 单击"插入块"按钮 ⬚ 并选择"更多选项"命令，打开图 2-92 所示的"插入"对话框。

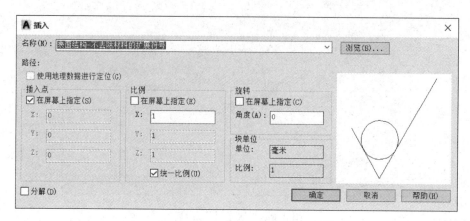

图 2-92 "插入"对话框

2️⃣ 在"名称"框的块定义列表中选择所需的块名称。也可以单击"浏览"按钮，利用弹出的"选择图形文件"对话框选择要插入的图形块文件等。

3️⃣ 如果需要使用定点设备（如鼠标）指定插入点、比例和旋转角度，则勾选相应的"在屏幕上指定"复选框。否则，需在"插入点""缩放比例"和"旋转"选项组的相关文本框中分别输入值。

4️⃣ 如果要将块中的对象作为单独的对象而不是单个块插入，则勾选"分解"复选框。

5️⃣ 在"插入"对话框中单击"确定"按钮。需要时，在屏幕上根据命令提示指定相关的插入点、比例或旋转参数等。

另外，在实际工作中，使用设计中心插入块也较为常见。下面简单地介绍使用设计中心插入块的一般步骤。

1️⃣ 如果设计中心尚未打开，可以从功能区的"视图"选项卡的"选项板"面板中单击选中"设计中心"按钮 ⬚，或者按〈Ctrl+2〉组合键来快速打开设计中心。

2️⃣ 启用设计中心，如图 2-93 所示。

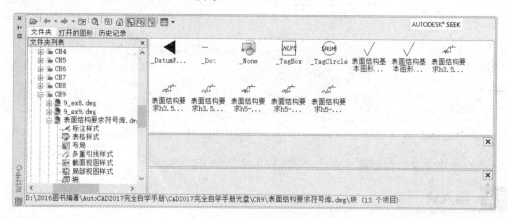

图 2-93 启用设计中心

在设计中心可以执行以下操作之一，列出所需要的内容。

- 在设计中心工具栏中单击"树状图切换"按钮进行树状图切换，单击包含要插入图形的文件夹等。
- 单击显示在树状图中的图形文件等的图标。

③ 在设计中心查找要插入的块，如图 2-94 所示，然后执行以下操作之一以插入内容。

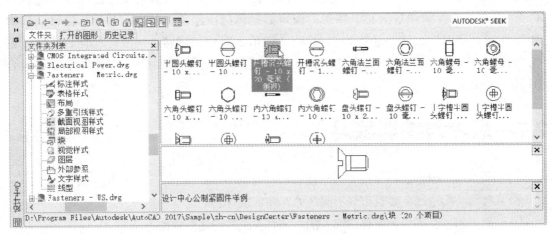

图 2-94　选定要插入的块

- 将块拖放到当前图形中。
- 双击要插入到当前图形中的块，弹出图 2-95 所示的"插入"对话框，从中进行"插入点""比例"和"旋转"相关设置并进行相应插入操作即可。如果在插入块时要指定其确切的位置、旋转角度和比例，则使用此方式。

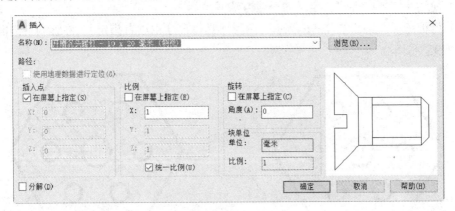

图 2-95　"插入"对话框

2.6　本章点拨

在介绍绘制具体的机械工程图实例之前，先介绍二维图形创建与编辑的基础知识。在本章中，首先让读者熟悉二维图形创建与编辑的常用命令或工具等，接着循序渐进地介绍基本二维图形创建、图形编辑的实用知识，并介绍单行文字和多行文字的输入方法，以及图形块的应用基础。

AutoCAD 中的基本二维图形包括直线、射线、构造线、圆、圆弧、矩形、正多边形、椭圆、多段线、点、多线、样条曲线、圆环、填充图案等。这些基本二维图形的绘制方法必须要好好掌握。绘制好相关的基本二维图形之后，可以对图形进行相关的编辑处理，以获得满意的图形效果。图形的编辑处理包括：删除、复制、镜像、偏移、阵列（矩形阵列、环形阵列和路径阵列）、移动、倒角、圆角、旋转、缩放、拉伸、修剪、延伸、打断、合并和分解等。任何复杂的二维图形都可以看作是由基本二维图形经过组合和编辑而来的。

2.7 思考与特训练习

（1）基本二维图形主要包括哪些图元？

（2）射线与构造线主要有哪些不同之处？如何创建它们？

（3）想一想，有多少种创建圆的方法？又有多少种创建圆弧的方法？

（4）什么是 AutoCAD 中的圆环？通过一个简单实例介绍创建圆环的典型步骤。

（5）删除不需要的图形对象，可以有哪几种方法？

（6）在进行修剪对象时，应该注意修剪边与修剪对象的关系。请总结一些其注意事项和操作特点。

（7）多行文字与单行文字主要有哪些区别？如何创建它们？

（8）简述从图形中创建块定义的一般方法。

（9）特训练习：绘制图 2-96 所示的图形（具体尺寸由读者指定），并绘制上剖面线，结果如图 2-97 所示。

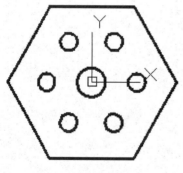

图 2-96　绘制图形

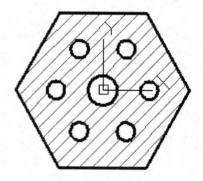

图 2-97　绘制剖面线

（10）特训练习：绘制图 2-98 所示的图形。先绘制一个矩形，然后阵列，具体尺寸自定。

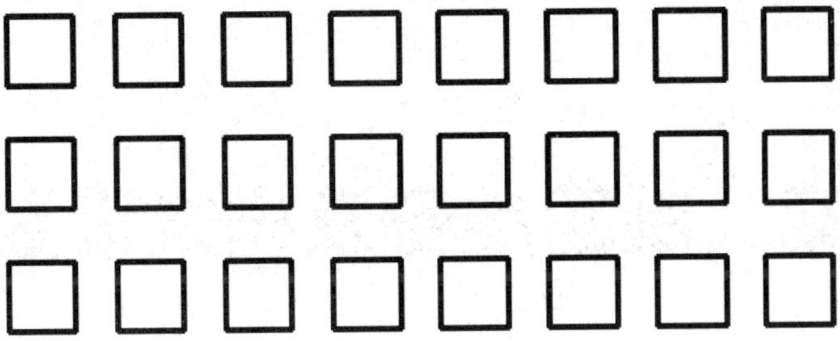

图 2-98 阵列练习

（11）特训练习：创建图 2-99 所示的文本。

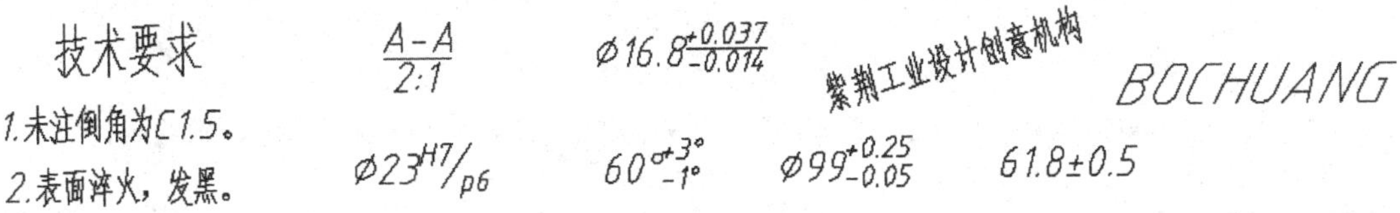
技术要求
1.未注倒角为C1.5。
2.表面淬火，发黑。
A-A
2:1
Ø16.8+0.037 -0.014
紫荆工业设计创意机构
BOCHUANG
Ø23H7/p6
60°+3° -1°
Ø99+0.25 -0.05
61.8±0.5

图 2-99 创建文本

第3章 制图准备及样式设置实例

本章导读：

机械制图规范性强，是一项严谨而细致的设计工作，其所完成的机械图样是设计和制造机械、其他产品的重要资料，是交流技术思想的语言。对于机械制图工程师而言，应该熟悉国家机械制图标准，包括机械图样的图形画法、尺寸标注等规范。

在使用 AutoCAD 2017 进行机械制图之前，有必要根据标准或实际情况进行一些准备工作及样式设置。这便是本章所要介绍的内容。本章以建立某企业内的一个模板文件为例，说明如何设置图层、文字样式、尺寸标注样式，以及如何绘制图框和标题栏。

3.1 模板说明与知识要点

本章以某企业采用的一个 AutoCAD 模板文件为例，介绍图层、文字样式、标注样式、标题栏等项目的建立方法及其步骤。

（1）图层

创建或检查绘图图层是使用 AutoCAD 2017 进行机械制图前最重要的准备工作之一。利用图层可以有效地管理和控制复杂的图形，图层的应用可在 AutoCAD 设计中实现分层操作，读者可以根据不同特性的图形选择不同的图层来进行绘制，以便于管理和修改图形，提高制图速度。在这里，需要了解一下图层特性的概念：图层特性包括图层的名称、线型、颜色、开关状态、冻结状态、线宽、锁定状态和打印样式等。

在建立图层的时候，一定要考虑国家标准（GB）对技术制图所用图线的名称、形式、结构、标记及画法规则等的规定要求，并需要结合实际情况，如企业要求、个人习惯等。在这里，实例模板中的粗实线线宽 b 采用 $b=0.35$；设置的图层特性见表 3-1。

表 3-1 设置图层的属性（仅供参考）

图层的名称	线型名称	线 宽	参考颜色
粗实线	Continuous	0.35mm	黑色/白色
细实线	Continuous	0.18mm	黑色/白色
波浪线	Continuous	0.18mm	绿色

（续）

图层的名称	线型名称	线　宽	参考颜色
中心线/细点画线	CENTER	0.18mm	红色
细虚线	ACAD_ISO02W100	0.18mm	黄色
标注及剖面线	Continuous	0.18mm	红色/绿色
细双点画线	ACAD_ISO05W100	0.18mm	洋红色/粉红色

知识点拨: GB/T 17450-1998 规定，所有线型的图线宽度（b）应按图样的类型和尺寸大小在以下系数中选择（数系公比为 $1{:}\sqrt{2}$，单位为 mm）：0.13、0.18、0.25、0.35、0.5、0.7、1、1.7、2。在机械制图中，除粗实线、粗虚线和粗点画线以外的线型均为细线，粗细线的线宽比例为 $2:1$。为了保证图样清晰、易读和便于缩微复制，通常建议尽量避免在图样中出现宽度小于 0.18mm 的图线。

（2）文字样式

在机械制图中，常需要采用文字、数字或字母等来说明机件的大小、技术要求等内容。AutoCAD 2017 提供了符合国家制图标准的中文字体"gbcbig.shx"，以及符合国家制图标准的两种英文字体："gbenor.shx"（用于标注直体）和"gbeitc.shx"（用于标注斜体）。

（3）标注样式

建立符合国家制图标准的标注样式，包括建立专门用于角度标注、半径标注和直径标注的子样式。

（4）图框

绘制具有标准幅面格式的图框。在本实例中，绘制 A3 横向的图框，其外框尺寸大小为297×420，用于装订图样。

（5）标题栏

绘制图 3-1 所示的标题栏（仅供标题栏格式举例参考）。

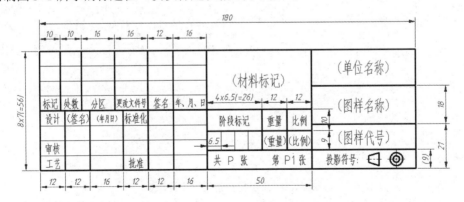

图 3-1　标题栏的格式举例

3.2　建立图层

建立图层的操作步骤如下。

在 AutoCAD "快速访问"工具栏中单击"新建"按钮，弹出"选择样板"对话框，在对话框中单击"打开"按钮旁的"下三角"按钮，如图 3-2 所示，接着选择"无样板打开-公制（M）"命令。

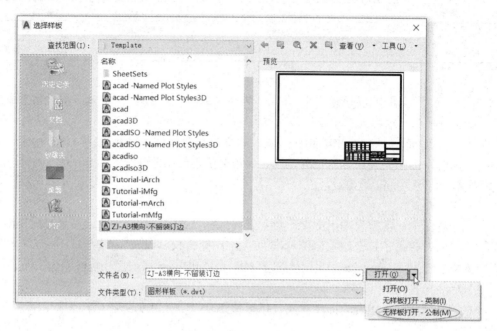

图 3-2 "选择样板"对话框

使用"草图与注释"工作空间，在功能区"默认"选项卡的"图层"面板中单击"图层特性"按钮，或者在菜单栏中选择"格式"→"图层"命令，打开图 3-3 所示的"图层特性管理器"选项板。

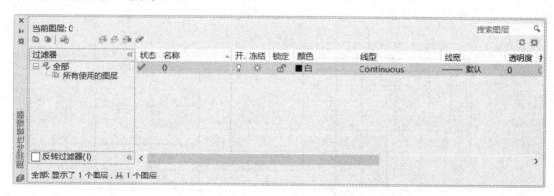

图 3-3 "图层特性管理器"选项板

在"图层特性管理器"选项板中单击"新建图层"按钮，新建一个默认名为"图层 1"的图层，将该图层的名称改为"粗实线"。

在该层的"线宽"特性单元格中单击，如图 3-4 所示，弹出"线宽"对话框，选择线宽为"0.35mm"，单击"线宽"对话框中的"确定"按钮。

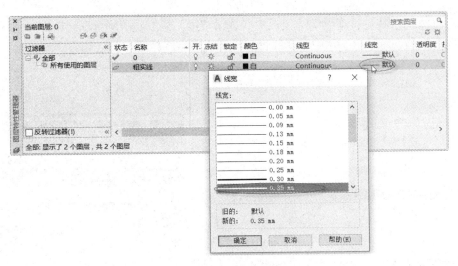

图 3-4　设置"粗实线"层的线宽

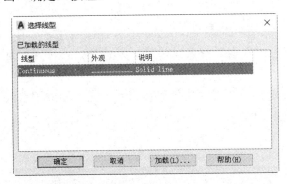　在"图层特性管理器"选项板中单击"新建图层"按钮 ，接着将新建的该层重新命名为"细实线"。

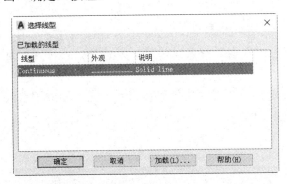　单击"细实线"层的线宽单元格，弹出"线宽"对话框，从中选择"0.18mm"，单击"确定"按钮。

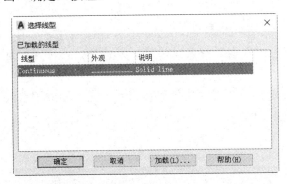　在"图层特性管理器"选项板中单击"新建图层"按钮 ，并将新建的该层重新命名为"中心线"。

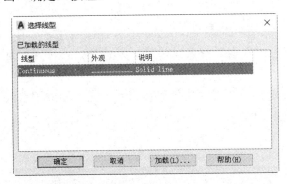　单击"中心线"层的线宽单元格，弹出"线宽"对话框，选择"0.18mm"，单击"确定"按钮。

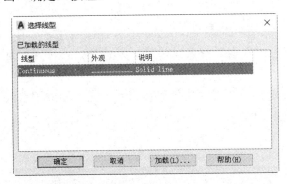　单击"中心线"层的线型单元格，弹出"选择线型"对话框，如图 3-5 所示。

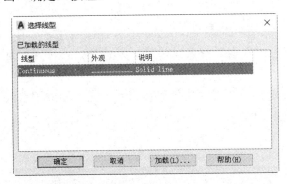　单击"选择线型"对话框的"加载"按钮，打开图 3-6 所示的"加载或重载线型"对话框。在"可用线型"列表框中选择"ACAD_ISO02W100"（虚线）线型，接着按住〈Ctrl〉键增加选择"ACAD_ISO05W100"（双点画线）和"CENTER"（中心线）线型，单击"确定"按钮。

图 3-5　"选择线型"对话框

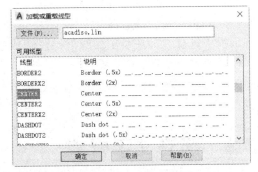

图 3-6　"加载或重载线型"对话框

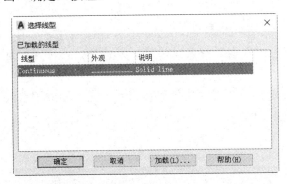　已加载的线型出现在"选择线型"对话框中，从中选择"CENTER"线型，如图 3-7 所示，单击"确定"按钮。

⑫ 在"图层特性管理器"选项板中，单击"中心线"层的颜色单元格，弹出图 3-8 所示的"选择颜色"对话框，从中选择红色，单击"确定"按钮。

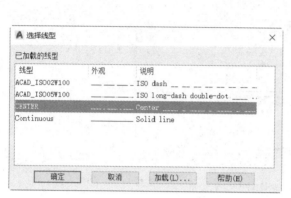

图 3-7 选择线型

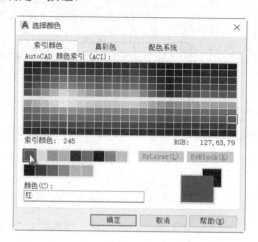

图 3-8 选择颜色

⑬ 与上述方法类似，继续创建其余图层，完成设置的"图层特性管理器"选项板如图 3-9 所示。

图 3-9 "图层特性管理器"选项板

⑭ 可以在"图层特性管理器"选项板中设置当前图层。例如，在"图层特性管理器"选项板中选择"标注及剖面线"层，然后单击"置为当前"按钮 ，从而将"标注及剖面线"层设置为当前工作图层。

⑮ 在"图层特性管理器"选项板的标题栏中单击"关闭"按钮 ✖，完成相关图层的设置。

3.3 建立文字样式

建立文字样式的操作步骤如下。

❶ 在功能区"默认"选项卡的"注释"面板中单击"文字样式"按钮 ，或者在菜单栏中选择"格式"→"文字样式"命令，打开图 3-10 所示的"文字样式"对话框。

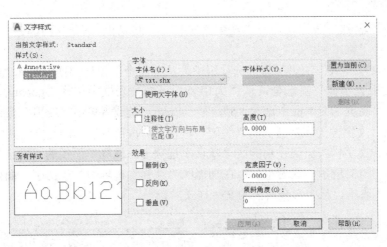

图 3-10 "文字样式"对话框

② 单击"文字样式"对话框的"新建"按钮，打开"新建文字样式"对话框，输入样式名为"国标-3.5"，如图 3-11 所示，单击"确定"按钮。

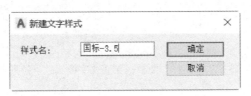

图 3-11 "新建文字样式"对话框

③ 在"文字样式"对话框的"字体"选项组中，从"字体名"下拉列表框中选择"gbenor.shx"，勾选"使用大字体"复选框（此时"字体名"下拉列表框由"SHX 字体"下拉列表框替代），接着从"大字体"下拉列表框中选择"gbcbig.shx"，在"高度"文本框中输入"3.5"，如图 3-12 所示。

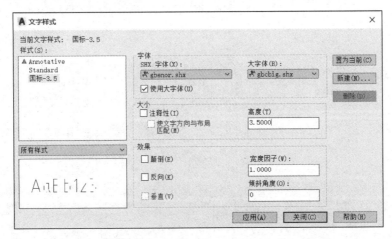

图 3-12 设置文字样式

④ 在"文字样式"对话框中单击"应用"按钮。

⑤ 单击"新建"按钮，弹出"新建文字样式"对话框，在"样式名"文本框中输入"国标-5"，单击"确定"按钮。

⑥ 在"文字样式"的"字体"选项组中，从第一个下拉列表框中选择"gbenor.shx"，确保勾选"使用大字体"复选框，从"大字体"下拉列表框中选择"gbcbig.shx"；在"大小"选项组的"高度"文本框中输入"5"，按〈Enter〉键或者单击"应用"按钮。

⑦ 单击"文字样式"对话框的"关闭"按钮，完成两种字高的文字样式的设置。

设置的两种文字样式出现在功能区"默认"选项卡"注释"面板的"文字样式"下拉列表框中，如图 3-13 所示。读者也可以在功能区"注释"选项卡的"文字"面板中找到"文字样式"下拉列表框，从中选择所需的文字样式。

图 3-13　从"注释"面板找到"文字样式"下拉列表框

3.4　建立尺寸标注样式

建立标注样式的操作步骤如下。

① 在功能区"默认"选项卡的"注释"面板中单击"标注样式"按钮，或者在菜单栏中选择"格式"→"标注样式"命令，打开图 3-14 所示的"标注样式管理器"对话框。

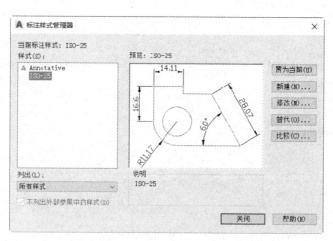

图 3-14　"标注样式管理器"对话框

2 在"标注样式管理器"对话框中单击"新建"按钮，打开"创建新标注样式"对话框。

3 在"创建新标注样式"对话框中输入新样式名为"TSM-3.5"，如图3-15所示，单击"继续"按钮。

4 弹出"新建标注样式：TSM-3.5"对话框。进入"文字"选项卡，在"文字外观"选项组的"文字样式"下拉列表框中选择"国标-3.5"文字样式选项，"文字高度"默认为"3.5"，该选项卡的其余设置如图3-16所示。

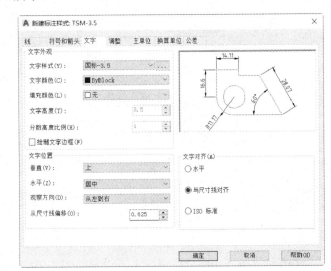

图 3-15　输入新样式名　　　　　　　　图 3-16　定制标注文字

5 切换到"线"选项卡，在"尺寸线"选项组中，设置"基线间距"为"5"；在"尺寸界线"选项组中，设置"超出尺寸线"为"1.25"，"起点偏移量"为"0.625"或者"0.875"，如图3-17所示。

图 3-17　设置"线"选项卡中的选项及参数

6 切换到"符号和箭头"选项卡,设置"箭头大小"为"3","圆心标记"大小为"3",如图 3-18 所示。

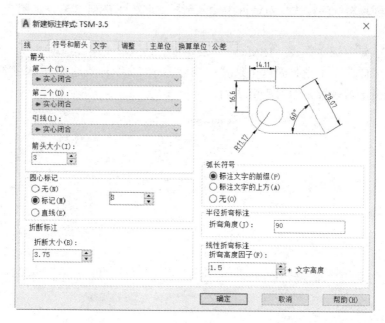

图 3-18　设置标注符号和箭头

7 切换到"主单位"选项卡,设置如图 3-19 所示。

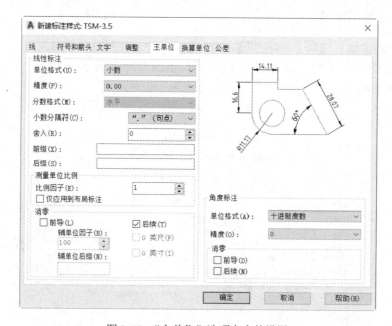

图 3-19　"主单位"选项卡上的设置

8 切换到"调整"选项卡,设置如图 3-20 所示。

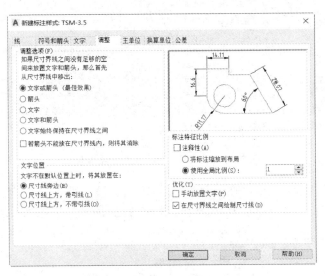

图 3-20 "调整"选项卡上的设置

⑨ 其余选项卡的设置采用默认值，单击"确定"按钮，完成"TSM-3.5"新标注样式的设置。返回到"标注样式管理器"对话框。

⑩ 在"样式"列表中选择"TSM-3.5"，单击"置为当前"按钮。

⑪ 在"标注样式管理器"对话框中单击"新建"按钮，打开"创建新标注样式"对话框。从"用于"下拉列表框中选择"角度标注"选项，如图 3-21 所示，单击"继续"按钮。

⑫ 弹出"新建标注样式：TSM-3.5：角度"对话框。进入"文字"选项卡，在"文字对齐"选项组中选择"水平"单选按钮，如图 3-22 所示，单击"确定"按钮。

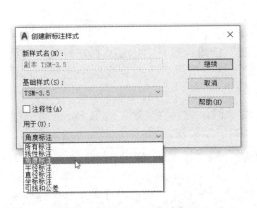

图 3-21 指定用于"角度标注"

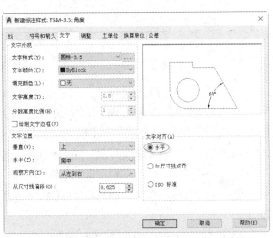

图 3-22 设置文字对齐为"水平"

⑬ 在"标注样式管理器"对话框中单击"新建"按钮，打开"创建新标注样式"对话框。从"基础样式"下拉列表框中选择"TSM-3.5"，从"用于"下拉列表框中选择"半径标注"选项，如图 3-23 所示，单击"继续"按钮。

图 3-23　设置基础样式及用于半径标注

14 打开"新建标注样式：TSM-3.5：半径"对话框，进入"文字"选项卡，在"文字对齐"选项组中选择"ISO 标准"单选按钮，如图 3-24 所示，单击"确定"按钮。

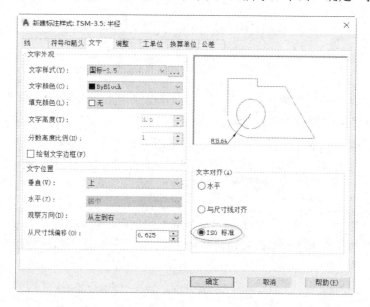

图 3-24　设置文字对齐方式

15 在"标注样式管理器"对话框中单击"新建"按钮，打开"创建新标注样式"对话框。从"基础样式"下拉列表框中选择"TSM-3.5"，从"用于"下拉列表框中选择"直径标注"选项，单击"继续"按钮。

16 打开"新建标注样式：TSM-3.5：直径"对话框，进入"文字"选项卡，在"文字对齐"选项组中选择"ISO 标准"单选按钮，单击"确定"按钮。

17 在"标注样式管理器"对话框中单击"关闭"按钮，完成"TSM-3.5"标注样式的设置。

18 使用同样的方法，创建一个名为"TSM-5"的标注样式，该标注样式的基础样式为"ISO-25"，采用的文字样式为"国标-5"，默认"文字高度"为"5"，"从尺寸线偏移"为"0.875"；"箭头大小"为"3.5"；"基线间距"为"5.5"，尺寸界线"超出尺寸线"为"1.5"，"起点偏移量"为"0.875"，其余设置参考上述"TSM-3.5"标注样式来进行设置。接着在"TSM-5"标注样式的基础上建立专门用于角度标注、半径标注和直径标注的子样式，其中角度标注的文字对齐选项为"水平"，而半径标注和直径标注的文字对齐选项均为"ISO 标准"。

创建的标注样式"TSM-3.5"和"TSM-5"出现在"注释"面板的"标注样式"下拉列表框中，如图3-25所示。读者可以根据需要选择所需要的标注样式。

图3-25 "标注样式"下拉列表框

3.5 绘制图框

A3图框的外框尺寸为279×420（宽×长），内图框线应该采用粗实线绘制，外框的图边采用细实线绘制。其具体的绘制步骤如下。

❶ 在状态栏中单击"正交模式"按钮，以启用正交模式。也可以直接按〈F8〉键快速启用正交模式，注意在这里不启用动态输入模式。

❷ 切换到"草图与注释"工作空间，在功能区"默认"选项卡的"图层"面板中，从"图层控制"下拉列表框中选择"细实线"层，如图3-26所示。

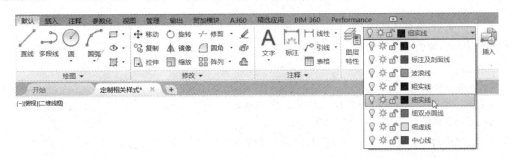

图3-26 选择图层

❸ 在功能区"默认"选项卡的"绘图"面板中单击"直线"按钮。

❹ 根据命令行提示，执行如下操作。

命令: _line
指定第一个点: 0,0,0↙
指定下一点或 [放弃(U)]: @420<0↙
指定下一点或 [放弃(U)]: @297<90↙
指定下一点或 [闭合(C)/放弃(U)]: @420<180↙
指定下一点或 [闭合(C)/放弃(U)]: C↙
完成的图框外框如图3-27所示。

❺ 在功能区"默认"选项卡的"修改"面板中单击"偏移"按钮。

6 根据命令行提示执行如下操作。

命令: _offset

当前设置: 删除源=否　图层=源　OFFSETGAPTYPE=0

指定偏移距离或 [通过(T)/删除(E)/图层(L)] <通过>: 5✓　　　　//指定要偏移的距离为 5

选择要偏移的对象, 或 [退出(E)/放弃(U)] <退出>:　　　　//使用鼠标单击外框右边线

指定要偏移的那一侧上的点, 或 [退出(E)/多个(M)/放弃(U)] <退出>:　//在框内单击

选择要偏移的对象, 或 [退出(E)/放弃(U)] <退出>:　　　　//使用鼠标单击外框上边线

指定要偏移的那一侧上的点, 或 [退出(E)/多个(M)/放弃(U)] <退出>:　//在框内单击

选择要偏移的对象, 或 [退出(E)/放弃(U)] <退出>:　　　　//使用鼠标单击外框下边线

指定要偏移的那一侧上的点, 或 [退出(E)/多个(M)/放弃(U)] <退出>:　//在框内单击

选择要偏移的对象, 或 [退出(E)/放弃(U)] <退出>:✓　　　　//完成偏移并退出偏移操作

此时, 偏移结果如图 3-28 所示。

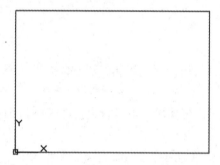

图 3-27　完成图框的外框

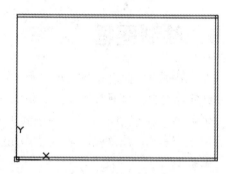

图 3-28　偏移结果 1

7 在功能区 "默认" 选项卡的 "修改" 面板中单击 "偏移" 按钮。

8 根据命令行提示执行如下操作。

命令: _offset

当前设置: 删除源=否　图层=源　OFFSETGAPTYPE=0

指定偏移距离或 [通过(T)/删除(E)/图层(L)] <5.0000>: 25✓　　　//指定要偏移的距离为 25

选择要偏移的对象, 或 [退出(E)/放弃(U)] <退出>:　　　　//使用鼠标单击外框左边线

指定要偏移的那一侧上的点, 或 [退出(E)/多个(M)/放弃(U)] <退出>:　//在框内单击

选择要偏移的对象, 或 [退出(E)/放弃(U)] <退出>:✓　　　　//完成偏移并退出偏移操作

执行该偏移操作的结果如图 3-29 所示。

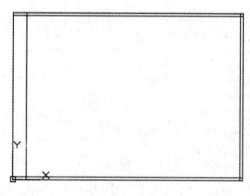

图 3-29　偏移结果 2

⑨ 在功能区"默认"选项卡的"修改"面板中单击"修剪"按钮⊬，在绘图区域的空白区域处单击鼠标右键，然后在图形中分别单击不需要的直线段，得到的修剪结果如图 3-30 所示。

⑩ 选择里面的 4 条图框线，如图 3-31 所示，接着在功能区"默认"选项卡的"图层"面板中，从"图层控制"下拉列表框中选择"粗实线"层。此时，可以在状态栏上单击"线宽"按钮▤以确保选中此按钮，即设置显示线宽，注意观察图框的效果。

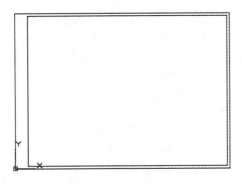

图 3-30　修剪结果

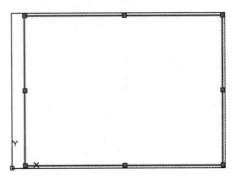

图 3-31　选择图框线

3.6　绘制标题栏

绘制标题栏的操作步骤如下。

① 设置当前活动层为"粗实线"层。

② 在功能区"默认"选项卡的"绘图"面板中单击"直线"按钮／。

③ 根据命令行提示执行如下操作。

命令: _line
指定第一个点:　　　　　　　　　//在绘图区域的空白处单击一点
指定下一点或 [放弃(U)]: @180<0✓
指定下一点或 [放弃(U)]: @56<90✓
指定下一点或 [闭合(C)/放弃(U)]: @180<180✓
指定下一点或 [闭合(C)/放弃(U)]: C✓

完成绘制图 3-32 所示的图形。

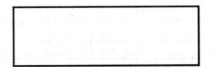

图 3-32　绘制标题栏的边框

④ 在功能区"默认"选项卡的"修改"面板中单击"偏移"按钮🔁。

⑤ 根据命令行提示执行如下操作。

命令: _offset
当前设置: 删除源=否　图层=源　OFFSETGAPTYPE=0

指定偏移距离或 [通过(T)/删除(E)/图层(L)] <通过>: 50↙

选择要偏移的对象，或 [退出(E)/放弃(U)] <退出>:　　　　　　　//单击标题栏边框的右边线

指定要偏移的那一侧上的点，或 [退出(E)/多个(M)/放弃(U)] <退出>:　//在标题栏边框内单击

选择要偏移的对象，或 [退出(E)/放弃(U)] <退出>:　　　　　　　//单击刚创建的偏移线

指定要偏移的那一侧上的点，或 [退出(E)/多个(M)/放弃(U)] <退出>:　//在所选择的偏移线的左侧单击

选择要偏移的对象，或 [退出(E)/放弃(U)] <退出>:↙　　　　　　//退出偏移操作

此时，图形如图 3-33 所示。

6 在绘图区域中右击，弹出图 3-34 所示的快捷菜单，选择"重复 OFFSET（R）"命令，创建图 3-35 所示的两条偏移线。

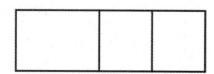

图 3-33　绘制两条偏移线　　　　　　　　　　图 3-34　右键快捷菜单

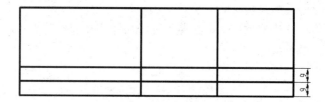

图 3-35　创建两条偏移线

7 多次执行"重复偏移"操作，绘制图 3-36 所示的偏移线。

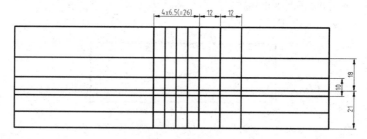

图 3-36　建立偏移线

8 单击"修剪"按钮，单击鼠标右键，然后在图形中分别单击不需要的直线段以将其修剪掉，修剪结果如图 3-37 所示。

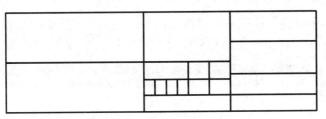

图 3-37　修剪结果

⑨　类似地，多次执行"偏移"按钮 📧 和"修剪"按钮 ✂ 来进行操作，并将部分线条的线型设置为细实线，最后完成的标题栏表格如图 3-38 所示。

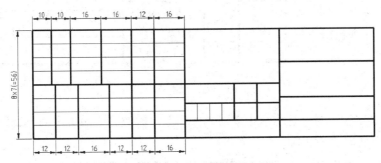

图 3-38　完成标题栏表格

⑩　确保使用"草图与注释"工作空间，在功能区"默认"选项卡的"注释"面板中，从"文字样式控制"下拉列表框中选择"国标-3.5"，并利用"图层"面板指定当前活动图层为"标注及剖面线"层，如图 3-39 所示。

图 3-39　选择文字样式和当前图层

⑪　在"注释"面板中单击"多行文字"按钮 Ａ，在标题栏中依次选择左下角一框格（单元格）的对角点，功能区出现"文字编辑器"选项卡，输入文字为"工艺"，如图 3-40 所示。

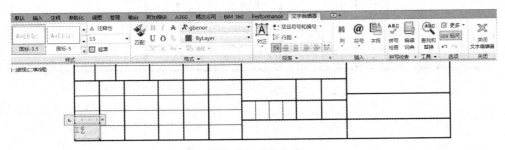

图 3-40　输入文字

⓬ 在"文字编辑器"选项卡的"段落"面板中单击"居中"按钮，接着单击"对正"按钮，出现图3-41所示的下拉菜单（下拉列表），选择"正中MC"选项。

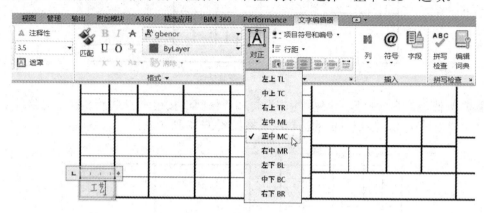

图3-41 选择文本对正选项

⓭ 在"文字编辑器"选项卡中单击"关闭"面板的"关闭文字编辑器"按钮，填写的该栏目文字如图3-42所示。

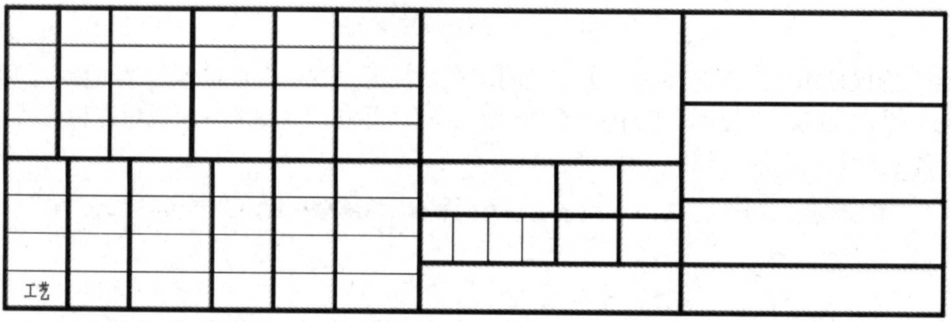

图3-42 注写文字

⓮ 按照步骤⓫～步骤⓭所介绍的方法填写其他小栏目，填写结果如图3-43所示。

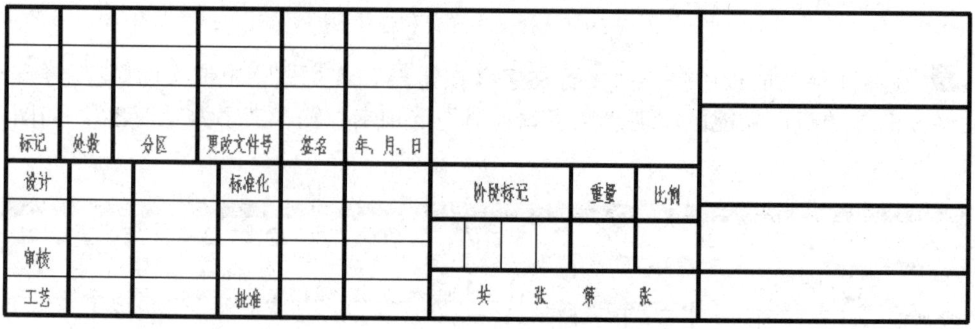

图3-43 添加了若干文字的标题栏

⓯ 在功能区中切换至"插入"选项卡，从"块定义"面板中单击"定义属性"按钮，打开"属性定义"对话框。

图 3-44　在功能区中选择工具命令

16 在"属性"选项组的"标记"文本框中输入"（图样代号）"，在"提示"文本框中输入"请输入图样代号"；在"文字设置"选项组中，从"对正"下拉列表框中选择"正中"选项，从"文字样式"下拉列表框中选择"国标-5"；在"插入点"选项组中勾选"在屏幕上指定"复选框，如图 3-45 所示。

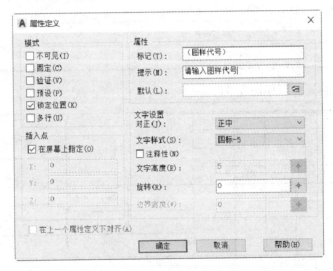

图 3-45　"属性定义"对话框

17 在"属性定义"对话框上单击"确定"按钮，接着在标题栏中选择放置（插入）点，如图 3-46 所示。如果对放置的位置不满意，可以执行移动命令来进行微调。

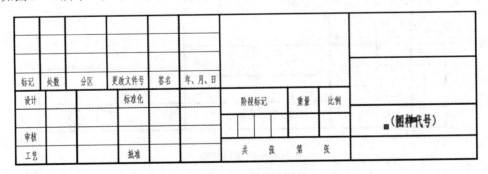

图 3-46　选择放置点

18 使用同样的方法，通过单击"定义属性"按钮 ，定义表 3-2 所示的除图样代号之外的其他属性。

表 3-2　标题栏框格属性

属性标记	属性提示	对正选项	文字样式
（图样代号）	请输入图样代号	正中	国标-5
（图样名称）	请输入图样名称	正中	国标-5
（单位名称）	请输入单位名称	正中	国标-5
（材料标记）	请输入材料标记	正中	国标-5
（比例）	请输入比例	正中	国标-3.5
（P）	请输入图样总张数	正中	国标-3.5
（P1）	请输入图样为第几张	正中	国标-3.5
（签名 A）	请输入签名 A	正中	国标-3.5
（年月日）	请输入设计者 A 的签名日期	正中	国标-3.5

定义好属性的标题栏，如图 3-47 所示。

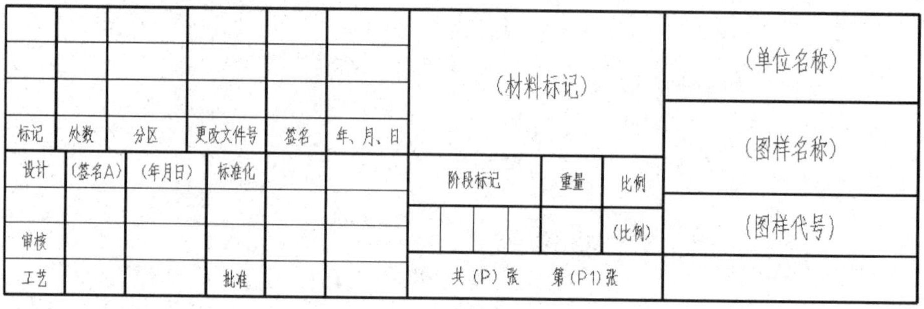

图 3-47　定义好属性的标题栏

⑲ 标题栏最右下角的一个单元格是用来注明投影符号的。在该范例中可以在该单元格中注写文字和具体的投影符号，结果如图 3-48 所示。

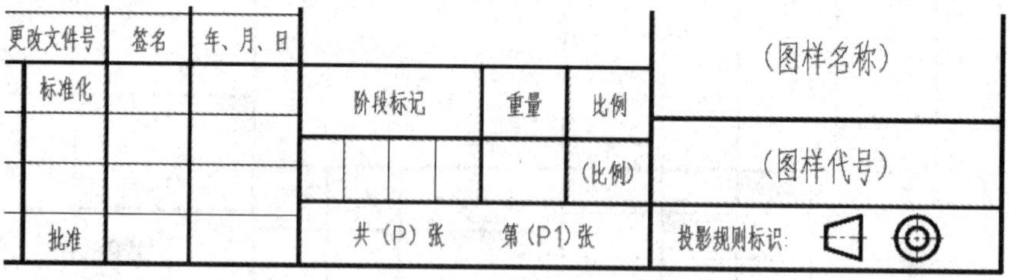

图 3-48　注明投影符号

知识点拨： 在机械制图中有第一角画法和第三角画法之分。第一角画法和第三角画法的投影标识符号如图 3-49 所示。

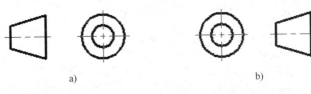

图 3-49 第一角画法和第三角画法的投影识别符号

a) 第一角 b) 第三角

20 在"块定义"面板中单击"创建块"按钮，打开"块定义"对话框，如图 3-50
所示。

图 3-50 "块定义"对话框

21 在"名称"文本框中输入"标题栏"，单击"对象"选项组中的"选择对象"按钮
，使用鼠标框选整个标题栏，按〈Enter〉键确认。

单击"基点"选项组中的"拾取点"按钮，接着在启用对象捕捉模式下选择标题栏右
下角点作为块插入时的基点。此时，"块定义"对话框如图 3-51 所示。

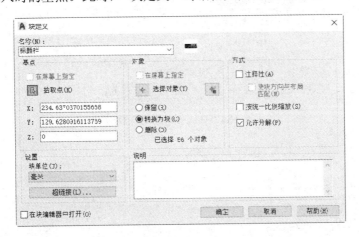

图 3-51 块定义

22 单击"确定"按钮，弹出图 3-52 所示的"编辑属性"对话框。

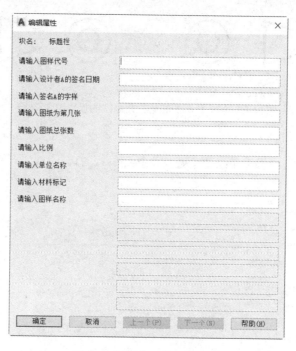

图 3-52 "编辑属性"对话框

23 单击"编辑属性"对话框中的"确定"按钮。

24 在功能区"插入"选项卡的"块定义"面板中单击"管理属性"按钮，弹出"块属性管理器"对话框，利用该对话框调整"标题栏"块各属性的提示顺序，如图 3-53 所示，然后单击"确定"按钮。

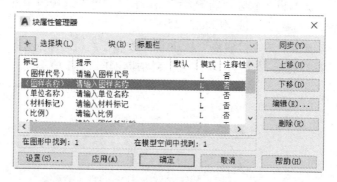

图 3-53 "块属性管理器"对话框

25 单击"移动"按钮，执行如下操作。

命令: _move
选择对象: 指定对角点: 找到 1 个   //选择标题栏
选择对象:↙
指定基点或 [位移(D)] <位移>:   //单击标题栏右下角点，即块插入基点
指定第二个点或 <使用第一个点作为位移>:   //单击图框线右下内角点
移动放置标题栏的效果如图 3-54 所示。

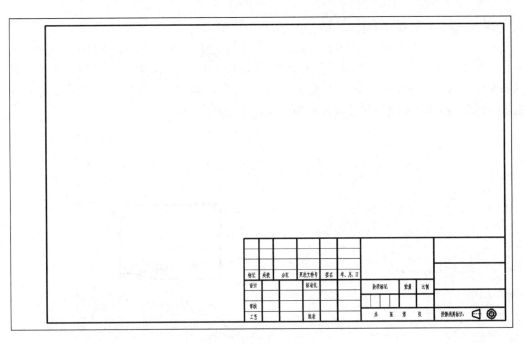

图 3-54 完成的效果

知识点拨： 标题栏还可以使用表格来创建，这是一种更简捷的绘制标题栏的方法。在使用表格功能之前，可以执行位于菜单栏的"格式"→"表格样式"命令（对应的工具为"表格样式"按钮 ）来定制所需要的表格样式，所述表格样式是用来控制表格基本形状和间隔的一组设置。绘制表格的命令为菜单栏中的"绘图"→"表格"命令（其对应的工具按钮为 ），执行该命令时，将打开图 3-55 所示的"插入表格"对话框。

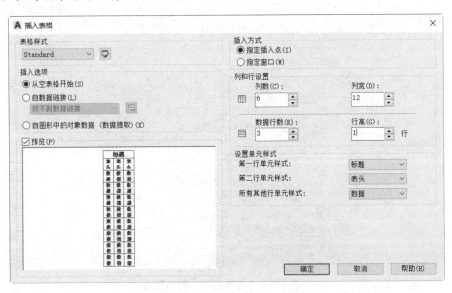

图 3-55 "插入表格"对话框

26 将该文件保存为"TSM_A3.DWG"。

另外，可以将其另存为"TSM_A3.DWT"样板文件，方法是从菜单栏中选择"文件"→"另存为"命令，打开"图形另存为"对话框，从"文件类型"下拉列表框中选择"AutoCAD 图形样板（*.dwt）"，如图 3-56 所示，接着在"文件名"文本框中输入"TSM_A3"，并指定要保存的位置，单击"保存"按钮，

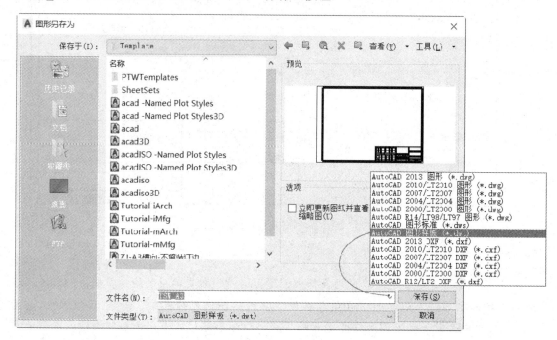

图 3-56 "图形另存为"对话框

此时，系统弹出"样板选项"对话框，在"说明"文本框中输入"A3（297x420），横向"，测量单位设置为公制，如图 3-57 所示。单击"确定"按钮。

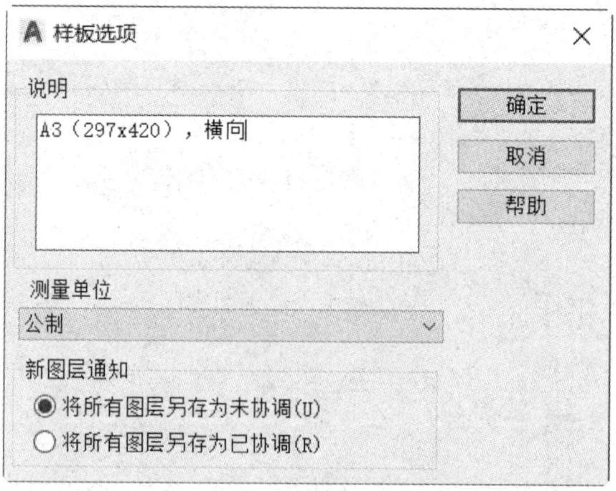

图 3-57 "样板选项"对话框

知识点拨： 系统默认将设置的"*.DWT"图形样板文件保存在 AutoCAD 2017 软件安装目录下的"Template"文件夹中。读者也可以自行设置保存在其他目录下。

3.7 本章点拨

机械工程图具有一定的格式规范，在使用 AutoCAD 2017 绘制工程图图形之前应该进行一些准备工作和设置，如建立图层、文字样式、尺寸标注样式、选择图框及标题栏等。本章介绍的这些内容应该要熟练掌握。

读者可以根据设计环境和自己的操作习惯，建立一些常用的样板文件，以便在以后的设计工作中可以直接调用，而不必每次都重新设置。

3.8 思考与特训练习

（1）在 AutoCAD 2017 中，图层的用途是什么？图层属性是指什么？

（2）附加思考：如何关闭图层和锁定图层。

（3）简述如何设置文字样式和尺寸标注样式。

（4）上机练习：请利用 AutoCAD 2017 在一个新图形文件中建立适用中文字体直体"gbcbig.shx"和西文斜体"gbeitc.shx"的混合文字样式，字高要求为 3.5，然后再建立应用此文字样式的尺寸标准样式。

（5）请自行查阅相关的制图标准资料，熟知 A0、A1、A2、A3 和 A4 标准图幅的规格尺寸。

（6）特训练习：请绘制图 3-58 所示的简易标题栏，并将其定义成块。

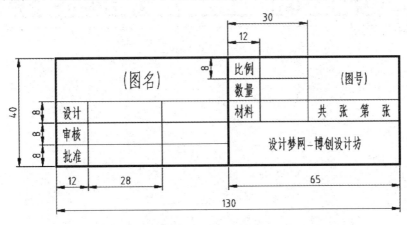

图 3-58 简易标题栏

（7）特训练习：根据本章介绍的方法，分别建立适合 A4 竖向、A3 横向、A2 横向和 A1 横向的样板文件。

（8）特训练习：绘制图 3-59 所示的 A4 竖向图框图幅，并进行相关的属性定义，将其保存成 A4 竖向图框图幅的样板文件。

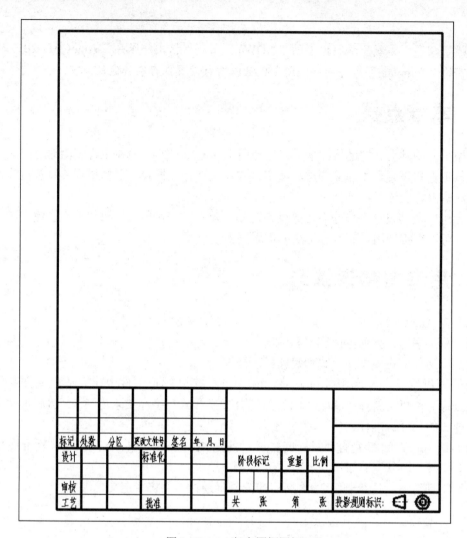

图 3-59　A4 竖向图框图幅

第4章 绘制简单图形实例

本章导读：

　　本章将详细介绍几个简单图形的绘制实例，让读者在设计环境中深入学习 AutoCAD 2017 绘图工具（命令）和编辑工具（命令）的使用方法及使用技巧。本章的学习将为绘制复杂零件图和装配图打下坚实的基础。

4.1　简单图形绘制实例1

　　本实例要完成的图形如图 4-1 所示，图中标注的文本（字母、数字）采用直体（也称正体）。

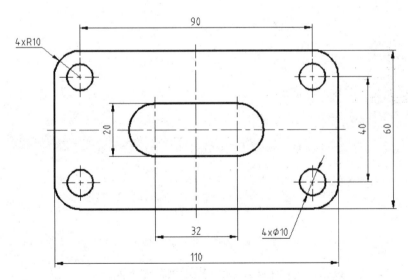

图 4-1　要完成的图形

本实例涉及的主要知识点如下。

● 绘制圆。

● 绘制中心线。

● 创建偏移线。

● 在两点之间打断选定对象。

- 改变线型比例。
- 标注尺寸。

本实例具体的操作步骤如下。

1️⃣ 在"快速访问"工具栏中单击"新建"按钮，弹出"选择样板"对话框。通过"选择样板"对话框来选择位于网盘资料"图形样板"文件夹中的"TSM_练习样板.dwt"文件，如图 4-2 所示，单击"打开"按钮。接着以使用"草图与注释"工作空间为界面操作环境，并打开线宽显示模式。

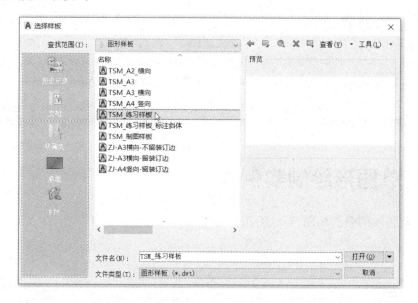

图 4-2 选择图形样板文件

2️⃣ 在"图层"面板的"图层"下拉列表框中，选择"中心线"层，如图 4-3 所示。

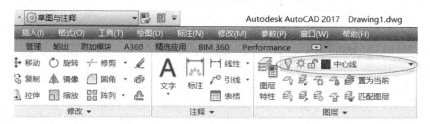

图 4-3 选择"中心线"层

3️⃣ 单击"直线"按钮，并根据命令行提示执行如下操作。

命令: _line
指定第一点: 50,100↙
指定下一点或 [放弃(U)]: @120<0↙
指定下一点或 [放弃(U)]: ↙

在绘图区域绘制了一根中心线，如图 4-4 所示。

4️⃣ 单击"直线"按钮，并根据命令行提示执行如下操作，绘制图 4-5 所示的一条竖直的中心线。

图4-4 绘制一条中心线　　　　　　　图4-5 绘制一条竖直的中心线

命令: _line
指定第一点: 110,60✓
指定下一点或 [放弃(U)]: @80<90✓
指定下一点或 [放弃(U)]: ✓

⑤ 单击"偏移"按钮，根据命令行提示执行如下操作。

命令: _offset
当前设置: 删除源=否　图层=源　OFFSETGAPTYPE=0
指定偏移距离或 [通过(T)/删除(E)/图层(L)] <通过>: 45✓　　//输入偏移距离为 45
选择要偏移的对象, 或 [退出(E)/放弃(U)] <退出>:　　//选择竖直中心线 A
指定要偏移的那一侧上的点, 或 [退出(E)/多个(M)/放弃(U)] <退出>:
　　　　　　　　　　　　　　　　　　　//在竖直中心线 A 的左侧位置处单击
选择要偏移的对象, 或 [退出(E)/放弃(U)] <退出>:　　//选择竖直中心线 A
指定要偏移的那一侧上的点, 或 [退出(E)/多个(M)/放弃(U)] <退出>:
　　　　　　　　　　　　　　　　　　　//在竖直中心线 A 的右侧位置处单击
选择要偏移的对象, 或 [退出(E)/放弃(U)] <退出>:✓

完成该偏移操作，结果如图 4-6 所示。

⑥ 使用同样的方法，单击"偏移"按钮，将水平中心线分别向上、下偏移 20，如图 4-7 所示。

竖直中心线A

图4-6 创建两条偏移线

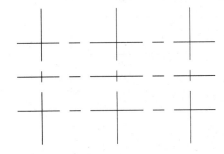

图4-7 偏移操作

⑦ 单击"偏移"按钮，将竖直中心线 A 分别向左、向右偏移 16，偏移结果如图 4-8 所示。

⑧ 选择其中的一根中心线，在"快速访问"工具栏中单击"特性"按钮（建议在"快速访问"工具栏添加"特性"按钮），打开"特性"选项板（也称"特性"面板），将"线型比例"设置为"0.25"，如图 4-9 所示，按〈Enter〉键确认，接着关闭"特性"选项板。

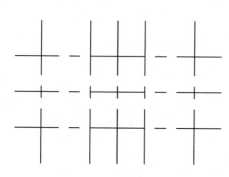

图 4-8　偏移操作

图 4-9　"特性"选项板

⑨ 单击"特性匹配"按钮 ，分别单击其余中心线作为要应用特性匹配的目标对象，从而将更改了线型比例的中心线特性应用到其余选定的中心线上，特性匹配结果如图 4-10 所示。

⑩ 在"图层"面板的"图层"下拉列表框中选择"粗实线"层，准备绘制粗实线。按〈F3〉键确保在状态栏中启用"对象捕捉"模式。

⑪ 单击"圆心，半径"按钮 ，绘制图 4-11 所示的一个圆，该圆半径为 10。其命令操作记录如下。

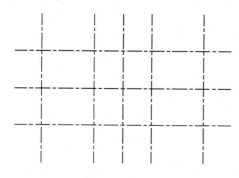

图 4-10　特性匹配

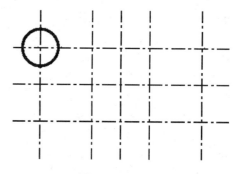

图 4-11　绘制一个圆

命令: _circle
指定圆的圆心或 [三点(3P)/两点(2P)/切点、切点、半径(T)]:　//选择要求的一个交点
指定圆的半径或 [直径(D)]: 10✓
使用同样的操作方法，绘制图 4-12 所示的其他 5 个相同半径值的圆。

⑫ 连续执行"圆心，半径"按钮 ，分别创建 4 个半径均为 5 的圆，如图 4-13 所示。

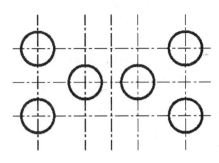

图 4-12　绘制其他几个圆

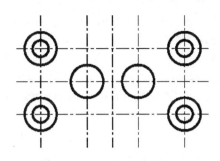

图 4-13　绘制 4 个小圆

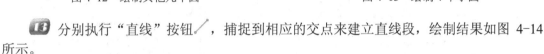 分别执行"直线"按钮 ，捕捉到相应的交点来建立直线段，绘制结果如图 4-14 所示。

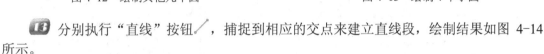 单击"修改"面板中的"修剪"按钮 ，按〈Enter〉键，接着按照一定的次序一一单击不需要的圆弧段，最后得到的修剪结果如图 4-15 所示。

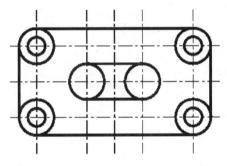

图 4-14　绘制直线段

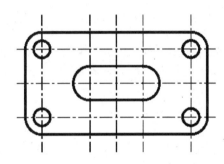

图 4-15　修剪结果

知识点拨： 单击"修剪"按钮 ，也可以选择若干线段作为修剪边，例如选择图 4-16 所示的 4 条线段（图中以特定虚线显示的 4 条线段）作为修剪边，然后分别在位置 1、2、3、4 处单击相应的大圆，则会得到图 4-17 所示的修剪结果，下面给出了修剪命令的操作记录。

```
命令:_trim
当前设置:投影=UCS，边=延伸
选择剪切边...
选择对象或 <全部选择>: 找到 1 个              //指定修剪边 A
选择对象: 找到 1 个，总计 2 个                //指定修剪边 B
选择对象: 找到 1 个，总计 3 个                //指定修剪边 C
选择对象: 找到 1 个，总计 4 个                //指定修剪边 D
选择对象:✓                                  //按〈Enter〉键
选择要修剪的对象，或按住〈Shift〉键选择要延伸的对象，或
[栏选(F)/窗交(C)/投影(P)/边(E)/删除(R)/放弃(U)]:         //在位置 1 处单击圆
选择要修剪的对象，或按住〈Shift〉键选择要延伸的对象，或
[栏选(F)/窗交(C)/投影(P)/边(E)/删除(R)/放弃(U)]:         //在位置 2 处单击圆
选择要修剪的对象，或按住〈Shift〉键选择要延伸的对象，或
```

[栏选(F)/窗交(C)/投影(P)/边(E)/删除(R)/放弃(U)]:　　　　　　　　//在位置 3 处单击圆

选择要修剪的对象，或按住〈Shift〉键选择要延伸的对象，或

[栏选(F)/窗交(C)/投影(P)/边(E)/删除(R)/放弃(U)]:　　　　　　　　//在位置 4 处单击圆

选择要修剪的对象，或按住〈Shift〉键选择要延伸的对象，或

[栏选(F)/窗交(C)/投影(P)/边(E)/删除(R)/放弃(U)]: ↙　　　　　　　　//按〈Enter〉键

使用同样方法，继续修剪其他图元。

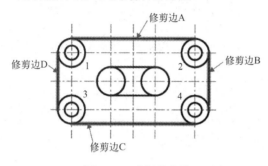

图 4-16　选择修剪边

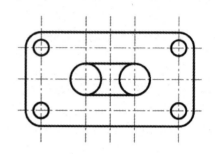

图 4-17　修剪结果

10 关闭"对象捕捉"模式。接着单击"打断"按钮，在图 4-18 所示的位置处单击对象以指定第一打断点，在图 4-19 所示的位置处指定第二打断点，则打断结果如图 4-20 所示。

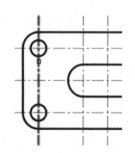

图 4-18　指定第一打断点

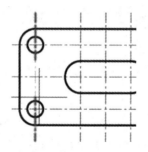

图 4-19　指定第二打断点

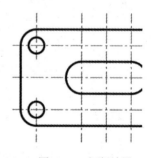

图 4-20　打断结果

在两点之间打断选定对象的操作，其命令执行的历史记录如下。

命令: _break

选择对象:　　　　　　　　　　　　　　　　　//指定第一个打断点

指定第二个打断点 或 [第一点(F)]:　　　　　　　//指定第二个打断点

使用同样的方法，继续打断其余中心线，以获得满意的效果，如图 4-21 所示。

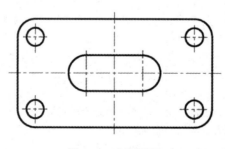

图 4-21　打断结果

16 在状态栏上启用"对象捕捉"模式，并在"图层"面板的"图层"下拉列表框中选择"标注及剖面线"层。

17 在功能区"默认"选项卡的"注释"面板中单击"线性"按钮 ⊓，选择图 4-22 所示的点 1 作为第一条尺寸界线原点，选择点 2 作为第二条尺寸界线原点，移动鼠标光标指定尺寸线放置位置，如图 4-23 所示。

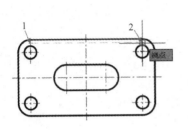

图 4-22　指定尺寸界线原点

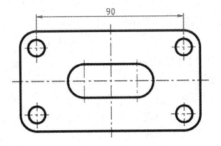

图 4-23　指定尺寸线位置

18 使用同样的方法创建其余线性标注，如图 4-24 所示。

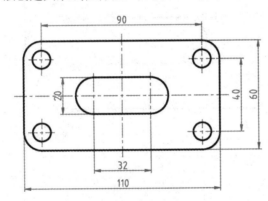

图 4-24　标注线性尺寸

19 单击"注释"面板中的"半径标注"按钮 ⊙，在图形中单击要标注的圆弧，移动鼠标光标指定尺寸线位置，如图 4-25 所示。

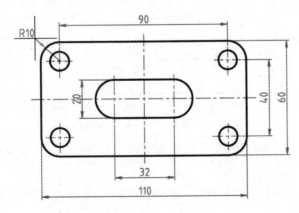

图 4-25　标注半径尺寸

该半径标注的命令历史记录如下。

命令: _dimradius

选择圆弧或圆: //单击要标注的圆弧

标注文字 = 10

指定尺寸线位置或 [多行文字(M)/文字(T)/角度(A)]:   //移动光标并单击

20 单击"注释"面板中的"直径"按钮◎，在图形中单击要标注的圆，移动鼠标光标指定尺寸线位置，如图 4-26 所示。

该直径标注的命令历史记录如下。

命令: _dimdiameter

选择圆弧或圆: //单击要标注的圆

标注文字 = 10

指定尺寸线位置或 [多行文字(M)/文字(T)/角度(A)]:   //移动光标并单击

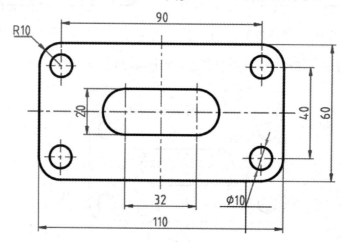

图 4-26　标注直径尺寸

21 选择直径尺寸，在当前命令行中输入"TEXTEDIT"，按〈Enter〉键，功能区出现"文字编辑器"选项卡，将文本框中的光标移至最左面，输入"4×"，如图 4-27 所示。

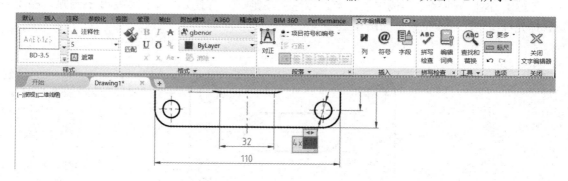

图 4-27　给尺寸文本添加前缀

在"文字编辑器"选项卡的"关闭"面板中单击"关闭文字编辑器"按钮✖，结果如图 4-28 所示。

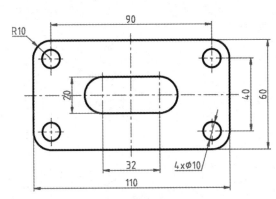

图 4-28 在直径尺寸文本前添加前缀

22 使用相同的方法，在半径尺寸文本前添加前缀"4×"，如图 4-29 所示。

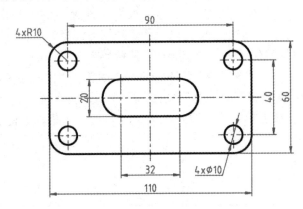

图 4-29 在半径尺寸文本前添加前缀

23 在"快速访问"工具栏中单击"另存为"按钮，将图形文件保存为"简单图形绘制实例 1.dwg"。

4.2 简单图形绘制实例 2

本实例要完成的图形如图 4-30 所示。图中标注的文本（字母、数字）采用斜体。

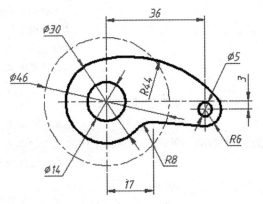

图 4-30 要完成的图形

本实例涉及的主要知识点如下。

- 绘制构造线。
- 创建偏移线。
- 绘制相切直线。
- 绘制相切圆。
- 捕捉按钮的应用。
- 打断于点。
- 修剪线段。
- 标注尺寸。

本实例具体的操作步骤如下。

1 在"快速访问"工具栏中单击"新建"按钮，弹出"选择样板"对话框。通过"选择样板"对话框来选择网盘资料"图形样板"文件夹中的"TSM_练习样板_标注斜体.dwt"文件，单击"打开"按钮。接着以使用"草图与注释"工作空间为界面操作环境，并打开线宽显示模式（即确保选中"显示线宽"按钮 ≣）。

2 在"图层"面板的"图层控制"下拉列表框中选择"中心线"层。

3 按〈F8〉功能键，打开"正交"模式。

4 在"绘图"面板上单击"构造线"按钮，绘制一条水平构造线和一条竖直中心线，如图4-31所示。

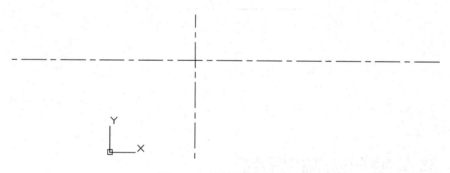

图 4-31　绘制两条构造线

创建该两条构造线的命令行提示与操作说明如下。

命令: _xline　　　　　　　　　　　　　　　//单击"构造线"按钮
指定点或 [水平(H)/垂直(V)/角度(A)/二等分(B)/偏移(O)]:　　//在绘图区指定一点
指定通过点:　　　　　　　　　　　　　　　//指定另一点确定水平构造线
指定通过点:　　　　　　　　　　　　　　　//在竖直方向上指定一点定义竖直构造线
指定通过点: ✓
也可以按照如下的方式创建这两条构造线。
命令: _xline　　　　　　　　　　　　　　　//单击"构造线"按钮
指定点或 [水平(H)/垂直(V)/角度(A)/二等分(B)/偏移(O)]: H✓//选择"水平"选项
指定通过点:　　　　　　　　　　　　　　　//在绘图区域单击确定通过点
指定通过点: ✓
命令: _xline　　　　　　　　　　　　　　　//单击"构造线"按钮

指定点或 [水平(H)/垂直(V)/角度(A)/二等分(B)/偏移(O)]: V↙　　//选择"垂直"选项

指定通过点:　　　　　　　　　　　　　　　　　　//单击水平构造线中点，将其作为通过点

指定通过点: ↙

　　单击"偏移"按钮，根据命令行提示执行如下操作。

命令: _offset

当前设置: 删除源=否　　图层=源　　OFFSETGAPTYPE=0

指定偏移距离或 [通过(T)/删除(E)/图层(L)] <通过>: 36↙　　//输入偏移距离

选择要偏移的对象，或 [退出(E)/放弃(U)] <退出>:　　　//选择竖直构造线

指定要偏移的那一侧上的点，或 [退出(E)/多个(M)/放弃(U)] <退出>:

　　　　　　　　　　　　　　　　　　　　　//在竖直构造线右侧任一点单击

选择要偏移的对象，或 [退出(E)/放弃(U)] <退出>: ↙　　//完成并退出

此时，结果如图 4-32a 所示。

接着单击"偏移"按钮，根据命令行提示执行如下操作。

命令: _offset

当前设置: 删除源=否　　图层=源　　OFFSETGAPTYPE=0

指定偏移距离或 [通过(T)/删除(E)/图层(L)] <36.0000>: 3↙　　//输入偏移距离

选择要偏移的对象，或 [退出(E)/放弃(U)] <退出>:　　　//选择水平构造线

指定要偏移的那一侧上的点，或 [退出(E)/多个(M)/放弃(U)] <退出>:

　　　　　　　　　　　　　　　　　　　　　//在水平构造线的下方任一点单击

选择要偏移的对象，或 [退出(E)/放弃(U)] <退出>: ↙　　//完成并退出

此时，结果如图 4-32b 所示。

再次单击"偏移"按钮，根据命令行提示执行如下操作。

命令: _offset

当前设置: 删除源=否　　图层=源　　OFFSETGAPTYPE=0

指定偏移距离或 [通过(T)/删除(E)/图层(L)] <3.0000>: 17↙　　//输入偏移距离

选择要偏移的对象，或 [退出(E)/放弃(U)] <退出>:　　　//选择左侧竖直构造线

指定要偏移的那一侧上的点，或 [退出(E)/多个(M)/放弃(U)] <退出>:

　　　　　　　　　　　　　　　　　　　　　//在所选构造线的右侧单击

选择要偏移的对象，或 [退出(E)/放弃(U)] <退出>: ↙　　//完成并退出

此时，完成的构造线如图 4-32c 所示。

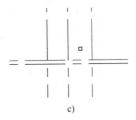

图 4-32　绘制偏移线

a) 建立偏移线 1　b) 建立偏移线 2　c) 建立偏移线 3

　　单击"圆心，半径"按钮，并按〈F3〉键启用"对象捕捉"功能，绘制图 4-33 所示的圆。命令行提示及说明如下。

命令: _circle

指定圆的圆心或 [三点(3P)/两点(2P)/切点、切点、半径(T)]: <对象捕捉 开> _int 于

　　　　　　　　　　　　　　　　　　//选择竖直构造线与水平构造线的一交点

指定圆的半径或 [直径(D)]: 23↙　　　　　　//输入半径

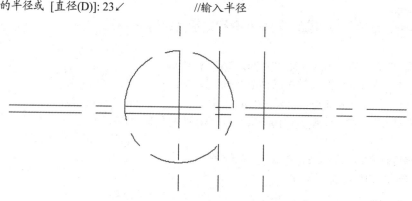

图 4-33　绘制构造圆

7 在"图层"面板的"图层控制"下拉列表框中选择"粗实线"层。

8 单击"圆心、半径"按钮，以构造圆的中心作为圆心，分别绘制直径为 30 和 14 的圆，如图 4-34 所示。其操作的命令行提示如下。也可以单击"圆心，直径"按钮来创建所需的圆。

命令: _circle　　　　　　　　　　　　　　　//单击"圆心，半径"按钮
指定圆的圆心或 [三点(3P)/两点(2P)/切点、切点、半径(T)]: _cen 于　　//指定圆心
指定圆的半径或 [直径(D)] <23.0000>: D↙　　　//选择"直径"选项
指定圆的直径 <46.0000>: 30↙　　　　　　　//输入直径值为 30
命令: _circle　　　　　　　　　　　　　　　//单击"圆心，半径"按钮
指定圆的圆心或 [三点(3P)/两点(2P)/切点、切点、半径(T)]: _cen 于　　//指定圆心
指定圆的半径或 [直径(D)] <15.0000>: D↙　　　//选择"直径"选项
指定圆的直径 <30.0000>: 14↙　　　　　　　//输入直径值为 14

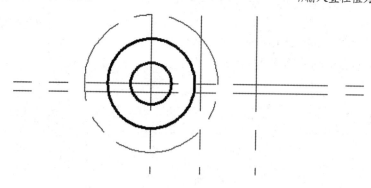

图 4-34　绘制两个圆

9 选择构造圆，单击"快速访问"工具栏中的"特性"按钮，打开"特性"选项板，将"线型比例"设置为"0.2"，如图 4-35 所示，按〈Enter〉键确认，接着关闭"特性"选项板。

10 单击"特性匹配"按钮，分别单击其余中心线，将更改了线型比例的中心线特

性应用到其余的中心线（本例的构造线采用的线型为中心线）上，特性匹配结果如图 4-36
所示。

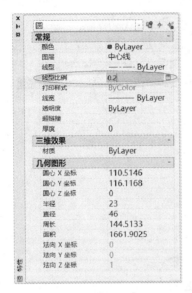

图 4-35　修改线型比例

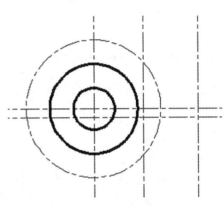

图 4-36　特性匹配

11 单击"圆心，半径"按钮，绘制图 4-37 所示的两个圆。其绘制过程的命令行提
示及相关操作说明如下。

命令: _circle	//单击"圆心，半径"按钮
指定圆的圆心或 [三点(3P)/两点(2P)/切点、切点、半径(T)]:	//选择 A 点
指定圆的半径或 [直径(D)] <7.0000>: 6↙	//输入半径值
命令: _circle	//单击"圆心，半径"按钮
指定圆的圆心或 [三点(3P)/两点(2P)/切点、切点、半径(T)]:	//选择 B 点
指定圆的半径或 [直径(D)] <6.0000>: 8↙	//输入半径值

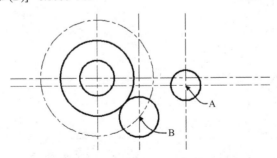

图 4-37　绘制圆

12 单击"直线"按钮，接着将鼠标指针置于图形窗口后，按住〈Shift〉键的同时单
击鼠标右键，从弹出的快捷菜单中选择"切点"选项，然后在图 4-38 所示的圆上单击一
点，在按住〈Shift〉键的同时单击鼠标右键并从弹出的快捷菜单中选择"切点"选项，然后
单击图 4-39 所示的圆。

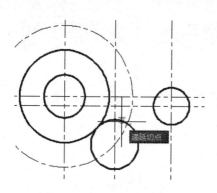

图 4-38　捕捉第一个图元

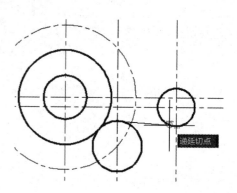

图 4-39　捕捉第二个图元

完成绘制的该条相切直线如图 4-40 所示。

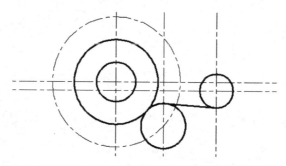

图 4-40　绘制相切直线

🔢　如图 4-41 所示，在功能区的"绘图"面板中单击"相切，相切，半径"按钮⊘，根据命令行提示执行如下操作。

命令: _circle

指定圆的圆心或 [三点(3P)/两点(2P)/切点、切点、半径(T)]: _ttr

指定对象与圆的第一个切点:　　　　　　　　//在图 4-42 所示的圆位置处单击

指定对象与圆的第二个切点:　　　　　　　　//在图 4-43 所示的圆位置处单击

指定圆的半径 <8.0000>: 44↙　　　　　　　//输入半径

绘制的相切圆如图 4-44 所示。

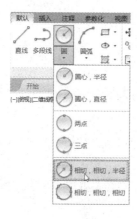

图 4-41　单击按钮

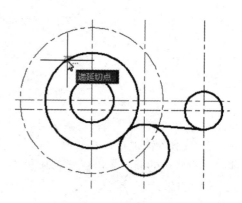

图 4-42　指定第一个切点

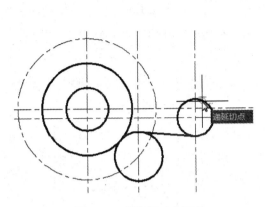

图 4-43 指定第二个切点

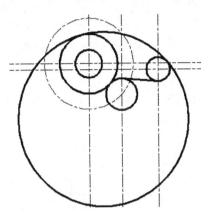

图 4-44 绘制相切圆

14 单击"圆心，半径"按钮，绘制图 4-45 所示的圆，该圆的半径为 2.5。

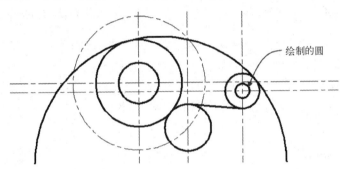

绘制的圆

图 4-45 绘制小圆

```
命令: _circle
指定圆的圆心或 [三点(3P)/两点(2P)/切点、切点、半径(T)]:        //选择圆心位置
指定圆的半径或 [直径(D)] <44.0000>: 2.5↙                     //输入半径值
```

15 单击"修改"面板中的"修剪"按钮，直接按〈Enter〉键或者单击鼠标右键，进入自动修剪模式，按照一定的次序逐一单击不需要的圆弧段。对于一些遗漏的多余线段，可以选择它们并使用键盘上的〈Delete〉键直接将其删除。修剪结果如图 4-46 所示。

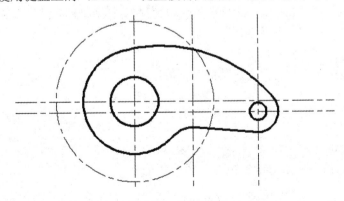

图 4-46 修剪结果

16 单击"修改"面板中的"打断于点"按钮 ，此时可以临时关闭"对象捕捉"模式，单击图 4-47 所示的水平构造线（中心线），接着在要打断的位置处单击，如图 4-48 所示。

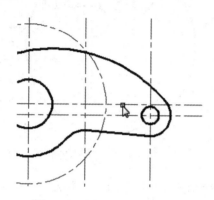

图 4-47　选择要打断的中心线

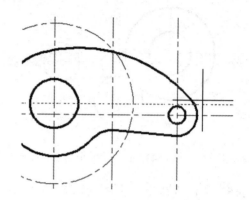

图 4-48　指定打断点

17 选择位于打断点右侧的中心线（构造线），接着按〈Delete〉键将其删除，如图 4-49 所示。

18 单击"修改"面板中的"打断于点"按钮 ，将中心线（构造线）在合适的地方打断，然后将不需要的一段删除，得到的图形如图 4-50 所示。

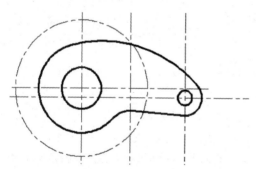

图 4-49　删除打断后的一段构造线

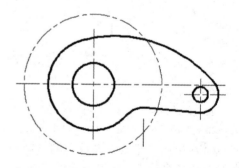

图 4-50　编辑后的图形

19 在"图层"面板的"图层控制"下拉列表框中选择"标注及剖面线"层，并在键盘上按〈F3〉键以重新开启"对象捕捉"功能。

20 在功能区中切换至"注释"选项卡，从"标注"面板上单击"线性标注"按钮 ，标注图 4-51 所示的一处尺寸。其命令行提示如下。

命令: _dimlinear

指定第一个尺寸界线原点或 <选择对象>:

指定第二条尺寸界线原点:

指定尺寸线位置或

[多行文字(M)/文字(T)/角度(A)/水平(H)/垂直(V)/旋转(R)]:

标注文字 =36

21 使用相同的办法，标注其他线性尺寸，如图 4-52 所示。

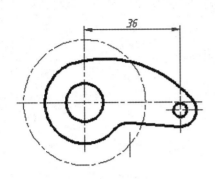
图 4-51　标注线性尺寸

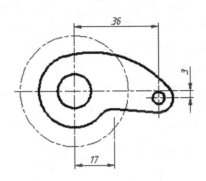
图 4-52　标注其他线性尺寸

22 分别单击"直径标注"按钮○和"半径标注"按钮○，标注图形中的直径尺寸和半径尺寸，如图 4-53 所示。

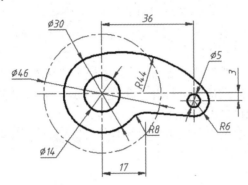
图 4-53　完成的图形绘制实例

23 单击"应用程序"按钮图并从应用程序菜单中选择"另存为"→"图形"命令，或者按〈Ctrl+Shift+S〉组合键，弹出"图形另存为"对话框，将图形保存为"简单图形绘制实例 2.dwg"文件。

4.3　简单图形绘制实例 3

本实例要完成的图形如图 4-54 所示。图中标注的文本（字母、数字）采用斜体。

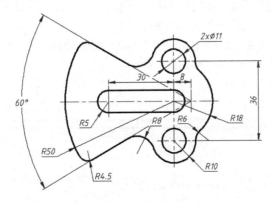
图 4-54　要完成的图形

本实例详细介绍的主要知识点如下。

- 创建偏距线。
- 绘制圆。
- 绘制直线。
- 绘制与基准成角度的直线。
- 圆角。
- 镜像操作。
- 修剪线段。
- 标注角度尺寸。
- 编辑尺寸文本。

本实例具体的操作步骤如下。

1 在"快速访问"工具栏中单击"新建"按钮🗋，弹出"选择样板"对话框。通过"选择样板"对话框来选择网盘资料"图形样板"文件夹中的"TSM_练习样板_标注斜体.dwt"文件，单击"打开"按钮。

2 在"图层"面板的"图层控制"下拉列表框中选择"中心线"层。

3 按键盘上的〈F8〉功能键，打开"正交"模式，并在状态栏中选中"显示/隐藏线宽"按钮🗖以设置在图形窗口中显示线宽。

4 在"绘图"面板中单击"构造线"按钮✏，绘制用作辅助线的一条水平构造线和一条竖直中心线，如图 4-55 所示。

图 4-55　绘制辅助线

5 单击"偏移"按钮🗗，根据命令行提示执行如下操作。

命令: _offset
当前设置: 删除源=否　图层=源　OFFSETGAPTYPE=0
指定偏移距离或 [通过(T)/删除(E)/图层(L)] <通过>: 18↙　　　　　　　//输入偏移距离
选择要偏移的对象，或 [退出(E)/放弃(U)] <退出>:　　　　　　　　//选择水平构造线
指定要偏移的那一侧上的点，或 [退出(E)/多个(M)/放弃(U)] <退出>:　//在水平构造线的上方单击
选择要偏移的对象，或 [退出(E)/放弃(U)] <退出>:↙
此时，图形如图 4-56 所示。

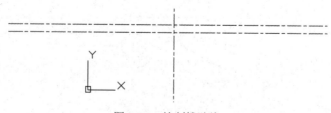

图 4-56　绘制辅助线

接着单击"偏移"按钮，根据命令行提示执行如下操作。

命令: _offset

当前设置: 删除源=否　图层=源　OFFSETGAPTYPE=0

指定偏移距离或 [通过(T)/删除(E)/图层(L)] <18.0000>: 8↙　　　　　　//输入偏移距离

选择要偏移的对象，或 [退出(E)/放弃(U)] <退出>:　　　　　　//选择竖直构造线

指定要偏移的那一侧上的点，或 [退出(E)/多个(M)/放弃(U)] <退出>: //在竖直构造线右侧区域单击

选择要偏移的对象，或 [退出(E)/放弃(U)] <退出>:↙

此时，图形如图 4-57 所示。

图 4-57　绘制辅助线

再次单击"偏移"按钮，根据命令行提示执行如下操作。

命令: _offset

当前设置: 删除源=否　图层=源　OFFSETGAPTYPE=0

指定偏移距离或 [通过(T)/删除(E)/图层(L)] <8.0000>: 30↙　　//输入偏移距离

选择要偏移的对象，或 [退出(E)/放弃(U)] <退出>:　　　　　　//选择图 4-58 所示的竖直构造线

指定要偏移的那一侧上的点，或 [退出(E)/多个(M)/放弃(U)] <退出>: //在所选竖直构造线的左侧单击

选择要偏移的对象，或 [退出(E)/放弃(U)] <退出>:↙

此时，完成的构造线如图 4-59 所示。

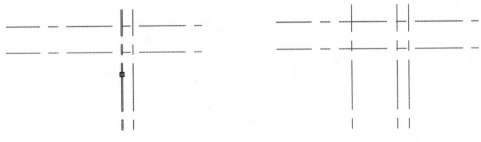

图 4-58　选择竖直构造线　　　　　图 4-59　绘制的构造线

6 在"图层"面板的"图层控制"下拉列表框中选择"粗实线"层；并在状态栏中设置启用"对象捕捉"模式。

7 单击"圆心，半径"按钮，在图 4-60 所示的位置处绘制半径分别为 18 和 50 的同心圆。其命令行提示及操作如下。

命令: _circle

指定圆的圆心或 [三点(3P)/两点(2P)/切点、切点、半径(T)]:   //选择圆心位置

指定圆的半径或 [直径(D)]: 18✓

命令: _circle

指定圆的圆心或 [三点(3P)/两点(2P)/切点、切点、半径(T)]:   //选择圆心位置

指定圆的半径或 [直径(D)] <18.0000>: 50✓

  8 单击"圆心，半径"按钮◎，在图 4-61 所示的位置处绘制半径分别为 10 和 5.5 的同心圆。其命令行提示及操作如下。

命令: _circle

指定圆的圆心或 [三点(3P)/两点(2P)/切点、切点、半径(T)]:   //选择圆心位置

指定圆的半径或 [直径(D)] <50.0000>: 10✓

命令: _circle

指定圆的圆心或 [三点(3P)/两点(2P)/切点、切点、半径(T)]:   //选择圆心位置

指定圆的半径或 [直径(D)] <10.0000>: 5.5✓

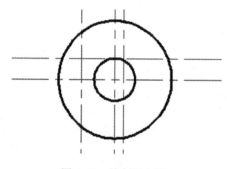
图 4-60　绘制同心圆

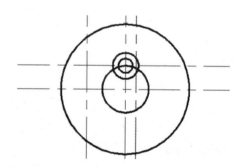
图 4-61　绘制半径为 10 和 5.5 的同心圆

  9 单击"圆心，半径"按钮◎，绘制图 4-62 所示的两个相同半径的小圆，其半径值均为 5。

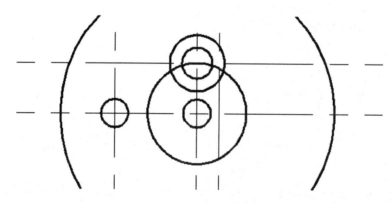
图 4-62　绘制两个小圆

  10 单击"直线"按钮／，绘制图 4-63 所示的一条直线。其命令行提示如下。

命令: _line

指定第一点: //捕捉到交点 A

指定下一点或 [放弃(U)]:   //捕捉到交点 B

指定下一点或 [放弃(U)]: ✓

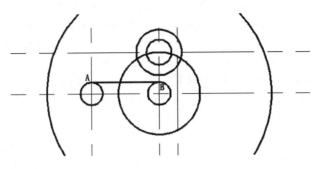

图 4-63　绘制直线

11 单击"直线"按钮 ✐，根据命令行提示执行如下操作。

命令: _line
指定第一点: _int 于　　　　　　　　　　　//在图形中选择交点 C
指定下一点或 [放弃(U)]: @65<150✓　　　//输入相对坐标
指定下一点或 [放弃(U)]: ✓
绘制的直线如图 4-64 所示。

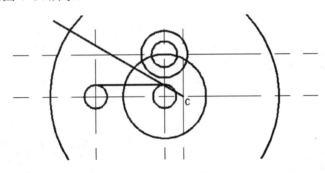

图 4-64　绘制直线

12 单击"修改"面板中的"修剪"按钮 ✂，选择位于最下方的水平构造线（水平辅助线）并按〈Enter〉键以指定修剪边，然后分别单击位于该水平构造线下方的线条，得到修剪结果如图 4-65 所示。

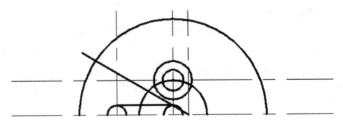

图 4-65　修剪结果

13 在"修改"面板中单击"圆角"按钮 ⌐，根据命令行提示执行如下操作。

命令: _fillet
当前设置: 模式 = 修剪, 半径 = 0.0000
选择第一个对象或 [放弃(U)/多段线(P)/半径(R)/修剪(T)/多个(M)]: T✓
输入修剪模式选项 [修剪(T)/不修剪(N)] <修剪>: T✓

选择第一个对象或 [放弃(U)/多段线(P)/半径(R)/修剪(T)/多个(M)]: R↙ //选择"半径"选项
指定圆角半径 <0.0000>: 6↙   //输入圆角半径
选择第一个对象或 [放弃(U)/多段线(P)/半径(R)/修剪(T)/多个(M)]:   //选择图 4-66 所示的圆 1
选择第二个对象, 或按住〈Shift〉键选择对象以应用角点或 [半径(R)]:
//在图 4-66 所示的圆 2 的适当位置处单击

执行该圆角操作, 得到的图形效果如图 4-67 所示。

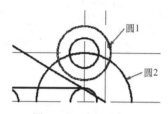

图 4-66　选择对象 1

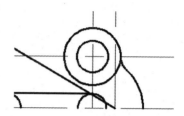

图 4-67　圆角结果 1

10 在"修改"面板中单击"圆角"按钮 ，根据命令行提示执行如下操作。

命令: _fillet
当前设置: 模式 = 修剪, 半径 = 6.0000
选择第一个对象或 [放弃(U)/多段线(P)/半径(R)/修剪(T)/多个(M)]: R↙ //选择"半径"选项
指定圆角半径 <6.0000>: 8↙   //输入圆角半径
选择第一个对象或 [放弃(U)/多段线(P)/半径(R)/修剪(T)/多个(M)]:   //单击图 4-68 所示的圆 1
选择第二个对象, 或按住〈Shift〉键选择要应用角点的对象: //在图 4-69 所示的斜线上单击

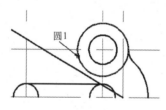

图 4-68　选择对象 2

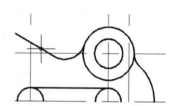

图 4-69　圆角结果 2

10 在"修改"面板中单击"圆角"按钮 ，根据命令行提示执行如下操作。

命令: _fillet
当前设置: 模式 = 修剪, 半径 = 8.0000
选择第一个对象或 [放弃(U)/多段线(P)/半径(R)/修剪(T)/多个(M)]: R↙ //选择"半径"选项
指定圆角半径 <8.0000>: 4.5↙   //输入圆角半径值
选择第一个对象或 [放弃(U)/多段线(P)/半径(R)/修剪(T)/多个(M)]:   //在图 4-70 的斜线上单击
选择第二个对象, 或按住〈Shift〉键选择要应用角点的对象: //在图 4-71 所示的圆弧上单击

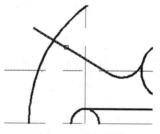

图 4-70　单击斜线

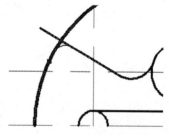

图 4-71　单击圆弧

执行该圆角操作，得到的图形效果如图 4-72 所示。

16 单击"修改"面板中的"修剪"按钮 ，直接按〈Enter〉键进入自动修剪模式，将不需要的粗实线图形修剪掉，最后得到的图形如图 4-73 所示。

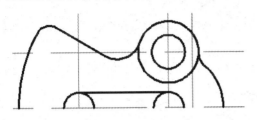 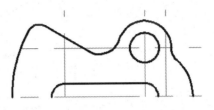

图 4-72　圆角效果　　　　　　　　　　图 4-73　修剪粗实线结果

17 单击"修改"面板中的"打断于点"按钮 ，将辅助中心线在合适的位置处打断，然后将打断后不需要的线段删除，在进行打断线段时，可以临时关闭"对象捕捉"功能。得到的图形如图 4-74 所示。

18 使用鼠标左键从左上角框选到右下角，如图 4-75 所示。

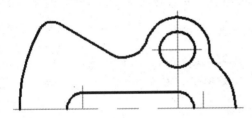 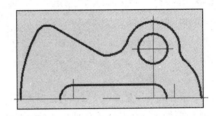

图 4-74　修剪中心线的效果　　　　　　　图 4-75　框选对象

19 选择好要镜像的图形对象后，单击"镜像"按钮 ，注意启用"对象捕捉"模式，接着分别选择长水平中心线的两个端点定义镜像线，如下是命令行提示及操作说明。

命令: _mirror 找到 15 个
指定镜像线的第一点: <对象捕捉 开>　　　　//选择长水平中心线的左端点
指定镜像线的第二点:　　　　　　　　　　//选择长水平中心线的右端点
要删除源对象吗? [是(Y)/否(N)] <N>:↙　　//不删除源对象
镜像后得到的图像如图 4-76 所示。

20 可以通过单击"特性"按钮 打开"特性"选项版，对选定的中心线进行线型比例的修改，以获得较佳的中心线效果，如图 4-77 所示。

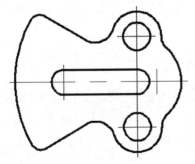 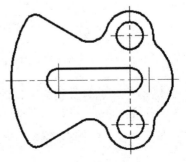

图 4-76　镜像效果　　　　　　　　　　图 4-77　修改中心线的线型比例

21 将图层设置为"标注及剖面线"层，然后分别单击"线性标注"按钮⊟、"直径标注"按钮◎和"半径标注"按钮◎来给图形标注尺寸，如图4-78所示。

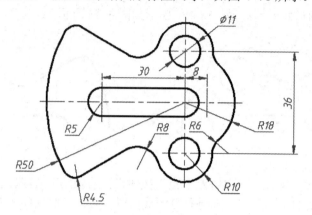

图 4-78　标注大部分尺寸

22 单击"角度标注"按钮△，标注图 4-79 所示的角度尺寸。标注时，命令行提示及操作说明如下。

命令: _dimangular

选择圆弧、圆、直线或 <指定顶点>:　　　　　　　//选择组成夹角的其中一条直线

选择第二条直线:　　　　　　　　　　　　　　　//选择组成夹角的另一条直线

指定标注弧线位置或 [多行文字(M)/文字(T)/角度(A)/象限点(Q)]:

//移动鼠标光标在欲放置尺寸文本的地方单击

标注文字 = 60

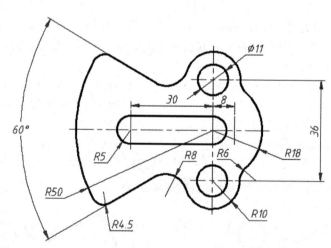

图 4-79　标注角度尺寸

23 在图形中，选择数值为 11 的直径尺寸，接着在命令行中输入"TEXTEDIT"或"ED"命令，并按〈Enter〉键，则功能区出现"文字编辑器"选项卡，在出现的方框内将光标移到尺寸文本的左侧，输入"2×"，如图4-80所示。

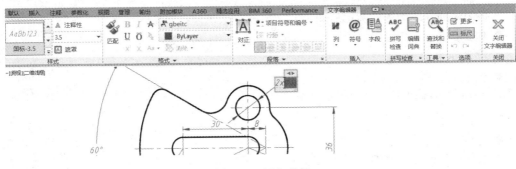

图 4-80　添加前缀

单击"文字编辑器"选项卡中的"关闭"按钮，此时图形如图 4-81 所示。

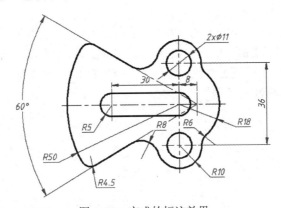

图 4-81　完成的标注效果

24 从菜单栏中选择"文件"→"另存为"命令，将图形保存为"简单图形绘制实例 3.dwg"文件。

4.4　简单图形绘制实例 4

本实例要完成的图形如图 4-82 所示。

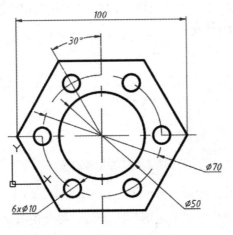

图 4-82　要完成的图形

本实例详细介绍的主要知识点如下。

- 添加图层。
- 绘制正多边形。
- 绘制圆。
- 创建环形阵列。
- 关闭图层。
- 标注尺寸。

本实例具体的操作步骤如下。

1 单击"新建"按钮□，弹出"选择样板"对话框。通过此对话框选择网盘资料中"图形样板"文件夹的"TSM_练习样板_标注斜体.dwt"文件，单击"打开"按钮。使用"草图与注释"工作空间。

2 在功能区"默认"选项卡的"图层"面板中单击"图层特性管理器"按钮，打开"图层特性管理器"选项板。单击"新建图层"按钮，新建一个图层，把该图层命名为"构造线"，并设置该图层的颜色为红色，线型为"CENTER"，线宽为"0.18 毫米"，如图 4-83 所示。然后关闭"图层特性管理器"选项板。

图 4-83 使用"图层特性管理器"选项板新建图层

3 从"图层"面板的"图层控制"下拉列表框中选择"构造线"层。

4 在"绘图"面板中单击"构造线"按钮，绘制用作辅助线的一条水平构造线和一条竖直构造线，如图 4-84 所示。

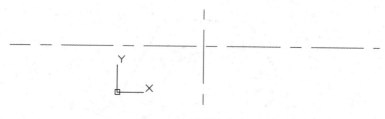

图 4-84 绘制构造线

5 从"图层"面板的"图层控制"下拉列表框中选择"粗实线"层。

6 单击"绘图"面板中的"多边形"按钮，接着根据命令行提示执行如下操作。

命令: _polygon

输入侧面数 <4>: 6↙　　　　　　　　　//输入正多边形的边数
指定正多边形的中心点或 [边(E)]: _int 于　//选择两条构造线的交点
输入选项 [内接于圆(I)/外切于圆(C)] <I>: I↙　//以 "内接于圆" 的方式创建正多边形
指定圆的半径: 50↙　　　　　　　　　//输入圆的半径为 50

绘制的正六边形如图 4-85 所示。

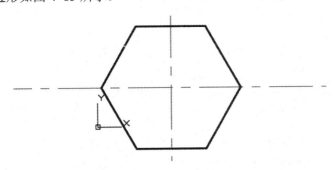

图 4-85　绘制正六边形

7 单击 "绘图" 面板中的 "圆心，半径" 按钮 ⊙，以正六边形的中心作为圆心，分别创建半径为 25 和 35 的圆，如图 4-86 所示。

如下是命令行提示信息及操作说明。

命令: _circle　　　　　　　　　　　　　//单击 "圆心，半径" 按钮 ⊙
指定圆的圆心或 [三点(3P)/两点(2P)/相切、相切、半径(T)]:　//指定圆心
指定圆的半径或 [直径(D)] <30.0000>: 25↙　//指定圆半径为 25
命令: _circle　　　　　　　　　　　　　//单击 "圆心，半径" 按钮 ⊙
指定圆的圆心或 [三点(3P)/两点(2P)/相切、相切、半径(T)]:　//指定圆心
指定圆的半径或 [直径(D)] <25.0000>: 35↙　//指定圆半径为 35

8 单击 "绘图" 面板中的 "圆心，半径" 按钮 ⊙，绘制图 4-87 所示的一个小圆，该圆的半径为 5。

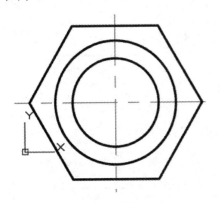

图 4-86　绘制两个圆

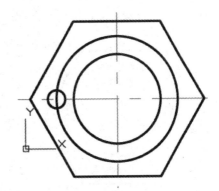

图 4-87　绘制一个小圆

9 选择小圆，单击 "环形阵列" 按钮 ⊞，接着根据命令提示进行如下操作。

命令: _arraypolar 找到 1 个
类型 = 极轴　关联 = 是

指定阵列的中心点或 [基点(B)/旋转轴(A)]:_int 于　　　　//选择图 4-88 所示的交点

选择夹点以编辑阵列或 [关联(AS)/基点(B)/项目(I)/项目间角度(A)/填充角度(F)/行(ROW)/层(L)/旋转项目(ROT)/退出(X)] <退出>: I↙

输入阵列中的项目数或 [表达式(E)] <4>: 6↙

选择夹点以编辑阵列或 [关联(AS)/基点(B)/项目(I)/项目间角度(A)/填充角度(F)/行(ROW)/层(L)/旋转项目(ROT)/退出(X)] <退出>: F↙

指定填充角度(+=逆时针、-=顺时针)或 [表达式(EX)] <360>:↙

选择夹点以编辑阵列或 [关联(AS)/基点(B)/项目(I)/项目间角度(A)/填充角度(F)/行(ROW)/层(L)/旋转项目(ROT)/退出(X)] <退出>: AS↙

创建关联阵列 [是(Y)/否(N)] <是>: N↙

选择夹点以编辑阵列或 [关联(AS)/基点(B)/项目(I)/项目间角度(A)/填充角度(F)/行(ROW)/层(L)/旋转项目(ROT)/退出(X)] <退出>:↙

完成环形阵列的图形效果如图 4-89 所示。在执行"环形阵列"命令的过程中，读者亦可利用功能区提供的"阵列创建"选项卡进行环形阵列的相关参数设置。

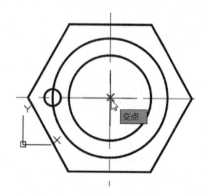

图 4-88　指定环形阵列的中心点

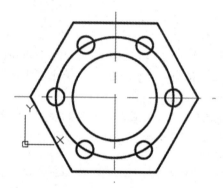

图 4-89　环形阵列结果

⑩ 选择图 4-90 所示的圆，然后在"图层"面板的"图层控制"下拉列表框中选择"中心线"层，按〈Esc〉键，则得到的图形效果如图 4-91 所示。

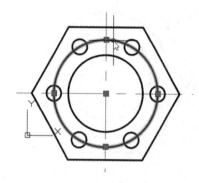

图 4-90　选择对象

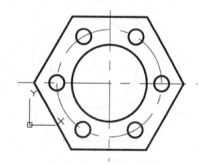

图 4-91　改变选定线条的图层

⑪ 在"图层"面板打开"图层控制"下拉列表框，单击"构造线"层的"开/关图层"图标 💡，使"构造线"层变为关闭状态，如图 4-92 所示。关闭"构造线"层后，图形如图 4-93 所示。

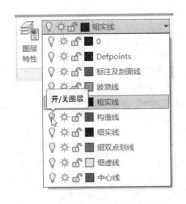
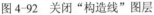

图 4-92 关闭"构造线"图层

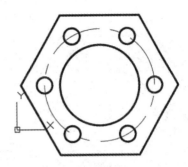

图 4-93 图形效果

⑫ 在"图层"面板的"图层控制"下拉列表框中选择"中心线"层,并且在状态栏中启用"对象捕捉"模式和"对象捕捉追踪"模式。

⑬ 单击"直线"按钮✏,结合对象捕捉功能和对象捕捉追踪功能,绘制图 4-94 所示的两条正交的中心线。

⑭ 单击"直线"按钮✏,根据命令行提示,绘制图 4-95 所示的一条倾斜的中心线。

命令:_line
指定第一点: //选择两条正交中心线的交点(即大圆的圆心)
指定下一点或 [放弃(U)]: @43<120✓   //输入第 2 点的相对坐标
指定下一点或 [放弃(U)]: ✓   //按〈Enter〉键结束命令操作

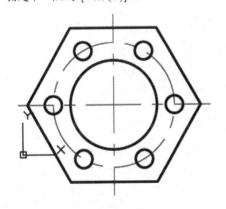

图 4-94 绘制两条正交的中心线

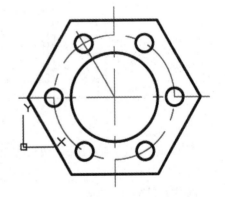

图 4-95 绘制一条倾斜的中心线

⑮ 从"图层"面板的"图层控制"下拉列表框中选择"标注及剖面线"层;在"注释"溢出面板的"标注样式"下拉列表框中选择"TSM-5"样式。

⑯ 利用"注释"面板的"角度标注"按钮△、"线性标注"按钮⊢和"直径标注"按钮◎,分别标注图 4-96 所示的尺寸。

⑰ 选择数值为 10 的直径尺寸,在当前命令行输入"TEDIT"或"TEXTEDIT"并按〈Enter〉键,打开"文字编辑器"选项卡,在该直径现有尺寸文本之前添加"6×",单击"文字编辑器"选项卡中的"关闭文字编辑器"按钮✖。编辑该尺寸文本的效果如图 4-97 所示。

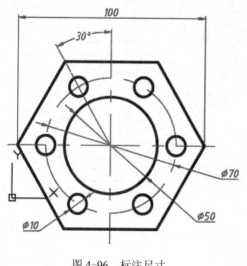

图 4-96　标注尺寸

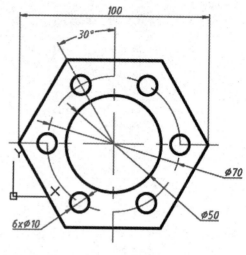

图 4-97　完成标注

15 在"快速访问"工具栏中单击"保存"按钮，保存文件。

4.5　简单图形绘制实例 5

本实例要完成的图形如图 4-98 所示。

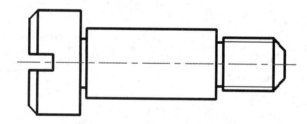

图 4-98　要完成的图形

本实例详细介绍的主要知识点如下。

● 工具选项板的应用。

● 分解图形块。

● 缩放图形。

● 旋转图形。

● 对象捕捉和对象追踪模式的应用。

下面是具体的操作步骤。

1 单击"新建"按钮，弹出"选择样板"对话框。通过"选择样板"对话框选择 "TSM_练习样板.dwt"文件（位于网盘资料的"图形样板"文件夹中），单击"打开"按钮。使用"草图与注释"工作空间。

2 如果没有出现图 4-99 所示的工具选项板，则需要从功能区"视图"选项卡的"选项板"面板中单击选中"工具选项板"命令，如图 4-100 所示，从而打开工具选项板。

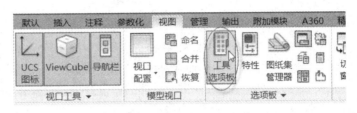

图 4-99 工具选项板-所有选项板　　　　　　图 4-100 选中"工具选项板"工具

知识点拨：也可以按〈Ctrl+3〉组合键快速打开或关闭工具选项板。

③ 在工具选项板中选择"机械"工具选项卡，接着从"机械"工具选项卡中选择"带肩螺钉-公制"样例。

④ 将鼠标光标移动至绘图区域，带肩螺钉图形依附着光标，在需要放置的地方单击，则放置了该带肩螺钉图形块，如图 4-101 所示。

⑤ 在功能区中切换至"默认"选项卡，单击"修改"面板中的"分解"按钮 ，接着选择带肩螺钉图形块，单击鼠标右键或者按〈Enter〉键确认，将该图形块打散。

⑥ 单击"修改"面板中的"缩放"按钮 ，框选整个带肩螺钉图形，按〈Enter〉键，选择图 4-102 所示的端点作为缩放的基点，接着在命令行中输入"缩放比例"为"2"，按〈Enter〉键，则将原图形放大到 2 倍。具体的命令行提示及操作说明如下。

命令: _scale
选择对象: 指定对角点: 找到 13 个　　　　　//框选整个图形
选择对象: ↙
指定基点:　　　　　　　　　　　　　　　//指定图 4-102 所示的端点
指定比例因子或 [复制(C)/参照(R)]: 2↙　　//输入缩放比例系数为 2

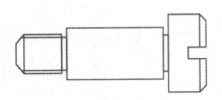

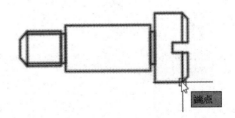

图 4-101 放置的带肩螺钉图形块　　　　　　图 4-102 指定基点

7 使用鼠标左键单击的方式依次选择图 4-103 所示的图形对象，然后在"图层"面板的"图层控制"下拉列表框中选择"粗实线"层，从而将所选线条的线型修改为粗实线。

8 按〈Esc〉键，接着使用鼠标左键单击的方式依次选择图 4-104 所示的图形对象，然后在"图层"面板的"图层控制"下拉列表框中选择"细实线"层，将所选线条的线型修改为细实线。完成后按〈Esc〉键。

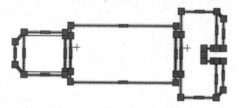

图 4-103　选择对象 1　　　　　　　　　　图 4-104　选择对象 2

9 单击"修改"面板中的"旋转"按钮 ○，框选该带肩螺钉的所有图形，按〈Enter〉键，使用鼠标光标捕捉到图 4-105 所示的中点作为旋转基点，在命令窗口的命令行中输入"180"，按〈Enter〉键。具体的命令行提示及操作说明如下。

```
命令：_rotate
UCS 当前的正角方向：ANGDIR=逆时针　ANGBASE=0
选择对象：指定对角点：找到 13 个              //框选带肩螺钉的所有图形
选择对象：✓                                 //完成对象的选择
指定基点：                                   //选择图 4-105 所示的中点作为旋转基点
指定旋转角度，或 [复制(C)/参照(R)] <0>: 180✓  //输入旋转角度
```

完成本旋转操作所得到的图形如图 4-106 所示。

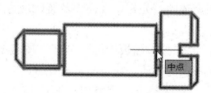
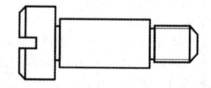

图 4-105　选择旋转基点　　　　　　　　　　图 4-106　旋转结果

10 在"图层"面板的"图层控制"下拉列表框中选择"中心线"层，并确保启用"对象捕捉"模式和"对象捕捉追踪"模式。

11 单击"直线"按钮 ／，使用"对象捕捉"功能捕捉到所需的中点，使用"对象捕捉追踪"功能，将光标追踪至图 4-107 所示的位置处并单击，确定中心线的第 1 点，然后沿着水平虚线一直追踪到图 4-108 所示的大概位置并单击，确定中心线的第 2 点。

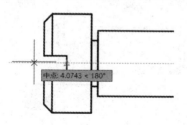
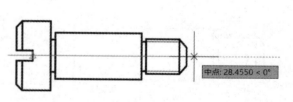

图 4-107　指定第 1 点　　　　　　　　　　图 4-108　指定第 2 点

修改该中心线的线型比例，最后完成的图形如图 4-109 所示。

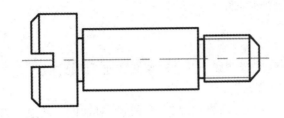

图 4-109 完成的图形

12 按〈Ctrl+S〉组合键，或者单击"保存"按钮 ，弹出"图形另存为"对话框，将该图形保存为"TSM_简单图形绘制实例 5.dwg"。

4.6 简单图形绘制实例 6

本实例要完成的图形如图 4-110 所示，图中未注倒角为 C5（即 5×45°）。

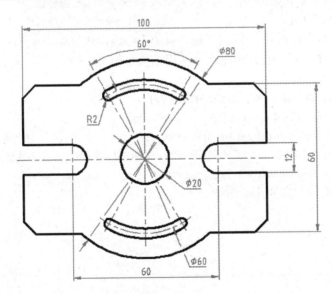

图 4-110 要完成的图形

本实例介绍的主要知识点如下。

● 绘制直线。
● 绘制圆。
● 偏距线的应用。
● 创建倒角。
● 镜像图元。
● 修剪图元。

- 修改线型比例。
- 巧用临时替代的"对象捕捉"。
- 打断图形。
- 标注各类尺寸。
- 折断标注（在标注或延伸线与其他对象交叉处折断标注）。

本实例具体的操作步骤如下。

1 单击"新建"按钮 ，弹出"选择样板"对话框。通过"选择样板"对话框选择"TSM_练习样板.dwt"文件（位于网盘资料中的"图形样板"文件夹内），单击"打开"按钮。本例使用"草图与注释"工作空间。

2 在"图层"面板的"图层控制"下拉列表框中选择"中心线"层。

3 按〈F8〉键，打开"正交"模式。另外，在状态栏中选中"显示/隐藏线宽"按钮 来打开线宽显示模式。

4 单击"直线"按钮 ，根据命令提示执行如下操作。

```
命令: _line
指定第一点:                              //在绘图区域任意指定一点
指定下一点或 [放弃(U)]: @105<0✓        //输入另一端点的相对坐标值
指定下一点或 [放弃(U)]: ✓              //结束绘制一条长为 105 的线段
```

5 单击"直线"按钮 ，绘制一根垂直的中心线，效果如图 4-111 所示。

6 单击"偏移"按钮 ，根据命令行提示执行如下操作。

```
命令: _offset
当前设置: 删除源=否    图层=源   OFFSETGAPTYPE=0
指定偏移距离或 [通过(T)/删除(E)/图层(L)] <2.0000>: 30✓
选择要偏移的对象，或 [退出(E)/放弃(U)] <退出>:                        //选择竖直中心线
指定要偏移的那一侧上的点，或 [退出(E)/多个(M)/放弃(U)] <退出>:      //在竖直中心线右侧单击
选择要偏移的对象，或 [退出(E)/放弃(U)] <退出>:✓
```

创建的偏距中心线如图 4-112 所示。

图 4-111　绘制中心线　　　　　图 4-112　创建偏距中心线

7 使用同样的方法，单击"偏移"按钮 ，增加图 4-113 所示的两条辅助中心线，图中给出了偏移距离。

8 使用同样的方法，单击"偏移"按钮 ，增加图 4-114 所示的一条辅助中心线，图中给出了偏移距离。

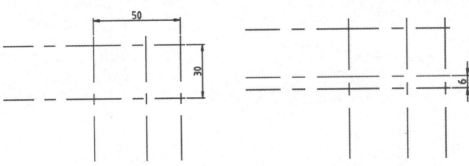

图 4-113 偏移操作 1　　　　　　　图 4-114 偏移操作 2

⑨ 在"图层"面板的"图层控制"下拉列表框中选择"粗实线"层。

⑩ 单击"圆心，半径"按钮 ⊙，根据命令提示执行如下操作。

命令: _circle

指定圆的圆心或 [三点(3P)/两点(2P)/切点、切点、半径(T)]: _int 于

//将光标移至图形窗口，按〈Shift〉键的同时单击鼠标右键，在弹出的图 4-115 所示的快捷菜单中选择"交点"选项，接着使用光标去捕捉并选择图 4-116 所示的交点

指定圆的半径或 [直径(D)]: D✓　　　//选择"直径"选项

指定圆的直径: 20✓　　　　　　　　//输入直径值

绘制的该圆如图 4-117 所示。

图 4-115 通过快捷菜单选择"交点"

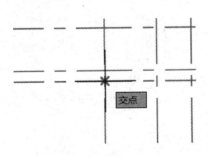

图 4-116 捕捉并选择交点

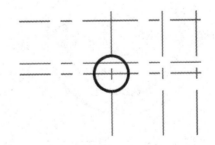

图 4-117 绘制一个圆

⑪ 单击"圆心，直径"按钮 ⊘，根据命令提示执行如下操作。

命令: _circle

指定圆的圆心或 [三点(3P)/两点(2P)/切点、切点、半径(T)]: _int 于

//将光标移至图形窗口，按〈Shift〉键的同时单击鼠标右键，在弹出的快捷菜单中选择"交点"选项，接着使用光标捕捉并选择图 4-118 所示的交点

指定圆的半径或 [直径(D)] <10.0000>: _d

指定圆的直径 <20.0000>: 12✓

绘制的该圆如图 4-119 所示。

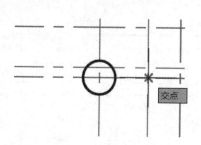

图 4-118 捕捉并选择交点

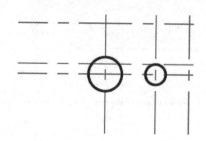

图 4-119 绘制小圆

12 使用同样的方法，单击"圆心，直径"按钮◯来分别绘制直径为 80 和 60 的圆，效果如图 4-120 所示。

13 单击"偏移"按钮凸，根据命令提示执行如下操作。

命令: _offset
当前设置: 删除源=否 图层=源 OFFSETGAPTYPE=0
指定偏移距离或 [通过(T)/删除(E)/图层(L)] <6.0000>: 2✓
选择要偏移的对象，或 [退出(E)/放弃(U)] <退出>:   //选择直径为 60 的圆
指定要偏移的那一侧上的点，或 [退出(E)/多个(M)/放弃(U)] <退出>:   //在该圆内侧单击
选择要偏移的对象，或 [退出(E)/放弃(U)] <退出>:   //选择直径为 60 的圆
指定要偏移的那一侧上的点，或 [退出(E)/多个(M)/放弃(U)] <退出>:   //在该圆外侧单击
选择要偏移的对象，或 [退出(E)/放弃(U)] <退出>:✓

偏移结果如图 4-121 所示。

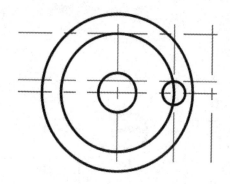

图 4-120 绘制圆

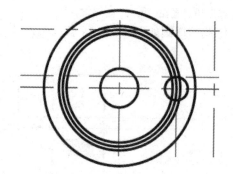

图 4-121 偏移结果

14 单击"直线"按钮╱，根据命令提示执行如下操作。

命令: _line
指定第一点: _cen 于
//将光标移至图形窗口，按〈Shift〉键的同时单击鼠标右键，在弹出的快捷菜单中选择"圆心"选项，选中图 4-122 所示的圆心
指定下一点或 [放弃(U)]: @33.5<120✓   //输入另一点的相对坐标
指定下一点或 [放弃(U)]: ✓
绘制倾斜的直线段如图 4-123 所示。

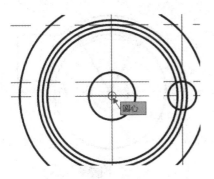
图 4-122　捕捉并选择到圆心

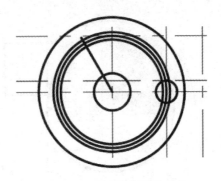
图 4-123　绘制倾斜的直线段

15 单击"圆心，半径"按钮，绘制图 4-124 所示的一个小圆，该圆的半径为 2。

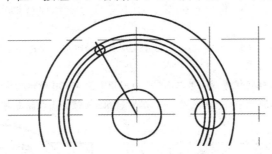
图 4-124　绘制小圆

16 单击"直线"按钮，由选定的辅助交点相连绘制所需的线段，如图 4-125 所示。

17 将不需要的辅助中心线删除，接着单击"修改"面板中的"修剪"按钮，对图形进行修剪处理。初步的修剪结果如图 4-126 所示。

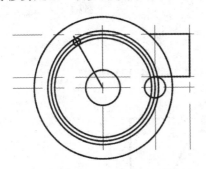
图 4-125　绘制粗实线

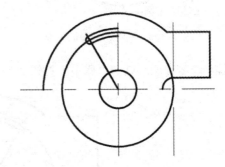
图 4-126　初步的修剪结果

18 镜像操作。单击"镜像"按钮，根据命令行提示执行如下操作。

命令: _mirror
选择对象: 指定对角点: 找到 4 个　　　　//以窗口选择方式选择图 4-127 所示的图形，所选图形完
　　　　　　　　　　　　　　　　　　　　　　　全位于矩形选择框内

选择对象: ↙
指定镜像线的第一点: 指定镜像线的第二点:　//分别指定图 4-128 所示的端点 1 和 2 定义镜像线
要删除源对象吗? [是(Y)/否(N)] <否>:↙　　//按〈Enter〉键，不删除源对象

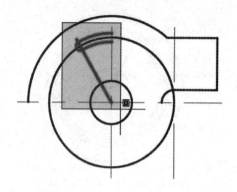
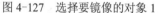

图 4-127　选择要镜像的对象 1

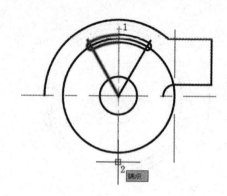

图 4-128　定义镜像线 1

19 镜像操作。单击"镜像"按钮 🔺，根据命令行提示执行如下操作。

命令：_mirror
选择对象：指定对角点：找到 4 个　//框选图 4-129 所示的图形，所选图形完全位于选择框内
选择对象：✓
指定镜像线的第一点：指定镜像线的第二点：　//分别指定图 4-130 所示的端点 1 和 2 定义镜像线
要删除源对象吗？[是(Y)/否(N)] <否>:✓　　　//按〈Enter〉键，不删除源对象

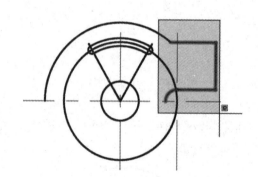

图 4-129　选择要镜像的对象 2

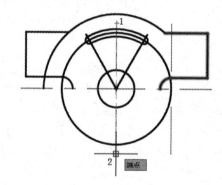

图 4-130　定义镜像线 2

20 修剪对象。单击"修剪"按钮 ⊹，将图形修剪成图 4-131 所示。

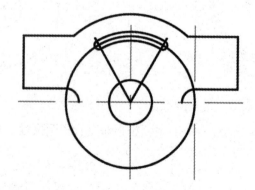

图 4-131　修剪图形

21 镜像操作。单击"镜像"按钮 🔺，根据命令行提示执行如下操作。

命令:_mirror

选择对象: 指定对角点: 找到 17 个　　　　　//选择图 4-132 所示的对象

选择对象: ✓

指定镜像线的第一点: 指定镜像线的第二点:　　//在水平中心线上指定两点定义镜像线

要删除源对象吗? [是(Y)/否(N)] <否>:✓

镜像结果如图 4-133 所示。

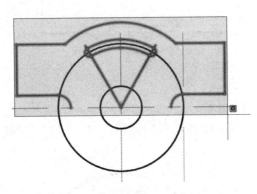

图 4-132　选择要镜像的对象

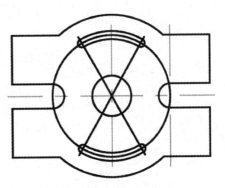

图 4-133　镜像结果

　　22 选择图 4-134 所示的图形对象, 从"图层"面板的"图层控制"下拉列表框中选择"中心线"层。

　　23 补全中心线, 接着选择所有的中心线, 单击"特性"按钮回打开"特性"选项板, 修改线型比例, 例如将中心线的"线型比例"修改为"0.25", 得到的中心线显示效果如图 4-135 所示。

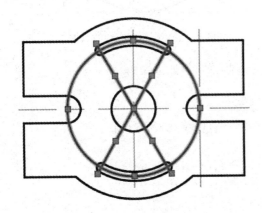

图 4-134　选择图形对象

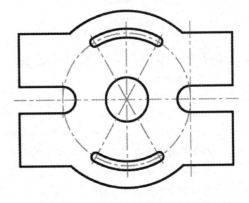

图 4-135　修改中心线的线型比例后的效果

　　24 为了便于进行打断中心线的操作, 临时关闭对象捕捉功能。单击"打断"按钮, 根据命令提示执行如下操作。

命令:_break

选择对象:　　　　　　　　　　　　　　//在图 4-136 所示的位置单击对象

指定第二个打断点 或 [第一点(F)]:　　//在图 4-137 所示的位置单击

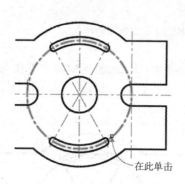

图 4-136　选择对象

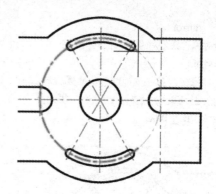

图 4-137　指定第二个打断点

在所选两点之间打断该圆的效果如图 4-138 所示。

㉕ 使用同样的方法，继续进行打断中心线的操作，直到获得图 4-139 所示的图形效果。

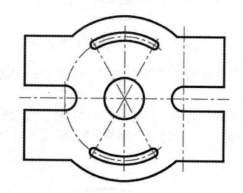

图 4-138　在两点之间打断圆

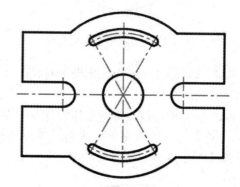

图 4-139　打断中心线的效果

㉖ 倒角操作。单击"倒角"按钮，根据命令提示执行如下操作。

命令: _chamfer

（"修剪"模式）当前倒角距离 1 = 2.0000，距离 2 = 2.0000

选择第一条直线或 [放弃(U)/多段线(P)/距离(D)/角度(A)/修剪(T)/方式(E)/多个(M)]:　T✓

输入修剪模式选项 [修剪(T)/不修剪(N)] <修剪>: T✓

选择第一条直线或 [放弃(U)/多段线(P)/距离(D)/角度(A)/修剪(T)/方式(E)/多个(M)]:　M✓

选择第一条直线或 [放弃(U)/多段线(P)/距离(D)/角度(A)/修剪(T)/方式(E)/多个(M)]:　D✓

指定第一个倒角距离 <2.0000>: 5✓

指定第二个倒角距离 <5.0000>:✓

选择第一条直线或 [放弃(U)/多段线(P)/距离(D)/角度(A)/修剪(T)/方式(E)/多个(M)]:

//选择图 4-140 所示的边 1

选择第二条直线，或按住〈Shift〉键选择要应用角点的直线或 [距离(D)/角度(A)/方法(M)]:

//选择图 4-140 所示的边 2

选择第一条直线或 [放弃(U)/多段线(P)/距离(D)/角度(A)/修剪(T)/方式(E)/多个(M)]:

//选择图 4-140 所示的边 3

选择第二条直线，或按住〈Shift〉键选择要应用角点的直线或 [距离(D)/角度(A)/方法(M)]:

//选择图 4-140 所示的边 4

选择第一条直线或 [放弃(U)/多段线(P)/距离(D)/角度(A)/修剪(T)/方式(E)/多个(M)]:

//选择图 4-140 所示的边 5

选择第二条直线，或按住〈Shift〉键选择要应用角点的直线或 [距离(D)/角度(A)/方法(M)]:

//选择图 4-140 所示的边 6

选择第一条直线或 [放弃(U)/多段线(P)/距离(D)/角度(A)/修剪(T)/方式(E)/多个(M)]:

//选择图 4-140 所示的边 7

选择第二条直线，或按住〈Shift〉键选择要应用角点的直线或 [距离(D)/角度(A)/方法(M)]:

//选择图 4-140 所示的边 8

选择第一条直线或 [放弃(U)/多段线(P)/距离(D)/角度(A)/修剪(T)/方式(E)/多个(M)]: ↙

完成倒角的图形结果如图 4-141 所示。

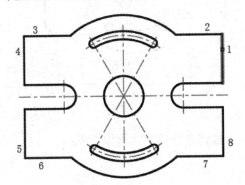

图 4-140 要倒角的边示意

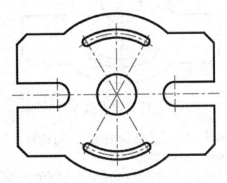

图 4-141 倒角结果

21 将当前图层设置为"标注及剖面线"层。

28 在功能区中切换至"注释"选项卡，接着在"标注"面板中单击"角度标注"按钮 △，执行如下操作。

命令:_dimangular

选择圆弧、圆、直线或 <指定顶点>:   //选择图 4-142 所示的中心线

选择第二条直线: //选择图 4-143 所示的中心线

指定标注弧线位置或 [多行文字(M)/文字(T)/角度(A)/象限点(Q)]:   //在图 4-144 所示的位置放置

标注文字 = 60

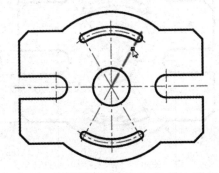

图 4-142 选择组成夹角的第一条线

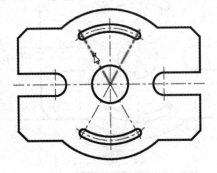

图 4-143 选择组成夹角的第二条线

🐶 分别单击"标注"面板中的"线性标注"按钮├┤、"半径标注"按钮◎和"直径标注"按钮◎来创建所需的尺寸标注，注意标注时打开对象捕捉模式。标注尺寸的图形效果如图 4-145 所示。

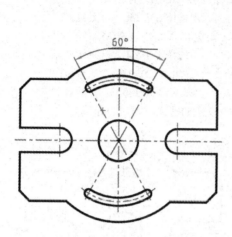

图 4-144 放置角度尺寸

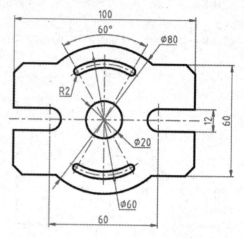

图 4-145 标注尺寸

🐶 "标注"面板中单击"打断标注"按钮，根据命令提示执行如下操作。

命令: _DIMBREAK

选择要添加/删除折断的标注或 [多个(M)]: M✓

选择标注: 找到 1 个

选择标注: 找到 1 个, 总计 2 个

选择标注: 找到 1 个, 总计 3 个　　　　//一共选择的要打断的标注如图 4-146 所示

选择标注: ✓

选择要折断标注的对象或 [自动(A)/删除(R)] <自动>: ✓

3 个对象已修改

执行打断标注得到的效果如图 4-147 所示。

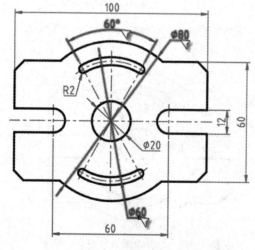

图 4-146 选择要打断的标注

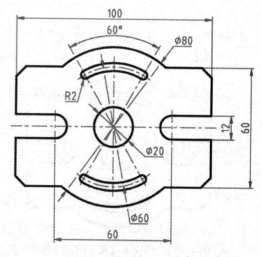

图 4-147 打断标注的效果

31 按〈Ctrl+S〉组合键，或者单击"保存"按钮![button]，系统弹出"图形另存为"对话框，将该图形保存为"TSM_简单图形绘制实例6.dwg"文件。

4.7 本章点拨

本章详细地介绍了 6 个简单图形的绘制实例，让读者在设计环境中深入学习 AutoCAD 2017 绘图工具（命令）、编辑工具（命令）和标注工具（命令）的使用方法及其使用技巧。每一个实例都侧重于不同的知识点，而且这些知识点在实际设计工作中应用的频率是比较高的。

在学习本章的相关实例时，一定要注意相关图层的应用，注意图形的整洁程度，注意养成良好的绘图习惯。

4.8 思考与特训练习

（1）简述创建偏移线的方法、步骤，可以举例进行说明。

（2）比较一下，"打断"按钮![button]和"打断于点"按钮![button]的功能有什么不同，它们的操作步骤有什么异同？请举例进行说明。

（3）在使用 AutoCAD 2017 进行设计时，巧用键盘上的〈F1〉〈F2〉〈F3〉〈F4〉〈F5〉〈F6〉〈F7〉〈F8〉〈F9〉〈F10〉〈F12〉等快捷键，可以在一定程度上减少操作时间，请在新建的或者打开的一个 AutoCAD 文档中，分别单击上述功能键，观察其对应的功能。

（4）如何关闭图层？

（5）在 AutoCAD 2017 中，阵列主要有哪几种类型？

（6）在 AutoCAD 2017 中新建一个图形文件，绘制图 4-148 所示的图形。在本书网盘资料的"CH4"文件夹中提供了参考文件，文件名为 TSM_4_1.DWG。

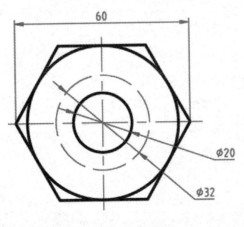

图 4-148　练习图形

（7）在 AutoCAD 2017 中新建一个图形文件，绘制图 4-149 所示的图形。在本书网盘资料的"CH4"文件夹中提供了参考文件，文件名为 TSM_4_2.DWG。

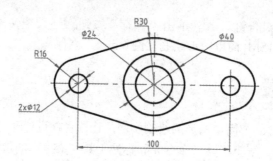

图 4-149　练习图形

（8）在 AutoCAD 2017 中新建一个图形文件，绘制图 4-150 所示的图形。在本书网盘资料的"CH4"文件夹中提供了参考文件，文件名为 TSM_4_3.DWG。

（9）在 AutoCAD 2017 中新建一个图形文件，绘制图 4-151 所示的图形，具体尺寸由读者自行选择。在本书网盘资料的"CH4"文件夹中提供了参考文件，文件名为 TSM_4_4.DWG。

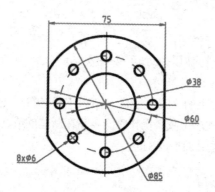

图 4-150　练习图形

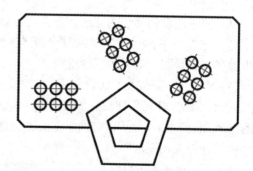

图 4-151　练习图形

第5章 绘制三视图基础实例

本章导读:

　　在绘制机械图样时,将机件向投影面投影所得到的图形称为视图,而机件在三投影面体系中分别向三个投影面投影所得到的图形便是三视图。本章将详细介绍几个简单零件的三视图绘制实例,侧重点在于掌握使用AutoCAD 2017绘制零件三视图的基础知识。

5.1 绘制回转体的三视图实例

本实例要完成的回转体的三视图如图5-1所示。

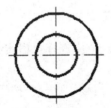

图5-1　要完成的三视图

本实例涉及的主要知识点如下。

● 绘制圆。
● 建立投影辅助线。
● "对象捕捉追踪"模式的应用。
● 三视图间的投影关系。
● 复制对象。

本实例的具体操作步骤如下。

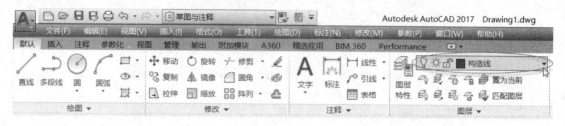 在"快速访问"工具栏中单击"新建"按钮，弹出"选择样板"对话框。通过"选择样板"对话框来选择网盘资料"图形样板"文件夹中的"TSM_制图样板.dwt"文件，单击"打开"按钮。注意：本例使用"草图与注释"工作空间，即在"快速访问"工具栏的"工作空间"下拉列表框中选择"草图与注释"工作空间选项。

在功能区"默认"选项卡的"图层"面板中，从"图层控制"下拉列表框中选择"构造线"层，如图 5-2 所示。定义的该"构造线"层将作为辅助线层。

图 5-2　选择"构造线"层

按〈F8〉键启用正交模式。

在"绘图"面板中单击"构造线"按钮，绘制一条水平构造线和一条垂直构造线，如图 5-3 所示，绘制的构造线将作为辅助线。

图 5-3　构造线

在"图层"面板的"图层控制"下拉列表框中选择"粗实线"层，接着在状态栏中单击"显示/隐藏线宽"按钮以设置显示线宽。

绘制俯视图。在"绘图"面板中单击"圆心，直径"按钮，选择两条构造线的交点作为圆心，分别绘制直径为 100 和 50 的同心圆，如图 5-4 所示。

绘制圆的命令行提示及具体的操作说明如下。

命令: _circle　　　　　　　　　　　　　　　　　　//单击"圆心，直径"按钮
指定圆的圆心或 [三点(3P)/两点(2P)/切点、切点、半径(T)]:　//选择构造线的中点作为圆心
指定圆的半径或 [直径(D)]: _d 指定圆的直径: 100↙　　//输入直径值

命令: _circle　　　　　　　　　　　　　　　　　　//单击"圆心，直径"按钮
指定圆的圆心或 [三点(3P)/两点(2P)/切点、切点、半径(T)]:　//选择两条构造线的交点作为圆心
指定圆的半径或 [直径(D)] <50.0000>: _d 指定圆的直径 <100.0000>: 50↙　　//输入直径值

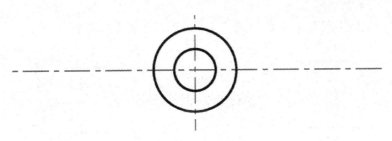

图 5-4　绘制同心圆

1 在状态栏中，确保启用"对象捕捉"模式和"对象捕捉追踪"模式，如图 5-5 所示。

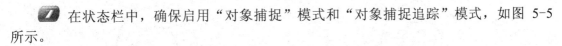

图 5-5　状态栏

8 单击"直线"按钮 ✐，将十字光标移至大圆与水平构造线的左交点处（也即大圆的左象限点，切勿单击），接着竖直向上移动十字光标，并确保十字光标在以虚线显示的追踪线（导航线）上，在合适的地方单击确定直线段的第 1 点，如图 5-6 所示；将十字光标移至大圆与水平构造线的右交点（也即大圆的右象限点）处进行捕捉（切勿单击），接着往上移动十字光标，如图 5-7 所示，单击鼠标左键确定该直线段的第 2 端点。单击鼠标右键，并从弹出的快捷菜单中选择"确认"命令选项。

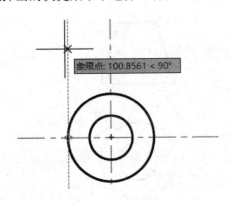

图 5-6　使用对象捕捉追踪确定第 1 点

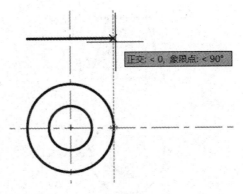

图 5-7　使用对象捕捉追踪确定第 2 点

9 单击"偏移"按钮 ⬚，根据命令行提示执行以下操作。

```
命令：_offset
当前设置：删除源=否 图层=源 OFFSETGAPTYPE=0
指定偏移距离或 [通过(T)/删除(E)/图层(L)] <通过>：80↙          //输入偏移距离
选择要偏移的对象，或 [退出(E)/放弃(U)] <退出>：               //选择水平直线段
指定要偏移的那一侧上的点，或 [退出(E)/多个(M)/放弃(U)] <退出>： //在水平直线段的上方单击
选择要偏移的对象，或 [退出(E)/放弃(U)] <退出>：↙
```

此时，图形如图 5-8 所示。

10 在"图层"面板的"图层控制"下拉列表框中选择"构造线"层。接着在"绘图"

面板中单击"构造线"按钮 ✎，绘制图 5-9 所示的两条辅助构造线。

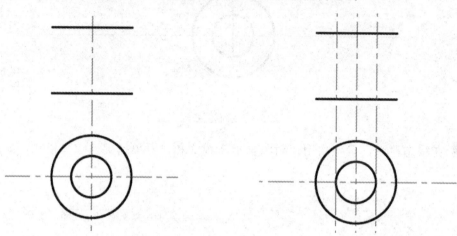

图 5-8　绘制的图形　　　　　　　　　　　图 5-9　绘制辅助构造线

11 在"图层"面板的"图层控制"下拉列表框中选择"粗实线"层。注意此时关闭正交模式。在"绘图"面板中单击"直线"按钮 ✎，绘制主视图中的两条轮廓线，如图 5-10 所示。

12 在"修改"面板中单击"修剪"按钮 ✕，将主视图中不需要的线条删除，修剪结果如图 5-11 所示。

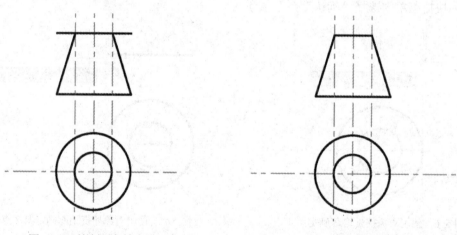

图 5-10　绘制两条轮廓线　　　　　　　　　图 5-11　修剪对象

13 框选主视图中的梯形轮廓线（粗实线），在"修改"面板中单击"复制"按钮 ✎，进行如下操作（注意确保启用正交模式）。

命令: _copy 找到 4 个

当前设置: 复制模式 = 单个

指定基点或 [位移(D)/模式(O)/多个(M)] <位移>:　　　　　　　//选择图 5-12 所示的中点作为基点

指定第二个点或 [阵列(A)] <使用第一个点作为位移>: <正交 开>

//按〈F8〉键启用正交模式，接着向右移动光标，在适当的位置处单击

得到的左视图如图 5-13 所示。

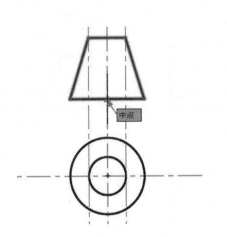

图 5-12 指定移动基点 图 5-13 建立左视图

14 在"图层"面板的"图层控制"下拉列表框中，将"构造线"层设置为关闭状态。关闭"构造线"层后的图形如图 5-14 所示。

15 在"图层"面板的"图层控制"下拉列表框中选择"中心线"层。

16 在"绘图"面板中单击"直线"按钮✑，利用对象捕捉功能和对象捕捉追踪功能，在 3 个视图中添加中心线，完成结果如图 5-15 所示。

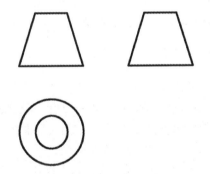

图 5-14 关闭"构造线"层 图 5-15 完成的三视图

在此步骤中，也可以使用 AutoCAD 2017 中的"中心线"按钮∅（CENTERLINE 命令）和"圆心标记"按钮⊕（CENTERMARK 命令）来为相关对象创建关联的中心线和圆心标记中心线。在创建关联的中心线之前，可以先在命令行中进行以下设置来控制中心线延伸的长度。CENTEREXE 系统变量仅适用于使用 CENTERMARK 命令和 CENTERLINE 命令创建的中心线延伸的长度，此系统变量仅接受正实数。

命令: CENTEREXE✓
输入 CENTEREXE 的新值 <0.1200>: 5✓

5.2 由组合体立体图绘制三视图实例 1

本实例要测绘的组合体如图 5-16 所示。最终完成的三视图如图 5-17 所示。

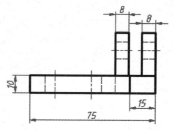

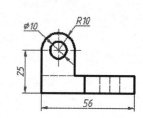

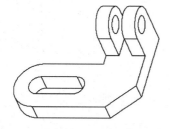

图 5-16　组合体立体图

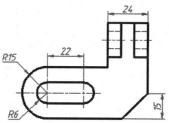

图 5-17　要完成的三视图

本实例涉及的主要知识点如下。

- 绘制矩形。
- 绘制直线。
- 辅助线的应用。
- "对象捕捉"模式和"对象捕捉追踪（简称对象追踪）"模式的应用。
- 三视图间的投影关系。

本实例具体的操作步骤如下。

　　❶　单击"新建"按钮，弹出"选择样板"对话框。通过"选择样板"对话框来选择网盘资料"图形样板"文件夹中的"TSM_制图样板.dwt"文件，单击"打开"按钮。

　　❷　切换到"草图与注释"工作空间，在功能区"默认"选项卡的"图层"面板中，从"图层控制"下拉列表框中选择"粗实线"层，另外设置打开线宽显示模式。

　　❸　单击"绘图"面板中的"矩形"按钮，根据命令行提示执行以下操作。

命令: _rectang

指定第一个角点或 [倒角(C)/标高(E)/圆角(F)/厚度(T)/宽度(W)]:　　　//在绘图区域单击一点

指定另一个角点或 [面积(A)/尺寸(D)/旋转(R)]: D✓　　　　　　　　//选择"尺寸"选项

指定矩形的长度 <10.0000>: 75✓　　　　　　　　　　　　　　　//输入矩形的长度

指定矩形的宽度 <10.0000>: 10✓　　　　　　　　　　　　　　　//输入矩形的宽度

指定另一个角点或 [面积(A)/尺寸(D)/旋转(R)]:　　　　　　　　　//在第 1 角点右上方区域单击

绘制的矩形如图 5-18 所示。

　　❹　启用"对象捕捉"模式和"对象捕捉追踪"模式。

　　❺　单击"绘图"面板中的"直线"按钮，根据命令行提示执行以下操作。

命令: _line

指定第一点:　　　　　　　　　　　　　　　　　　　　　　　//捕捉并选择到矩形右上角点

指定下一点或 [放弃(U)]: @25<90✓　　　　　　　　　　　　　//输入相对坐标

指定下一点或 [放弃(U)]: @8<180✓　　　　　　　　　　　　　//输入相对坐标

指定下一点或 [闭合(C)/放弃(U)]: @25<270✓　　　　　　　　　//输入相对坐标

指定下一点或 [闭合(C)/放弃(U)]: ∠ //结束直线的绘制

此时，主视图的线条如图 5-19 所示。

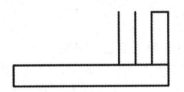

图 5-18 绘制的矩形

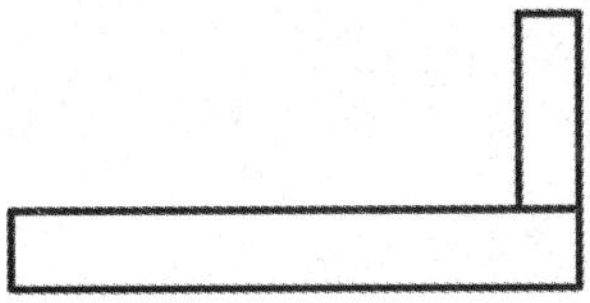

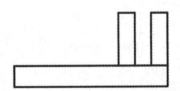

图 5-19 绘制轮廓线

6 在"修改"面板中单击"偏移"按钮 ，绘制图 5-20 所示的两条偏移线，相应的间距均为 8。

7 单击"绘图"面板中的"直线"按钮 ，连接两个端点绘制一条直线段，效果如图 5-21 所示。

图 5-20 绘制偏移线

图 5-21 绘制直线段

8 单击"绘图"面板中的"直线"按钮 ，将鼠标指针置于绘图窗口中，按住〈Shift〉键的同时单击鼠标右键，接着从弹出的快捷菜单中选择"自"命令，如图 5-22 所示，然后在图形中单击端点 A，在命令行中输入"@15<180"并按〈Enter〉键以指定自端点 A 向左水平偏移 15 的 B 点作为直线的第一个点（起点）。此时启用正交模式，注意使用对象捕捉和对象捕捉追踪功能，指定图 5-23 所示的第 2 端点。

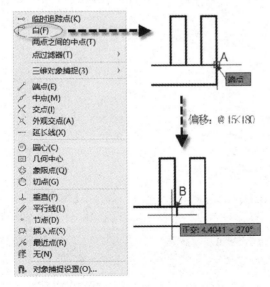

图 5-22 指定直线的第一点（起点）

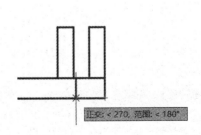

图 5-23 指定第 2 端点

绘制好该轮廓线的主视图如图 5-24 所示。

⑨ 在"图层"面板的"图层控制"下拉列表框中选择"构造线"层。

⑩ 单击"绘图"面板中的"构造线"按钮 ✐，根据主视图各轮廓线绘制图 5-25 所示的用作辅助线的构造线。

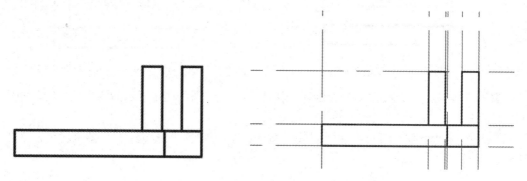

图 5-24　主视图　　　　　　　　　　　　　图 5-25　绘制辅助构造线

⑪ 在"图层"面板的"图层控制"下拉列表框中选择"粗实线"层。

⑫ 单击"绘图"面板中的"直线"按钮 ✐，在距离主视图适当的位置处，根据辅助线绘制俯视图的一条直线，如图 5-26 所示。

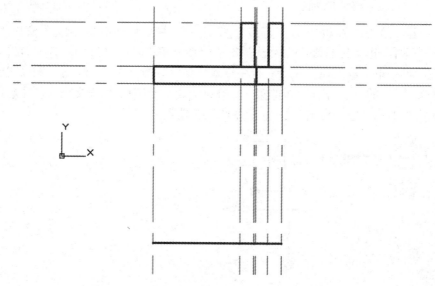

图 5-26　绘制俯视图的一条直线

⑬ 在"修改"面板中单击"偏移"按钮 ⬉，根据命令行提示执行以下操作。

命令: _offset
当前设置: 删除源=否　图层=源　OFFSETGAPTYPE=0
指定偏移距离或 [通过(T)/删除(E)/图层(L)] <8.0000>: 56✓　　　　　//输入偏移距离
选择要偏移的对象，或 [退出(E)/放弃(U)] <退出>:　　　　　　　　//选择俯视图的直线
指定要偏移的那一侧上的点，或 [退出(E)/多个(M)/放弃(U)] <退出>:　//在该直线的上方单击
选择要偏移的对象，或 [退出(E)/放弃(U)] <退出>:✓

命令: _offset   //单击"偏移"按钮

当前设置: 删除源=否　图层=源　OFFSETGAPTYPE=0

指定偏移距离或 [通过(T)/删除(E)/图层(L)] <56.0000>: 20✓   //输入偏移距离

选择要偏移的对象，或 [退出(E)/放弃(U)] <退出>:   //选择刚偏移而得的直线

指定要偏移的那一侧上的点，或 [退出(E)/多个(M)/放弃(U)] <退出>:   //在该偏移直线的下方区域单击

选择要偏移的对象，或 [退出(E)/放弃(U)] <退出>:✓

绘制的两条偏移直线如图 5-27 所示。

14 在"修改"面板中单击"偏移"按钮，使用同样的方法，在俯视图中，由最下方的直线往上偏移 15 创建直线，然后将创建的该直线线型更改为中心线，即将该直线所在的层改为"中心线"层，图形效果如图 5-28 所示。

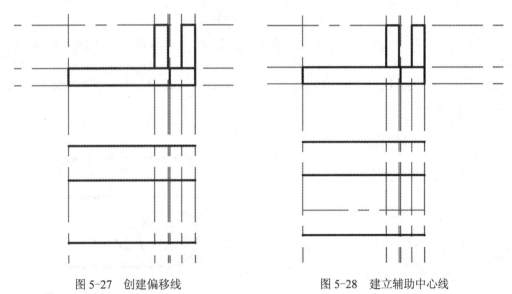

图 5-27　创建偏移线　　　　　　　　　　图 5-28　建立辅助中心线

15 在"修改"面板中单击"偏移"按钮，根据命令行提示进行以下操作。

命令: _offset

当前设置: 删除源=否　图层=源　OFFSETGAPTYPE=0

指定偏移距离或 [通过(T)/删除(E)/图层(L)] <15.0000>: 60✓   //输入偏移距离

选择要偏移的对象，或 [退出(E)/放弃(U)] <退出>:   //选择最右侧的竖直辅助构造线

指定要偏移的那一侧上的点，或 [退出(E)/多个(M)/放弃(U)] <退出>:   //在指定构造线的左侧区域单击

选择要偏移的对象，或 [退出(E)/放弃(U)] <退出>:✓

命令: _offset   //单击"偏移"按钮

当前设置: 删除源=否　图层=源　OFFSETGAPTYPE=0

指定偏移距离或 [通过(T)/删除(E)/图层(L)] <60.0000>: 22✓   //输入偏移距离

选择要偏移的对象，或 [退出(E)/放弃(U)] <退出>:   //选择刚建立的辅助构造线

指定要偏移的那一侧上的点，或 [退出(E)/多个(M)/放弃(U)] <退出>:   //在该构造线右侧区域单击

选择要偏移的对象，或 [退出(E)/放弃(U)] <退出>:✓

建立的两条辅助构造线如图 5-29 所示。

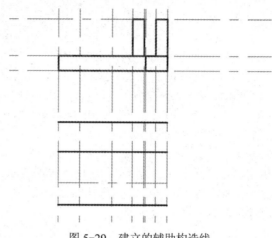

图 5-29　建立的辅助构造线

16 单击"绘图"面板中的"圆心，半径"按钮 ⊙，在俯视图中，绘制图 5-30 所示的一个圆，该圆半径为 15。

17 使用同样的方法，单击"圆心，半径"按钮 ⊙，在俯视图中分别绘制图 5-31 所示的两个半径均为 6 的小圆。

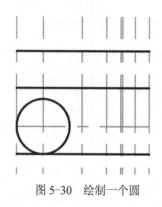

图 5-30　绘制一个圆

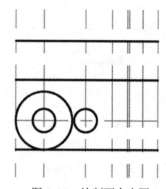

图 5-31　绘制两个小圆

18 在"绘图"面板中单击"直线"按钮 ⁄，在俯视图中连接相应的端点来绘制直线段，如图 5-32 所示。绘制好相应的线段后，可以关闭"构造线"层（即在"图层"面板的"图层控制"下拉列表框中单击"构造线"层的"开关图层"图标），此时俯视图如图 5-33 所示。

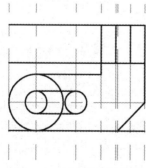

图 5-32　绘制连接轮廓线

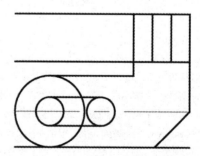

图 5-33　关闭"构造线"层时

19 单击"修改"面板中的"修剪"按钮 ⊣┥，将俯视图中不需要的线段修剪掉，并调整俯视图中现存中心线的线型比例及长度，最后得到的俯视图如图 5-34 所示。

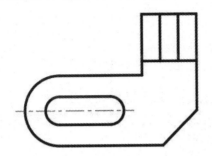

图 5-34 修剪后的俯视图

20 通过"图层"面板的"图层控制"下拉列表框再次打开"构造线"层。

21 单击"修改"面板中的"偏移"按钮 ⊕，根据命令行提示执行如下操作。

命令: _offset
当前设置: 删除源=否 图层=源 OFFSETGAPTYPE=0
指定偏移距离或 [通过(T)/删除(E)/图层(L)] <22.0000>: 25↙ //输入偏移距离
选择要偏移的对象，或 [退出(E)/放弃(U)] <退出>: //在主视图中选择其最下方的水平构造线
指定要偏移的那一侧上的点，或 [退出(E)/多个(M)/放弃(U)] <退出>:
//在该水平构造线的上方区域单击
选择要偏移的对象，或 [退出(E)/放弃(U)] <退出>:↙
建立的水平辅助线（箭头所指）如图 5-35 所示。

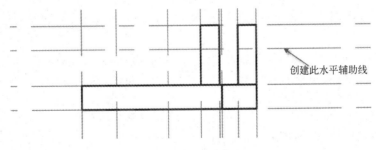

创建此水平辅助线

图 5-35 建立水平辅助线

22 从"图层控制"下拉列表框中选择"构造线"层，接着单击"绘图"面板中的"构造线"按钮 ⟋，在放置左视图的适当位置处绘制一条竖直的构造线，如图 5-36 所示（图中箭头所指的竖直构造线）。

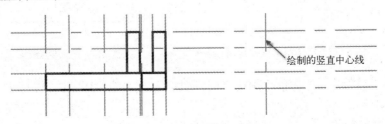

绘制的竖直中心线

图 5-36 绘制竖直构造线

23 在"图层"面板的"图层控制"下拉列表框中选择"粗实线"层。

24 单击"绘图"面板中的"圆心,半径"按钮⊘,绘制图 5-37 所示的同心圆,其半径分别为 5 和 10。

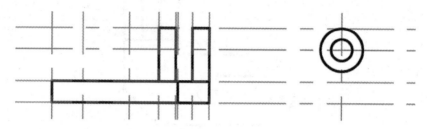

图 5-37 绘制同心圆

25 单击"绘图"面板中的"直线"按钮✏,在左视图区域绘制图 5-38 所示的两段直线段。

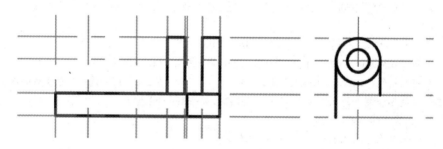

图 5-38 绘制直线段

26 单击"绘图"面板中的"直线"按钮✏,根据命令行提示执行如下操作。

命令: _line
指定第一点: //选择图 5-39 所示的交点
指定下一点或 [放弃(U)]: @56<0✓   //输入相对坐标
指定下一点或 [放弃(U)]: @10<90✓   //输入相对坐标
指定下一点或 [闭合(C)/放弃(U)]:   //选择图 5-40 所示的端点
指定下一点或 [闭合(C)/放弃(U)]: ✓

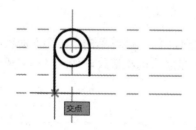

图 5-39 指定第 1 点

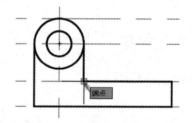

图 5-40 选择端点绘制直线

27 单击"修改"面板中的"偏移"按钮⊜,根据命令行提示执行如下操作。

命令: _offset
当前设置: 删除源=否   图层=源   OFFSETGAPTYPE=0

指定偏移距离或 [通过(T)/删除(E)/图层(L)] <25.0000>: 30✓　　　//输入偏移距离

选择要偏移的对象，或 [退出(E)/放弃(U)] <退出>:　　　　　　//选择左视图最右边的轮廓线

指定要偏移的那一侧上的点，或 [退出(E)/多个(M)/放弃(U)] <退出>:　//在所选边的左侧区域单击

选择要偏移的对象，或 [退出(E)/放弃(U)] <退出>:✓

此时可以通过"图层"面板的"图层控制"下拉列表框来关闭"构造线"层，得到的左视图如图 5-41 所示。

28 单击"修改"面板中的"修剪"按钮 ✚，将左视图中不需要的线段修剪掉，得到的左视图如图 5-42 所示。

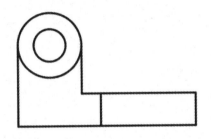

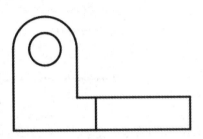

图 5-41　关闭"构造线"层后的效果　　　　　图 5-42　修剪左视图

29 在"图层"面板的"图层控制"下拉列表框中选择"中心线"层。

30 单击"绘图"面板中的"直线"按钮 ✎，结合"对象捕捉"功能和"对象捕捉追踪"功能，在三视图中绘制所需要的中心线，并统一修改中心线的线型比例，得到的效果如图 5-43 所示。

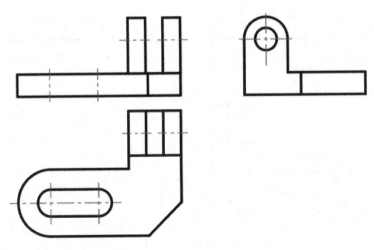

图 5-43　给三视图添加中心线

31 在"图层"面板的"图层控制"下拉列表框中选择"细虚线"层。

32 单击"绘图"面板中的"直线"按钮 ✎，结合"对象捕捉"功能和"对象追踪"功能，在三视图中绘制所需要的虚线。另外，使用偏移工具、修剪工具和"特性"工具等在俯视图和左视图中来完成表示其他被遮挡轮廓线的虚线。最后通过"特性"选项板设置虚线的合适线型比例，如设置线型比例为 0.35。得到的三视图如图 5-44 所示。

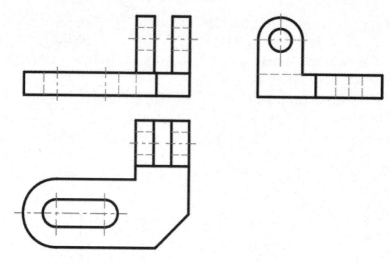

图5 44 绘制所需要的虚线

❸❸ 将当前图层设置为"标注及剖面线"层。

❸❹ 切换至功能区的"注释"选项卡，接着使用"标注"面板中的标注工具标注尺寸，标注结果如图5-45所示。

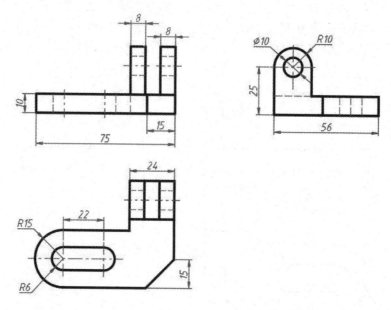

图5-45 标注尺寸

❸❺ 按〈Ctrl+S〉组合键来保存文件。可以查看网盘资料中该章关于本实例的参考文件。

5.3 由组合体立体图绘制三视图实例2

本实例要绘制的组合体如图5-46所示。

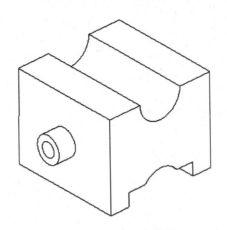

图 5-46　组合体立体图

最终完成的三视图如图 5-47 所示（显示线宽）。

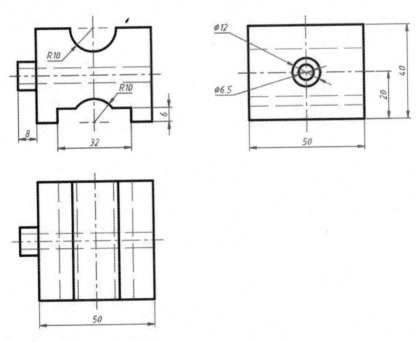

图 5-47　本例完成的三视图

本实例涉及的主要知识点如下。

● 绘制构造线。

● 绘制直线。

● 绘制圆。

● 复制对象。

● 图层的应用。

● "对象捕捉"模式和"对象捕捉追踪"模式的应用。

● 三视图间的投影关系。

本实例具体的操作步骤如下。

1️⃣ 单击"新建"按钮🗋，弹出"选择样板"对话框。通过"选择样板"对话框来选择位于网盘资料中的"图形样板"文件夹中的"TSM_制图样板.dwt"文件，单击"打开"按钮。

2️⃣ 在"图层"面板的"图层控制"列表框中选择"构造线"层，并在状态栏中开启正交模式，以及打开线宽显示模式。

3️⃣ 单击"绘图"面板中的"构造线"按钮✏️，绘制一条水平构造线和一条竖直构造线，如图 5-48 所示。

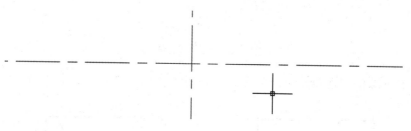

图 5-48 建立辅助构造线

4️⃣ 在"修改"面板中单击"偏移"按钮🗃️，在竖直构造线的两侧各偏移 25 来创建相应的构造线，如图 5-49 所示。

5️⃣ 单击"偏移"按钮🗃️，在水平构造线上方 40 处创建一条偏移构造线，如图 5-50 所示。

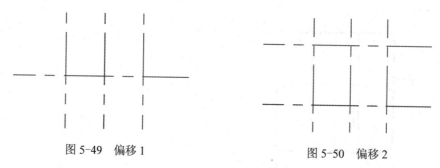

图 5-49 偏移 1   图 5-50 偏移 2

6️⃣ 单击"偏移"按钮🗃️，在位于中心位置处的竖直构造线的两侧各偏移 16 来创建构造线，如图 5-51 所示。

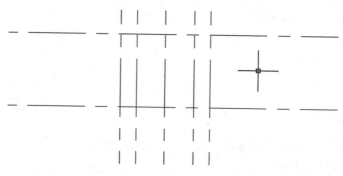

图 5-51 以偏移方式建立绘图辅助线

7 单击"偏移"按钮🗗，创建图 5-52 所示的箭头所指的辅助线，它偏移最下面的水平构造线的距离值为 6。

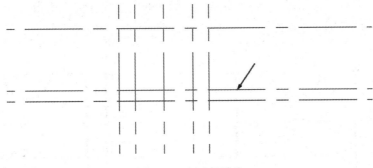

图 5-52 创建辅助线

8 在"图层"面板的"图层控制"下拉列表框中选择"粗实线"层。

9 单击"绘图"面板中的"圆心，直径"按钮⊘，在主视图中绘制直径均为 20 的两个圆，如图 5-53 所示。

10 单击"绘图"面板中的"直线"按钮╱，由各辅助线的相应交点来进行连线，绘制出主视图需要的大致轮廓线，如图 5-54 所示。

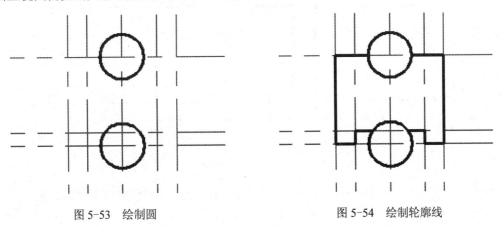

图 5-53 绘制圆   图 5-54 绘制轮廓线

11 单击"修改"面板中的"修剪"按钮╱，将主视图中将不需要的粗实线删除，效果如图 5-55 所示。

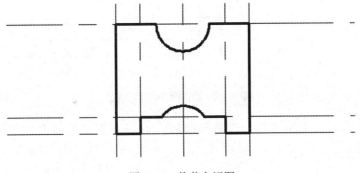

图 5-55 修剪主视图

12 单击"偏移"按钮 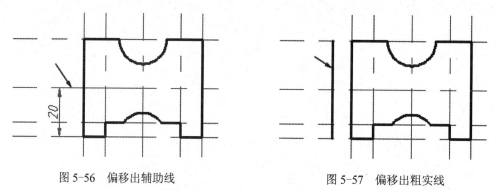，由最下方的水平构造线偏移出图 5-56 所示的辅助线（箭头所指）。

13 单击"偏移"按钮 ，创建图 5-57 所示的粗实线（箭头所指），该粗实线到相邻竖直粗实线的距离为 8。

图 5-56　偏移出辅助线　　　　　　　　图 5-57　偏移出粗实线

14 单击"偏移"按钮 ，创建图 5-58 所示的两条辅助线，分别距指定的水平构造线偏移 6。

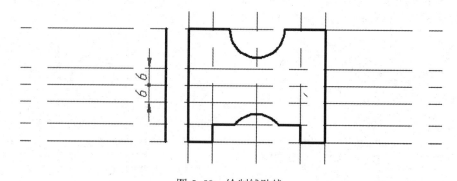

图 5-58　绘制辅助线

15 单击"绘图"面板中的"直线"按钮 ，绘制图 5-59 所示的两处粗实线。

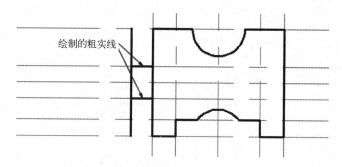

绘制的粗实线

图 5-59　绘制两小段粗实线

16 使用"修改"面板中的"修剪"按钮 ，将不需要的粗实线部分裁剪掉，得到图 5-60 所示的主视图。

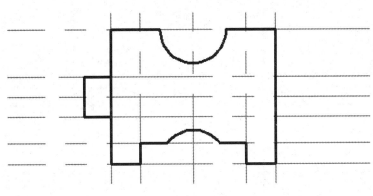

图 5-60 主视图

单击"矩形"按钮，在主视图的下方适当位置绘制一个长宽均为 50 的矩形，如图 5-61 所示。其命令行提示及操作说明如下。

命令: _rectang
指定第一个角点或 [倒角(C)/标高(E)/圆角(F)/厚度(T)/宽度(W)]:
//在图 5-61 所示的竖直辅助线上单击 A 点
指定另一个角点或 [面积(A)/尺寸(D)/旋转(R)]: @50,-50↙
//通过输入相对坐标来指定另一个角点 B

选择要复制的对象，如图 5-62 所示，接着单击"复制"按钮，根据命令行提示执行如下操作。

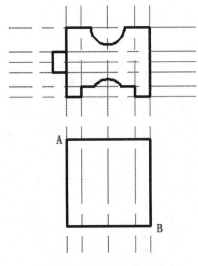

图 5-61 绘制矩形

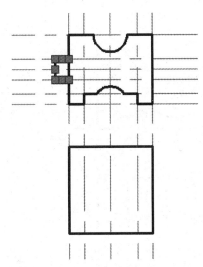

图 5-62 选择要复制的对象

命令: _copy 找到 3 个
当前设置: 复制模式 = 多个
指定基点或 [位移(D)/模式(O)] <位移>:　　　　//选择图 5-63 所示的中点作为基点
指定第二个点或 [阵列(A)] <使用第一个点作为位移>:　//选择图 5-64 所示的中点
指定第二个点或 [阵列(A)/退出(E)/放弃(U)] <退出>:↙

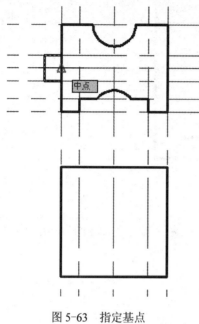

图 5-63　指定基点

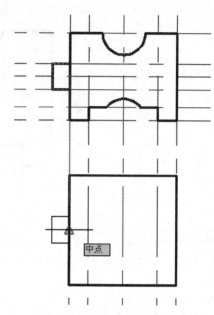

图 5-64　指定复制放置位置

19 单击"绘图"面板中的"直线"按钮，结合"对象捕捉"功能和"对象捕捉追踪"功能，在俯视图中绘制分别绘制两条轮廓线，如图 5-65 所示。

20 单击"绘图"面板中的"直线"按钮，在主视图右侧适当的位置处绘制一条直线，如图 5-66 所示。

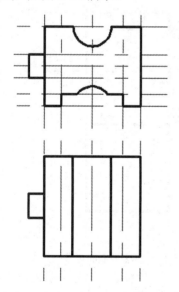

图 5-65　绘制俯视图中的轮廓线

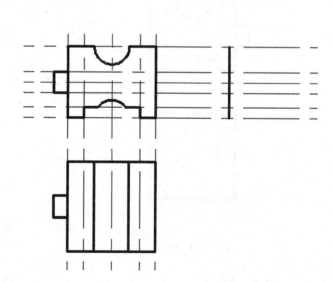

图 5-66　绘制左视图的一条轮廓线

21 在"修改"面板中单击"偏移"按钮，在左视图中，由绘制的其中第 1 条轮廓线向右偏移 50 绘制一条轮廓线，如图 5-67 所示。

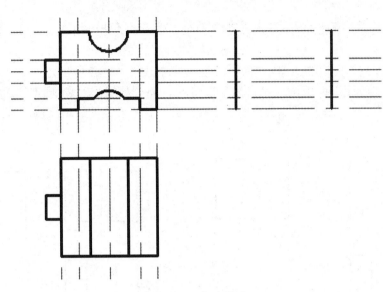

图 5-67 偏移结果

22 单击"绘图"面板中的"直线"按钮，绘制两条轮廓线，如图 5-68 所示。

23 确保启用"对象捕捉"和"对象捕捉追踪"功能，单击"绘图"面板中的"圆心，直径"按钮，将光标移动到左视图中的上轮廓线，捕捉其中点（切勿单击，捕捉到上轮廓线中点时，系统会在中点处显示一个三角形标志），然后竖直向下移动并在图 5-69 所示的交点处单击，以指定该单击点作为圆心位置，然后输入圆的直径为"12"，从而完成绘制一个直径为 12 的圆。

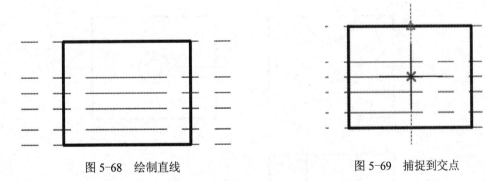

图 5-68 绘制直线   图 5-69 捕捉到交点

24 单击"绘图"面板中的"圆心，直径"按钮，在左视图中绘制一个直径为 6.5 的同心圆，如图 5-70 所示。

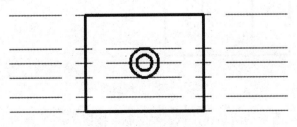

图 5-70 绘制同心圆

㉕ 在"图层"面板的"图层控制"下拉列表中设置关闭"构造线"层，此时，三视图如图 5-71 所示。

㉖ 在"图层"面板的"图层控制"下拉列表中选择"中心线"层。

㉗ 单击"绘图"面板中的"直线"按钮，充分使用"对象捕捉"功能和"对象捕捉追踪"功能，在三视图中添加合适的中心线，并设置中心线的线型比例，得到的视图效果如图 5-72 所示。

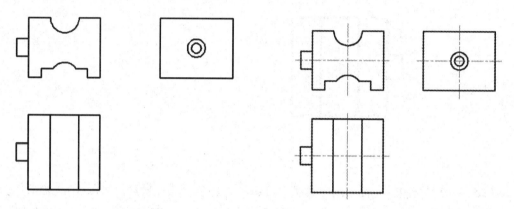

图 5-71 关闭"构造线"层后的三视图   图 5-72 添加中心线

㉘ 在"图层"面板的"图层控制"下拉列表中选择"细虚线"层。

㉙ 单击"绘图"面板中的"直线"按钮，充分使用"对象捕捉"功能和"对象捕捉追踪"功能，并根据相应的投影关系，绘制图 5-73 所示的虚线。

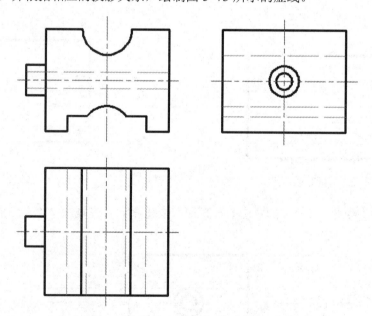

图 5-73 绘制虚线

㉚ 选择图 5-74 所示的两条线，单击"复制"按钮，选择图 5-75 所示的中点作为基点。

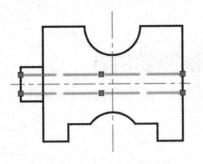

图 5-74　选择对象

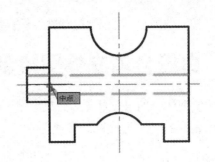

图 5-75　选择基点

移动鼠标光标，在图 5-76 所示的中点处单击，从而完成图形的复制操作。

31 在"图层"面板的"图层控制"下拉列表框中选择"标注及剖面线"层。接着在功能区中切换至"注释"选项卡，在"标注"面板中选择标注样式为"TSM-3.5"标注样式。

32 使用"标注"面板中的相关标注工具来标注尺寸。另外，在功能区"默认"选项卡的"图层"面板中，从"图层控制"下拉列表框中选择"中心线"层，接着使用"绘图"面板的"直线"工具来补充圆弧的中心线，以方便读图。最后完成的三视图效果如图 5-77 所示。

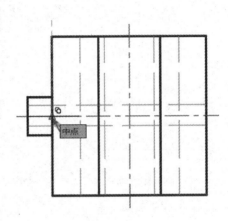

图 5-76　复制操作

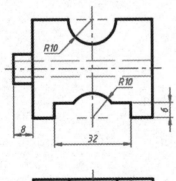

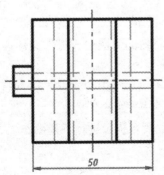

图 5-77　完成的三视图

按〈Ctrl+S〉组合键进行文件保存操作。

5.4 由组合体立体图绘制三视图实例 3

本实例要测绘的组合体立体效果如图 5-78 所示。

最终完成的三视图如图 5-79 所示。

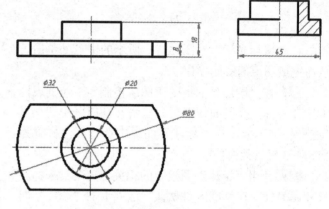

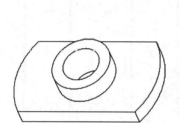

图 5-78 组合体立体图   图 5-79 要完成的三视图

本实例涉及的主要知识点如下。

● 绘制直线。

● 绘制圆。

● 图层应用。

● 偏移操作。

● 复制操作。

● 半剖视图应用。

● "对象捕捉"模式和"对象捕捉追踪"模式的应用。

● 三视图间的投影关系。

● 等距标注（调整线性标注或角度标注之间的间距）。

本实例具体的操作步骤如下。

1 单击"新建"按钮□，弹出"选择样板"对话框。通过"选择样板"对话框来选择"TSM_制图样板.dwt"文件（该样板文件位于网盘资料的"图形样板"文件夹中），单击"打开"按钮。在本实例中使用"草图与注释"工作空间。

2 在功能区"默认"选项卡的"图层"工具栏中，从"图层控制"下拉列表框中选择"中心线"层。并在状态栏中单击选中"显示/隐藏线宽"按钮■以设置显示线宽。

3 单击"绘图"面板中的"直线"按钮✐，根据命令提示进行下列操作。

命令: _line

指定第一点: 100,100✓

指定下一点或 [放弃(U)]: @85<0✓

指定下一点或 [放弃(U)]: ✓

绘制一根水平的中心线，如图 5-80 所示。

单击"绘图"面板中的"直线"按钮，根据命令提示进行下列操作。

命令: _line

指定第一点: 142.5,125✓

指定下一点或 [放弃(U)]: @50<-90✓

指定下一点或 [放弃(U)]: ✓

绘制的一条垂直的中心线如图 5-81 所示。

图 5-80　绘制水平的中心线　　　　　图 5-81　绘制一条垂直的中心线

在"图层"面板的"图层控制"下拉列表框中选择"粗实线"层。

单击"绘图"面板中的"圆心，直径"按钮，根据命令提示进行相关操作。

命令: _circle

指定圆的圆心或 [三点(3P)/两点(2P)/切点、切点、半径(T)]: _int 于 //选择两中心线的交点

指定圆的半径或 [直径(D)]: _d 指定圆的直径: 20✓

命令: _circle　　　　　　　　　　　　　　　　　//单击"圆心，直径"按钮

指定圆的圆心或 [三点(3P)/两点(2P)/切点、切点、半径(T)]: _int 于 //选择两条中心线的交点

指定圆的半径或 [直径(D)] <10.0000>: _d 指定圆的直径 <20.0000>: 32✓

命令: _circle　　　　　　　　　　　　　　　　　//单击"圆心，直径"按钮

指定圆的圆心或 [三点(3P)/两点(2P)/切点、切点、半径(T)]:　　　//选择两条中心线的交点

指定圆的半径或 [直径(D)] <16.0000>: _d 指定圆的直径 <32.0000>: 80✓

绘制的 3 个圆如图 5-82 所示。

在"修改"面板中单击"偏移"按钮，在水平构造线的两侧各偏移 22.5 来创建辅助线，如图 5-83 所示。

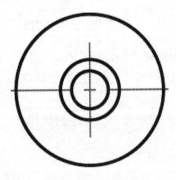

图 5-82　绘制 3 个圆

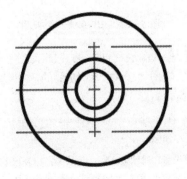

图 5-83　偏移操作

⑧ 单击"绘图"面板中的"直线"按钮 ╱，绘制图 5-84 所示的直线段 AB 和直线段 CD。

⑨ 将直线段 AB 和直线段 CD 各自所在的辅助线删除，此时的图形如图 5-85 所示。

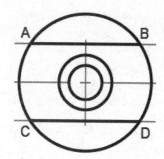

图 5-84　绘制两条直线段

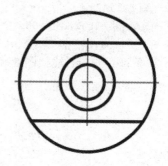

图 5-85　删除两条辅助线后的图形

⑩ 单击"修改"面板中的"修剪"按钮 ╱，将该视图中不需要的圆弧段修剪掉，得到图 5-86 所示的图形。

⑪ 在"图层"面板的"图层控制"下拉列表框中选择"构造线"层，并在状态栏中开启正交模式。

⑫ 单击"绘图"面板中的"构造线"按钮 ╱，分别绘制图 5-87 所示的构造线。

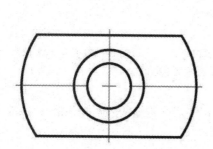

图 5-86　初步完成一个视图

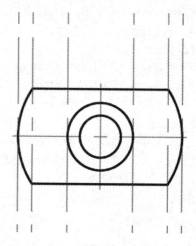

图 5-87　绘制构造线

⑬ 在"图层"面板的"图层控制"下拉列表框中选择"粗实线"层。

⑭ 单击"绘图"面板中的"直线"按钮 ╱，在第一个视图上方的合适区域绘制一条直线，如图 5-88 所示。

⑮ 在"修改"面板中单击"偏移"按钮 ⬚，根据命令提示进行下列操作。

命令：_offset

当前设置：删除源=否　图层=源　OFFSETGAPTYPE=0

指定偏移距离或 [通过(T)/删除(E)/图层(L)] <22.5000>: 8✓

选择要偏移的对象，或 [退出(E)/放弃(U)] <退出>:　　　　　　　//选择上步骤绘制的直线

指定要偏移的那一侧上的点，或 [退出(E)/多个(M)/放弃(U)] <退出>：　　　//在所选直线的上方单击

选择要偏移的对象，或 [退出(E)/放弃(U)] <退出>：↙

创建的偏移线如图 5-89 所示。

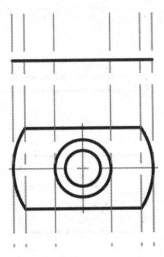

图 5-88　绘制一条粗实线

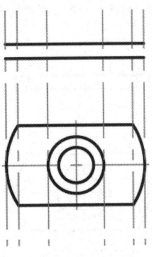

图 5-89　创建偏移线

16 在"修改"面板中单击"偏移"按钮 ⚏，根据命令提示进行下列操作。

命令：_offset

当前设置：删除源=否　图层=源　OFFSETGAPTYPE=0

指定偏移距离或 [通过(T)/删除(E)/图层(L)] <8.0000>: 18↙

选择要偏移的对象，或 [退出(E)/放弃(U)] <退出>：　　　　　//选择图 5-90 所示的直线

指定要偏移的那一侧上的点，或 [退出(E)/多个(M)/放弃(U)] <退出>: //在所选直线的上方单击

选择要偏移的对象，或 [退出(E)/放弃(U)] <退出>：↙

创建的偏移线如图 5-91 所示。

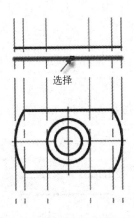

图 5-90　选择要偏移的对象

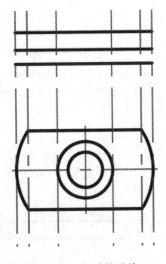

图 5-91　创建偏移线

17 单击"绘图"面板中的"直线"按钮✏️，借助构造线辅助绘制相关的轮廓线，然后通过"图层"面板的"图层控制"下拉列表框来关闭"构造线"层，此时图形如图 5-92 所示。

18 单击"修改"面板中的"修剪"按钮✂️，将第 2 个视图多余的线段删除，修剪结果如图 5-93 所示。

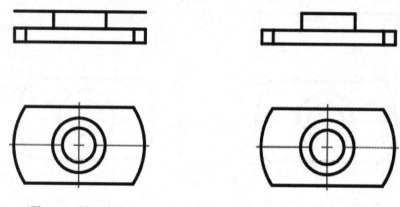

图 5-92 图形效果　　　　　　　　　　　　图 5-93 修剪图形的结果

19 在状态栏中确保启用"对象捕捉"和"对象捕捉追踪"模式。

20 单击"绘图"面板中的"直线"按钮✏️，捕捉图 5-94 所示的端点 A（切勿单击），沿着水平方向向右追踪，在合适的位置处单击从而指定该直线的第 1 点，然后输入第 2 点的相对坐标形式为"@45<0"，按〈Enter〉键，完成创建的该段直线段如图 5-95 所示。

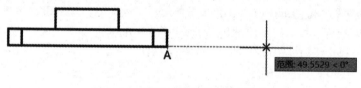

图 5-94 巧用对象捕捉和对象追踪

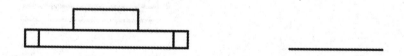

图 5-95 绘制直线段

21 在"修改"面板中单击"偏移"按钮，设置偏移距离为 8，在上一步骤刚创建的直线段上方偏移，效果如图 5-96 所示。

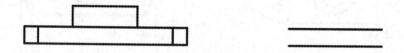

图 5-96 偏移处理

22 单击"复制"按钮 🖫，根据命令提示进行如下操作。

命令: _copy

选择对象: 指定对角点: 找到 3 个　　　　　　　　//选择图 5-97 所示的要复制的对象（框选）

选择对象: ↙

当前设置: 复制模式 = 多个

指定基点或 [位移(D)/模式(O)] <位移>:　　　　　　//选择图 5-98 所示的中点定义基点

指定第二个点或 [阵列(A)] <使用第一个点作为位移>:　//选择图 5-99 所示的中点

指定第二个点或 [阵列(A)/退出(E)/放弃(U)] <退出>:↙

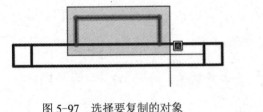

图 5-97　选择要复制的对象

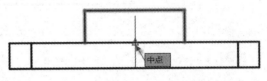

图 5-98　指定基点

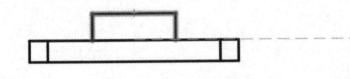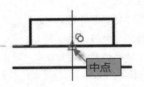

图 5-99　指定第二点

23 单击"直线"按钮 ✏，在第 3 个视图中补全轮廓线，结果如图 5-100 所示。

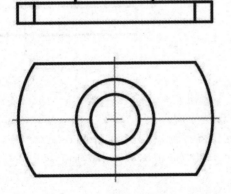

图 5-100　补全第 3 个视图的粗线轮廓线

24 在"图层"面板的"图层控制"下拉列表框中选择"中心线"层。

25 单击"直线"按钮 ✏，借助"对象捕捉"功能和"对象捕捉追踪"功能，分别绘制所需的中心线，并且使用"特性"选项板（可以按〈Ctrl+1〉组合键快速打开或关闭"特性"选项板）设置中心线的线型比例，效果如图 5-101 所示。

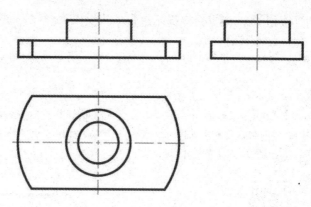

图 5-101 完成各视图的中心线

26 在"修改"面板中单击"偏移"按钮 ，设置偏移距离为 10，操作说明如下。

命令:_offset
当前设置: 删除源=否 图层=源 OFFSETGAPTYPE=0
指定偏移距离或 [通过(T)/删除(E)/图层(L)] <通过>: 10✓   //输入偏移距离为 10
选择要偏移的对象，或 [退出(E)/放弃(U)] <退出>:   //在第 3 个视图中选择中心线
指定要偏移的那一侧上的点，或 [退出(E)/多个(M)/放弃(U)] <退出>: //在所选中心线右侧区单击
选择要偏移的对象，或 [退出(E)/放弃(U)] <退出>:✓   //按〈Enter〉键退出

创建的偏移中心线如图 5-102 所示。

27 选中刚偏移得到的中心线，从"图层"面板中的"图层控制"下拉列表框中选择
"粗实线"层，从而将该图线设置为粗实线，按〈Esc〉键取消所选，效果如图 5-103 所示。

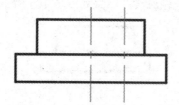

图 5-102 创建偏移中心线

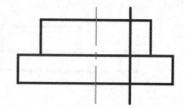

图 5-103 更改图线层的效果

28 单击"修改"面板中的"修剪"按钮 ，将第 3 个视图修剪成图 5-104 所示。

29 将当前图层设置为"标注及剖面线"层。

30 在"绘图"面板中单击"图案填充"按钮 ，则功能区出现"图案填充创建"选
项卡。在"图案填充创建"选项卡的"边界"面板中单击"添加：拾取点"按钮 ，选择
图 5-105 所示的内部点。

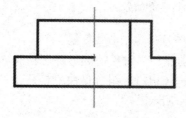

图 5-104 修剪结果

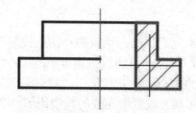

图 5-105 通过拾取内部点定义边界

在"图案填充创建"选项卡的"图案"面板中，指定图案为"ANSI31"；在"特性"面板中设置角度为"0"，比例为"1"，如图 5-106 所示。

图 5-106　设置图案填充的图案和特性等参数

设置好相关参数后，单击"关闭图案填充创建"按钮 ，完成绘制的剖面线如图 5-107 所示。

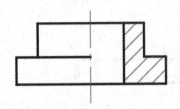

图 5-107　预览图案填充

31 在"图层"面板中确保当前图层为"标注及剖面线"层。在功能区"默认"选项卡的"注释"溢出面板中，选择标注样式为"TSM-3.5"标注样式。

32 使用"注释"面板中的相关标注工具，标注尺寸。初步标注尺寸的效果如图 5-108 所示。

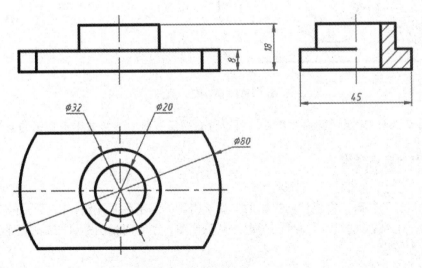

图 5-108　初步标注尺寸的效果

33 在功能区中切换至"注释"选项卡，接着在此选项卡的"标注"面板中单击"等距标注"按钮 ，根据命令提示进行下列操作。

命令：_DIMSPACE
选择基准标注：　　　　　　　　　　　　//选择图 5-109 所示的标注

选择要产生间距的标注:找到 1 个　　　　　//选择图 5-110 所示的标注

选择要产生间距的标注: ↙

输入值或 [自动(A)] <自动>: 10↙

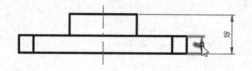

图 5-109　选择基准标注

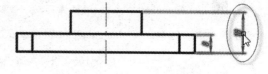

图 5-110　选择要产生间距的标注

最后完成的三视图如图 5-111 所示。

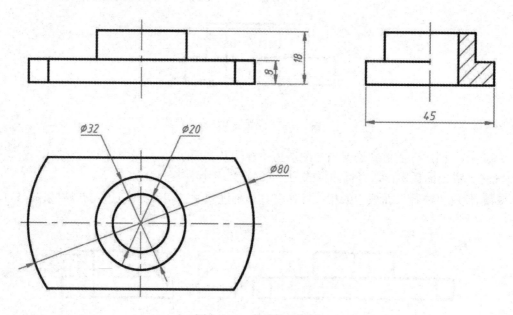

图 5-111　完成的三视图

🅱️ 按〈Ctrl+S〉组合键保存文件。可以查看网盘资料中该章关于本实例的参考文件。

5.5　本章点拨

在绘制机械图样时，将机件向投影面投影所得到的图形称为视图，而机件在三投影面体系中分别向三个投影面投影所得到的图形便是三视图。绘制三视图是机械制图工程师必须掌握的一项基本技能。

在绘制机件三视图时，需要重点注意图层的应用、辅助线的构建、"对象捕捉"功能和"对象捕捉追踪"功能的巧妙应用，尤其是"对象捕捉追踪"功能，以较好地把握各视图之间的投影关系。另外，对于初学者，在绘制三视图时，应该先确定主视图是哪个方位的视图。

本章首先介绍一个回转体的三视图绘制过程，接着介绍 3 个组合体的三视图绘制过程。通过这些实例，读者应该会基本上掌握绘制三视图的方法、步骤及其常用技巧等。

5.6 思考与特训练习

（1）什么是三视图？

（2）根据图 5-112 所示的三维立体图，绘制其三视图。具体的尺寸由读者确定。

（3）根据图 5-113 所示的三维立体图，绘制其三视图。具体的尺寸由读者确定。

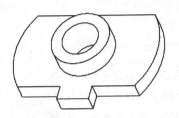

图 5-112 三维立体图

图 5-113 某零件的三维立体图 1

（4）根据图 5-114 所示的三维立体图，绘制其三视图。具体的尺寸由读者确定。

图 5-114 某零件的三维立体图 2

（5）根据图 5-115 所示的三维立体图，绘制其三视图。具体的尺寸由读者确定。

图 5-115 某零件的三维立体图 3

第6章　绘制简单零件图

本章导读：

　　零件图是指表达零件的图样，它是设计部门提交给生产部门的重要技术文件，能够反映出设计者的意图，表达机器或部件对零件的要求，可以说，零件图是制造和检验零件的重要依据。本章侧重于如何采用二维平面图来表达一些简单零件的造型结构，至于零件图中相关的表面结构要求（表面粗糙度）、尺寸公差、几何位置公差等的内容，将在下一章中重点介绍。

　　本章介绍简单零件图的绘制方法及步骤，采用的实例零件有平垫圈、螺栓、螺母、平键和花键。

6.1　绘制平垫圈

　　本实例要完成的平垫圈零件图如图 6-1 所示。

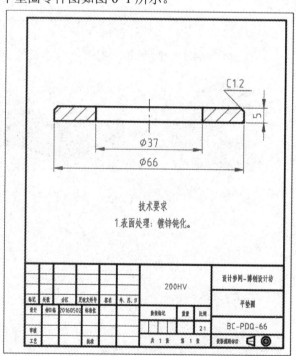

图 6-1　平垫圈零件图

本实例涉及的主要知识点如下。
- 偏移工具的应用。
- 剖面线的绘制。
- 标注尺寸。
- 插入多行文字。
- 修改尺寸文本。
- 添加图框。
- 插入块。
- 缩放图形。
- 移动图形。

下面是具体的操作步骤。

1 单击"新建"按钮 🗋，弹出"选择样板"对话框。通过"选择样板"对话框来选择"TSM_练习样板.dwt"文件（该文件位于网盘资料的"图形样板"文件夹中），单击"打开"按钮。

2 使用"草图与注释"工作空间，并在功能区的"默认"选项卡中，从"图层"面板的"图层控制"下拉列表框中选择"中心线"层。在绘制该零件图的过程中，可以单击"显示/隐藏线宽"按钮 来设置显示线宽。

3 在"绘图"面板中单击"直线"按钮 /，并按〈F8〉键启用正交模式，在绘图区域绘制一条长度适宜的竖直中心线。

4 在"修改"面板中单击"偏移"按钮 ⏁，根据命令行提示进行以下操作。

命令: _offset
当前设置: 删除源=否　图层=源　OFFSETGAPTYPE=0
指定偏移距离或 [通过(T)/删除(E)/图层(L)]: 33✓　　　　　　//输入偏移距离
选择要偏移的对象，或 [退出(E)/放弃(U)] <退出>:　　　　　　//单击竖直中心线
指定偏移的那一侧上的点，或 [退出(E)/多个(M)/放弃(U)] <退出>:
//在竖直中心线的左侧区域单击
选择要偏移的对象，或 [退出(E)/放弃(U)] <退出>:　　　　　　//单击第一条竖直中心线
指定偏移的那一侧上的点，或 [退出(E)/多个(M)/放弃(U)] <退出>:
//在第一条竖直中心线的右侧区域单击
选择要偏移的对象，或 [退出(E)/放弃(U)] <退出>:✓　　　　　　//结束命令操作

绘制的图形如图 6-2 所示。

5 在"修改"面板中单击"偏移"按钮 ⏁，根据命令行提示进行以下操作。

命令: _offset
当前设置: 删除源=否　图层=源　OFFSETGAPTYPE=0
指定偏移距离或 [通过(T)/删除(E)/图层(L)] <33.0000>: 18.5✓　　//输入偏移距离
选择要偏移的对象，或 [退出(E)/放弃(U)] <退出>:　　　　　　//单击步骤3绘制的竖直中心线
指定偏移的那一侧上的点，或 [退出(E)/多个(M)/放弃(U)] <退出>:
//在选定竖直中心线的左侧区域单击
选择要偏移的对象，或 [退出(E)/放弃(U)] <退出>:　　　　　　//单击步骤3绘制的竖直中心线
指定偏移的那一侧上的点，或 [退出(E)/多个(M)/放弃(U)] <退出>:
//在选定竖直中心线的右侧区域单击

选择要偏移的对象，或 [退出(E)/放弃(U)] <退出>:✓   //结束命令操作

绘制的辅助中心线如图 6-3 所示。

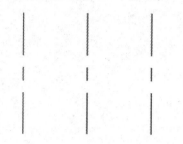

图 6-2   绘制的辅助中心线 1   图 6-3   绘制的辅助中心线 2

6 在"图层"面板的"图层控制"下拉列表框中选择"粗实线"层。

7 在"绘图"面板中单击"直线"按钮 ✐，绘制图 6-4 所示的一条水平直线段，该直线段的两个端点分别捕捉追踪在最外侧的两条辅助中心线上。

8 在"修改"面板中单击"偏移"按钮 ⬚，根据命令行提示进行以下操作。

命令: _offset

当前设置: 删除源=否   图层=源   OFFSETGAPTYPE=0

指定偏移距离或 [通过(T)/删除(E)/图层(L)] <18.5000>: 5✓   //输入偏移距离

选择要偏移的对象，或 [退出(E)/放弃(U)] <退出>:   //选择刚绘制的直线

指定要偏移的那一侧上的点，或 [退出(E)/多个(M)/放弃(U)] <退出>:   //在直线的上侧区域单击

选择要偏移的对象，或 [退出(E)/放弃(U)] <退出>:✓   //退出

此时，图形如图 6-5 所示。

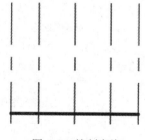
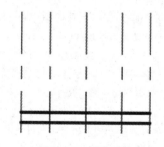

图 6-4   绘制直线   图 6-5   偏移结果

9 单击"绘图"面板中的"直线"按钮 ✐，分别绘制直线段 AB、CD、EF 和 GH，如图 6-6 所示。

10 选择线段 AB、CD、EF 和 GH 各自所在的辅助中心线，单击"修改"面板中的"删除"按钮 ✐，将这些选定的辅助中心线删除。

11 使用"修改"面板中的 ⬚ (打断)按钮，将现存的中心线在适当位置打断，然后执行"删除"按钮 ✐，将打断后不需要的中心线删除，结果如图 6-7 所示。

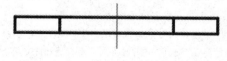

图 6-6   绘制直线段   图 6-7   修改中心线

12 在图形窗口中选择中心线，单击"特性"按钮 或者按〈Ctrl+1〉组合键，弹出"特性"选项板，利用"特性"选项板将"线型比例"修改为"0.15"或"0.2"，如图 6-8 所示。

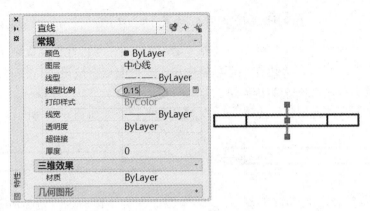

图 6-8　修改线型比例

13 单击"修改"面板中的"倒角"按钮 ◁，根据命令行提示进行以下操作。

命令: _chamfer

("修剪"模式) 当前倒角距离　1 = 0.0000，距离　2 = 0.0000

选择第一条直线或 [放弃(U)/多段线(P)/距离(D)/角度(A)/修剪(T)/方式(E)/多个(M)]: D✓

//选择"距离"选项

指定　第一个　倒角距离　<0.0000>: 1.2✓　　　　　　　　　　//输入倒角距离 1

指定　第二个　倒角距离　<1.2000>: 1.2✓　　　　　　　　　　//输入倒角距离 2

选择第一条直线或 [放弃(U)/多段线(P)/距离(D)/角度(A)/修剪(T)/方式(E)/多个(M)]:

//选择上方的水平粗实线

选择第二条直线，或按住〈Shift〉键选择直线以应用角点或 [距离(D)/角度(A)/方法(M)]:

　　　　　　　　　　　　　　　　　　　　　　　　　　//选择最左侧的竖直粗实线

完成的第一个倒角如图 6-9 所示。

14 使用同样的方法，绘制另外一个倒角，如图 6-10 所示。

图 6-9　绘制第一个倒角　　　　　　　　　　图 6-10　绘制第二个倒角

其命令操作历史记录如下。

命令: _chamfer

("修剪"模式) 当前倒角距离　1 = 1.2000，距离　2 = 1.2000

选择第一条直线或 [放弃(U)/多段线(P)/距离(D)/角度(A)/修剪(T)/方式(E)/多个(M)]:

选择第二条直线，或按住〈Shift〉键选择直线以应用角点或 [距离(D)/角度(A)/方法(M)]:

15 在"图层"面板的"图层控制"下拉列表框中选择"标注及剖面线"层。

16 在"绘图"面板中单击"图案填充"按钮 ，功能区出现"图案填充创建"选项卡，如图 6-11 所示。

图 6-11　功能区提供"图案填充创建"选项卡

在"图案"面板的"图案"列表中选择"ANSI31"；在"特性"面板中，接受默认的角度为"0"、比例为"1"；在"边界"选项组中单击"拾取点"按钮📌，接着分别在图 6-12 所示的封闭区域 1 和封闭区域 2 中单击。

单击"关闭图案填充创建"按钮✕，完成添加的剖面线如图 6-13 所示。

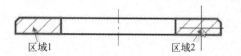

区域1　　　　　　　区域2

图 6-12　选择要添加剖面线的区域

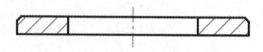

图 6-13　添加剖面线

🔟 在功能区中切换至"注释"选项卡，从"文字"面板中指定当前文字样式，从"标注"面板中指定当前标注样式，如图 6-14 所示。

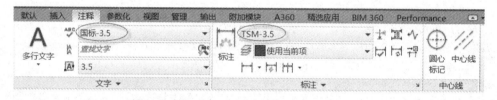

图 6-14　指定当前文字样式和标注样式

🔢 单击"标注"面板中的"线性标注"按钮⊢，分别标注图 6-15 所示的 3 个线性尺寸。

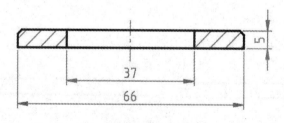

图 6-15　标注线性尺寸

🔢 在状态栏中，关闭"正交"模式⌐，而打开"对象捕捉"模式▢和"对象捕捉追踪"模式∠等，如图 6-16 所示。

301.4638, 98.2475, 0.0000　模型 ▦ ▾ ┶ ∟ ⦾ ▾ ⅄ ▾ ∠ □ ▾ ⩸ ▩ ⮀ 人 火 人 1:1▾ ✿ ▾ ✛ ▯ ⬚ ● ▨ ☰

图 6-16　状态栏

🔢 在命令行的"输入命令"提示下输入"LINE"并按〈Enter〉键，接着巧妙地结合"对象捕捉"和"对象捕捉追踪"功能绘制图 6-17 所示的两段相连接的直线段。

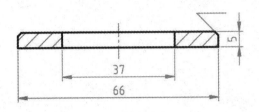

图 6-17　绘制引出标注的线段

21 在"文字"面板中单击"多行文字"按钮 **A**，选择刚绘制的相连线段的交点，并在该交点右上方向指定一个合适的角点，此时出现一个文本输入框和"文字编辑器"选项卡，在文本输入框中输入"C1.2"，如图 6-18 所示。

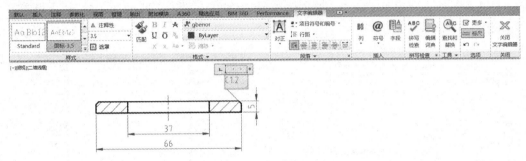

图 6-18　添加文字

经验点拨： 输入的"C1.2"表示倒角的旧标注尺寸"1.2×45°"。在这里提示一下若输入字符"%%D"，则表示输入度数符号。另外，需要注意正/负符号和直径符号的输入方式，正/负符号对应的输入字符为"%%P"，而直径符号对应的输入字符为"%%C"。

在"文字编辑器"选项卡的"关闭"面板中单击"关闭文字编辑器"按钮 **X**，完成倒角的标注。可以稍微调整一下倒角尺寸文本的放置位置。

22 选择数值为 66 的尺寸，在命令行中输入命令为"TEXTEDIT"，并按〈Enter〉键，打开"文字编辑器"选项卡，在该尺寸文本之前输入"%%C"以添加直径符号，单击"关闭文字编辑器"按钮 **X**，修改该尺寸文本后的效果如图 6-19a 所示。

23 选择数值为 37 的尺寸，继续执行"TEXTEDIT"命令来在该尺寸文本之前输入"%%C"以添加直径符号，完成效果如图 6-19b 所示。

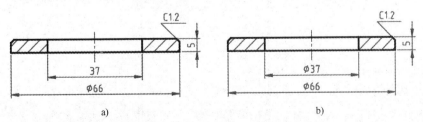

a)　　　　　　　　　　　　　　b)

图 6-19　添加直径符号

a) 添加第 1 个直径符号　b) 添加第 2 个直径符号

24 在功能区中切换至"默认"选项卡，从"图层"面板的"图层控制"下拉列表框中选择"细实线"层。

26 单击"绘图"面板中的"直线"按钮 ╱，根据命令行提示进行如下操作。

命令: _line	
指定第一点:	//在绘图区域的适当位置处单击
指定下一点或 [放弃(U)]: @210<0↙	//输入第 2 点的相对坐标
指定下一点或 [放弃(U)]: @297<90↙	//输入第 3 点的相对坐标
指定下一点或 [闭合(C)/放弃(U)]: @210<180↙	//输入第 4 点的相对坐标
指定下一点或 [闭合(C)/放弃(U)]: C↙	//选择"闭合"选项

绘制的图框外框线如图 6-20 所示。

26 单击"修改"面板中的"偏移"按钮 ，绘制图 6-21 所示的内框线（内部图框线），并将内框线设置为粗实线。左侧内框线到左侧外框线的偏移距离为 25，其余相应的相邻内外框线的偏移距离均为 5。

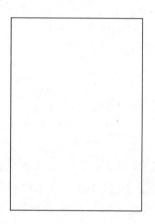

图 6-20 绘制 A4 图纸的外框线

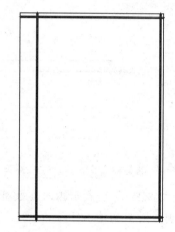

图 6-21 采用偏移的方式绘制内框线

27 单击"修改"面板中的"修剪"按钮 ，将图框草图中不需要的线段删除，得到的图框如图 6-22 所示。

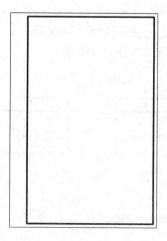

图 6-22 绘制的图框

25 添加标题栏。

在功能区"默认"选项卡的"块"面板中单击"插入块"按钮 ，接着选择"更多选项"命令，系统弹出图 6-23 所示的"插入"对话框。

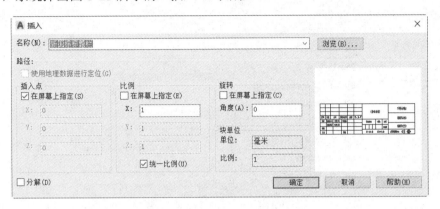

图 6-23 "插入"对话框

选择之前建立的标题栏图形块，必要时可以通过单击"浏览"按钮来选择。如果没有存在所需要的标题栏，则需要参照本书第 3 章中介绍的方法来建立相应的标题栏图形块，并设置其块属性。

技能点拨： 如果在 AutoCAD 系统中建立了所需要的标题栏图形块，那么以后绘制零件图时，可以不必再重复绘制标题栏，而直接采用插入块的方式来获得标题栏，这样既省时方便，又能使工程图保持标准化。读者也可以为各种常用图框建立图形块。

在"插入点"选项组中，勾选"在屏幕上指定"复选框，其余设置如上图 6-23 所示。单击"确定"按钮，此时标题栏图形块依附着十字光标，选择图 6-24 所示的内框线的端点作为插入点。

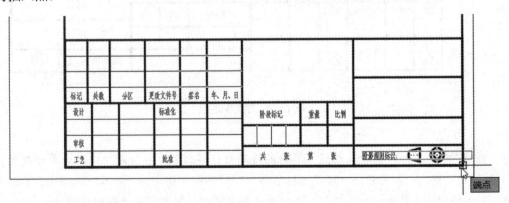

图 6-24 指定插入点

系统弹出"编辑属性"对话框，从中根据提示输入要填写的标题栏属性信息，如图 6-25 所示。填写好标题栏的属性信息后，单击"确定"按钮。

A 编辑属性					×
块名: 新国标标题栏					
请输入图样名称	平垫圈				
请输入图样代号	BC-PDQ-66				
请输入材料标记	200HV				
请输入单位名称	设计梦网-博创设计坊				
请输入比例	2:1				
请输入图纸为第几张	1				
请输入图纸总张数	1				
请输入签名A的字样	钟日铭				
请输入设计者A的签名日期	20160502				
请输入签名B的字样					
请输入设计者B的签名日期					

确定　　取消　　上一个(P)　　下一个(N)　　帮助(H)

图 6-25 "编辑属性"对话框

填写好的标题栏如图 6-26 所示。

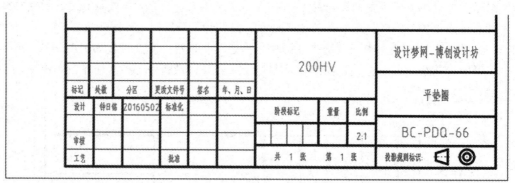

图 6-26 填写标题栏

经验点拨： 如果要修改已经填写好的标题栏，那么可以在标题栏中双击要修改的单元格文本，弹出图 6-27 所示的"增强属性编辑器"对话框，切换到"属性"选项卡，在相应的"值"文本框中输入新的文本即可。利用该对话框还可以设置文字选项和相应的特性。

20 使用鼠标框选整个图框，即选择图框和标题栏，接着在"修改"面板中单击"缩放"按钮，根据命令行提示进行如下操作。

命令: _scale 找到 9 个
指定基点:　　　　　　　　　　　　　　//选择外图框线的右下端点作为缩放基点
指定比例因子或 [复制(C)/参照(R)]: 0.5✓　　//输入缩放比例

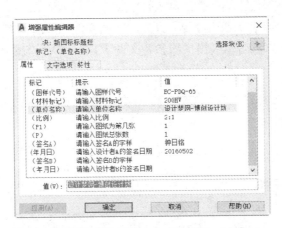

图 6-27 "增强属性编辑器"对话框

30 框选平垫圈图形（包括标注信息），单击"修改"面板中的"移动"按钮✛，根据命令行提示进行如下操作。

命令: _move 找到 16 个

指定基点或 [位移(D)]<位移>:   //选择图 6-28 所示的中点作为移动基点

指定第二个点或 <使用第一个点作为位移>:   //在图框中的合适位置单击，放置平垫圈图形

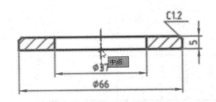

图 6-28 选择移动基点

31 插入技术要求信息。

在功能区"默认"选项卡的"图层"面板中，将"标注及剖面线"层设置为当前图层，接着在"注释"面板中单击"多行文字"按钮 A，在图框内的适当位置处指定两个角点，出现"文字编辑器"选项卡和一个文本框，在文本框中输入图 6-29 所示的文本。然后单击"关闭文字编辑器"按钮 ✕。

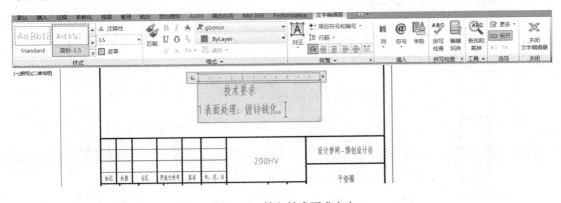

图 6-29 输入技术要求文本

32 适当调整技术要求文本的位置，以及平垫圈在图框内的位置。最后完成的平垫圈如图 6-30 所示。读者可以参看本书提供的参考文件"TSM_6_平垫圈.dwg"，它位于网盘资料的"CH6"文件夹中。

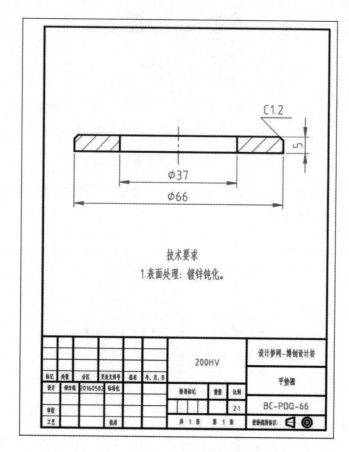

图 6-30　完成的平垫圈零件图

6.2　绘制六角头螺栓

本实例要绘制的六角头螺栓零件的二维图形如图 6-31 所示，图中给出了参考尺寸。该六角头螺栓规范标准为 GB5782-86 M20。

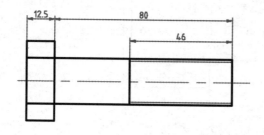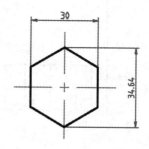

图 6-31　绘制六角头螺栓

本例涉及螺纹的表示法。螺纹是常见的机械结构要素之一，主要起紧固联接、传动以及密封作用。使用 AutoCAD 绘制具有螺纹结构的零件时，需要采用通用的制图标准或原则，如 GB/T 4459.1《机械制图 螺纹及螺纹紧固件表示法》中规定，螺纹牙顶圆的投影用粗实线表示，牙底圆的投影用细实线表示，在螺杆的倒角或圆角部分也应画出。在垂直于螺纹轴线的投影面的视图中，表示牙底圆的细实线只画约 3/4 圆（空出约 1/4 圆的位置不作规定），这时螺杆或螺孔上的倒角投影不应画出。

本实例涉及的主要知识点如下。

● 使用"LIMITS"命令设置图纸幅面。

● 螺栓中的螺纹表示。

● 六角头螺栓的简化画法。

本实例具体的操作步骤如下。

1 单击"新建"按钮，弹出"选择样板"对话框，在该对话框中单击 打开(O) 中的"下三角"按钮，接着选择"无样板打开-公制"命令。

2 设置图纸幅面。在命令提示行中输入"LIMITS"命令，根据命令行提示信息进行如下操作。

命令: LIMITS↙

重新设置模型空间界限:

指定左下角点或 [开(ON)/关(OFF)] <0.0000,0.0000>: ↙

指定右上角点 <420.0000,297.0000>: 297,210↙

3 确保使用"草图与注释"工作空间，接着在功能区的"图层"面板中单击"图层特性"按钮，打开"图层特性管理器"选项板。设置图 6-32 所示的图层，并将"中心线"层设置为当前的工作图层（即创建好"中心线"层后，选择它，然后单击"置为当前"按钮）。

图 6-32 设置图层

4 启用正交模式，然后使用"直线"按钮，绘制图 6-33 所示的中心线。

5 单击"偏移"按钮，根据命令行提示执行如下操作。

命令: _offset

当前设置: 删除源=否 图层=源 OFFSETGAPTYPE=0

指定偏移距离或 [通过(T)/删除(E)/图层(L)] <1.0000>: 10↙   //输入偏移距离

选择要偏移的对象，或 [退出(E)/放弃(U)] <退出>:   //选择左侧的水平中心线

指定要偏移的那一侧上的点，或 [退出(E)/多个(M)/放弃(U)] <退出>: //在水平中心线的上方单击

选择要偏移的对象，或 [退出(E)/放弃(U)] <退出>:   //继续选择左侧的最初水平中心线

指定要偏移的那一侧上的点，或 [退出(E)/多个(M)/放弃(U)] <退出>: //在所选水平中心线的下方单击
选择要偏移的对象，或 [退出(E)/放弃(U)] <退出>: ✓
偏移结果如图 6-34 所示。

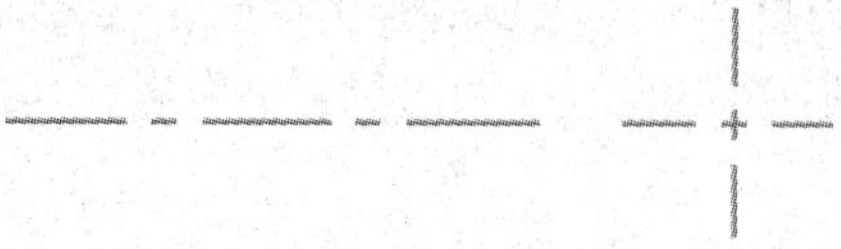

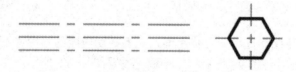

图 6-33　绘制中心线 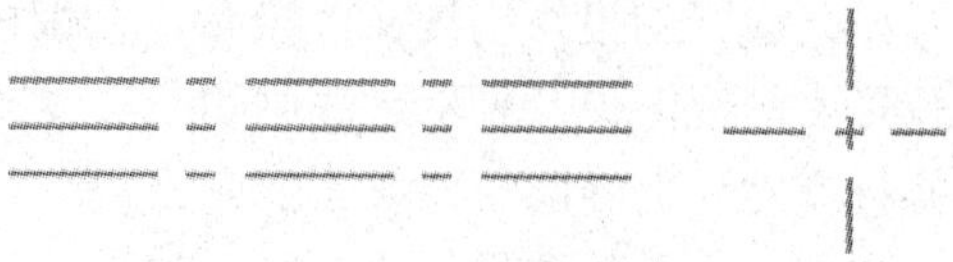　　　　　　　　　　　　　　　　图 6-34　偏移

⑥ 在"图层"面板的"图层控制"下拉列表框中，选择"粗实线（轮廓线）"层。

⑦ 绘制正六边形。

单击"正多边形"按钮⬠，根据命令行提示进行下列操作。

命令: _polygon
输入边的数目 <4>: 6✓　　　　　　　　　　//输入正多边形的边数
指定正多边形的中心点或 [边(E)]: _int 于　　//选择右侧水平中心线与竖直中心线的交点
输入选项 [内接于圆(I)/外切于圆(C)] <I>: C✓　//选择"外切于圆"选项
指定圆的半径: 15✓　　　　　　　　　　　　//输入半径值
绘制的正六边形如图 6-35 所示。

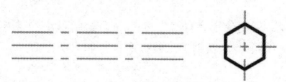

图 6-35　绘制正六边形

⑧ 旋转处理。

单击"旋转"按钮⟳，根据命令行提示进行下列操作。

命令: _rotate
UCS 当前的正角方向: ANGDIR=逆时针　ANGBASE=0
选择对象: 找到 1 个　　　　　　　　　　　//选择正六边形
选择对象: ✓
指定基点:　　　　　　　　　　　　　　　//选择正六边形的中心点（两中心线的交点）
指定旋转角度，或 [复制(C)/参照(R)] <0>: 90✓　//输入旋转角度
旋转结果如图 6-36 所示。

图 6-36　旋转结果

⑨ 启用"对象捕捉追踪"模式，单击"直线"按钮╱，将鼠标光标置于正六边形的
上顶点，沿水平方向向左移动到适当的位置，单击确定直线的第 1 点，如图 6-37 所示；接

着，将鼠标光标置于正六边形的下顶点，沿水平方向向左移动到图 6-38 所示的适当位置单击，从而确定直线的第 2 点。

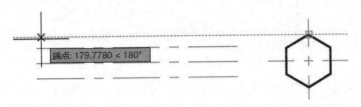

图 6-37 由对象捕捉追踪确定直线的第 1 点

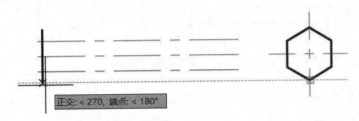

图 6-38 由对象捕捉追踪确定直线的第 2 点

10 偏移操作。

单击"偏移"按钮，根据命令行提示进行下列操作。

命令: _offset
当前设置: 删除源=否 图层=源 OFFSETGAPTYPE=0
指定偏移距离或 [通过(T)/删除(E)/图层(L)] <通过>: 12.5✓　//输入偏移距离
选择要偏移的对象，或 [退出(E)/放弃(U)] <退出>:　//选择图 6-39 所示的直线 1
指定要偏移的那一侧上的点，或 [退出(E)/多个(M)/放弃(U)] <退出>:　//在直线 1 的右侧区域单击
选择要偏移的对象，或 [退出(E)/放弃(U)] <退出>:✓
此偏移操作生成直线 2。

命令: OFFSET✓　//输入偏移命令
当前设置: 删除源=否 图层=源 OFFSETGAPTYPE=0
指定偏移距离或 [通过(T)/删除(E)/图层(L)] <12.5000>: 80✓　//输入偏移距离
选择要偏移的对象，或 [退出(E)/放弃(U)] <退出>:　//选择图 6-39 所示的直线 2
指定要偏移的那一侧上的点，或 [退出(E)/多个(M)/放弃(U)] <退出>:　//在直线 2 的右侧区域单击
选择要偏移的对象，或 [退出(E)/放弃(U)] <退出>:✓
此偏移操作生成直线 3。

命令: OFFSET✓　//输入偏移命令
当前设置: 删除源=否 图层=源 OFFSETGAPTYPE=0
指定偏移距离或 [通过(T)/删除(E)/图层(L)] <80.0000>: 46✓　//输入偏移距离
选择要偏移的对象，或 [退出(E)/放弃(U)] <退出>:　//选择图 6-39 所示的直线 3
指定要偏移的那一侧上的点，或 [退出(E)/多个(M)/放弃(U)] <退出>:　//在直线 3 的左侧区域单击
选择要偏移的对象，或 [退出(E)/放弃(U)] <退出>:✓
此偏移操作生成直线 4。偏移结果如图 6-39 所示。

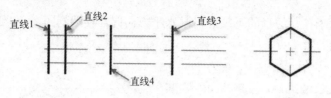

图 6-39　偏移结果

11 单击"直线"按钮 ∕，绘制相关的轮廓线，如图 6-40 所示。

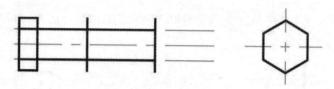

图 6-40　绘制直线

12 单击"偏移"按钮 ⤵，创建两条辅助线（中心线），其相关的偏移距离为 1.1，如图 6-41 所示。

13 将"细实线"层设置为当前的工作图层。使用"直线"按钮 ∕，绘制细实线 AB 和 CD 来表示螺纹，如图 6-42 所示。

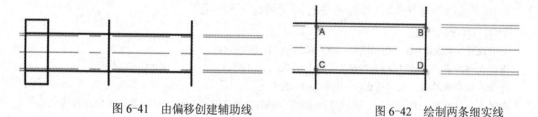

图 6-41　由偏移创建辅助线　　　　　　　　图 6-42　绘制两条细实线

14 将不需要的中心线删除，并单击"修剪"按钮 ⊹ 修剪图形，修剪结果如图 6-43 所示。

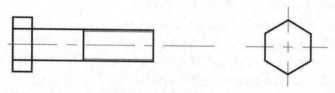

图 6-43　修剪结果

15 单击"打断"按钮 ⎕，将不需要的中心线部分打断掉，并可以使用"移动"按钮 ✛ 来调整两个视图之间的间距，参考结果如图 6-44 所示。

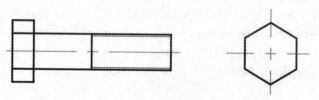

图 6-44　采用简化画法的六角头螺栓平面图

知识点拨： 在进行本例操作时，可以在绘图区域的左下角单击"布局 1"选项卡，以设置在布局图纸幅面中进行绘制操作。

6.3 绘制螺母

本实例所要完成绘制的六角螺母零件图形如图 6-45 所示。该六角头螺母规范标准为 GB6170-86 M12。

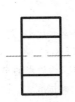

图 6-45 绘制六角螺母

本实例涉及的主要知识点如下。
- 螺母中的内螺纹表示。
- 六角螺母的简化画法。
- 打断图形。
- 绘制正多边形。

本范例具体的操作步骤如下。

①　单击"新建"按钮，新建一个使用采用公制（默认）的绘图文件。确保使用"草图与注释"工作空间。

②　在功能区"默认"选项卡的"图层"面板中单击"图层特性"按钮，打开"图层特性管理器"选项板。添加下列 3 个图层。

1）"粗实线（轮廓线）"图层：颜色为黑色，线宽属性为 0.35，其余默认。

2）"细实线"图层：颜色为蓝色，线宽属性为 0.18，其余默认。

3）"中心线"图层：颜色为红色，线宽属性为 0.18，线型加载为"CENTER"。

将"中心线"层设置为当前的工作图层。

③　启用正交模式，然后使用"直线"按钮，绘制图 6-46 所示的中心线，并将中心线的线型比例设置为"0.3"（仅供参考）。

④　在"图层"面板的"图层控制"下拉列表框中选择"粗实线（轮廓线）"层。

⑤　绘制正六边形。

单击"正多边形"按钮，根据命令行提示进行下列操作。

命令：_polygon 输入侧面数 <4>: 6↙　　　　//输入正多边形的边数为 6
指定正多边形的中心点或 [边(E)]: _int 于　　　//选择右侧水平中心线与竖直中心线的交点
输入选项 [内接于圆(I)/外切于圆(C)] <I>: C↙　//选择"外切于圆"选项
指定圆的半径: 9↙　　　　　　　　　　　　//输入正多边形的半径为 9

绘制的正六边形如图 6-47 所示。

图 6-46　绘制中心线　　　　　　　　　　　图 6-47　绘制正六边形

6 旋转处理。

单击"旋转"按钮○，根据命令行提示进行下列操作。

命令: _rotate

UCS 当前的正角方向：ANGDIR=逆时针　ANGBASE=0

选择对象：找到 1 个　　　　　　　　　　//选择正六边形

选择对象：✓　　　　　　　　　　　　　//按〈Enter〉键

指定基点：_int 于　　　　　　　　　　//选择正六边形的中心点（两中心线的交点）

指定旋转角度，或 [复制(C)/参照(R)] <0>: 90✓　　//输入旋转角度，按〈Enter〉键

旋转结果如图 6-48 所示。

7 单击"圆心，直径"按钮○，进行如下操作，完成图 6-49 所示的圆。

命令: _circle

指定圆的圆心或 [三点(3P)/两点(2P)/切点、切点、半径(T)]: _int 于

　　　　　　　　　　　　　　　　　//选择正六边形的中心点（两条中心线的交点）

指定圆的半径或 [直径(D)]: _d 指定圆的直径: 10.376✓

　　　　//输入圆的直径

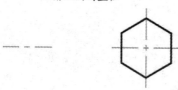

图 6-48　旋转结果　　　　　　　　　　　图 6-49　绘制圆 1

8 在"图层"面板的"图层控制"下拉列表框中选择"细实线"层。单击"圆心，半径"按钮○，进行以下操作来绘制圆。

命令: _circle

指定圆的圆心或 [三点(3P)/两点(2P)/切点、切点、半径(T)]:　　//选择右侧的两条中心线的交点

指定圆的半径或 [直径(D)] <5.1880>: 6✓　　　　　//输入半径值

绘制的圆如图 6-50 所示。

9 单击"打断"按钮○，将大圆打断成图 6-51 所示。

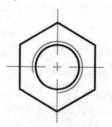

图 6-50　绘制圆 2　　　　　　　　　　　图 6-51　打断圆

⑩ 在"图层"面板的"图层控制"下拉列表框中选择"粗实线（轮廓线）"层。

⑪ 单击"直线"按钮 ✎，结合启用"对象捕捉"和"对象捕捉追踪"模式，绘制图 6-52 所示的直线。

⑫ 单击"偏移"按钮 ⚒，根据命令行提示进行下列操作。

命令: _offset
当前设置: 删除源=否　图层=源　OFFSETGAPTYPE=0
指定偏移距离或 [通过(T)/删除(E)/图层(L)] <通过>: 10.8↙　　　　//输入偏移距离
选择要偏移的对象，或 [退出(E)/放弃(U)] <退出>:　　　　　　　//选择左侧竖直的直线
指定要偏移的那一侧上的点，或 [退出(E)/多个(M)/放弃(U)] <退出>: //在所选直线的右侧区域单击
选择要偏移的对象，或 [退出(E)/放弃(U)] <退出>:↙

偏移结果如图 6-53 所示。

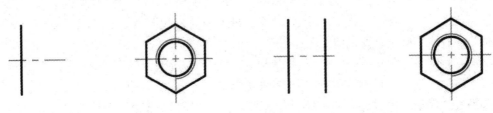

图 6-52　绘制直线 1　　　　　　　　　　图 6-53　偏移结果

⑬ 单击"直线"按钮 ✎，结合"对象捕捉"和"对象捕捉追踪"两个模式来根据投影关系绘制轮廓线，例如绘制图 6-54 所示的一条轮廓线，再绘制其他轮廓线，结果如图 6-55 所示。

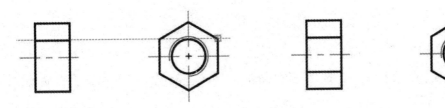

图 6-54　绘制直线 2　　　　　　　　　　图 6-55　以简化画法完成的六角螺母

6.4　绘制平键

本实例要绘制的平键零件如图 6-56 所示。

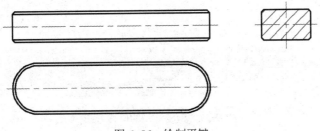

图 6-56　绘制平键

本实例涉及的主要知识点如下。

● 平键的视图表示方法。

● 镜像对象。

● 绘制剖面线。

下面是具体的操作步骤。

1 单击"新建"按钮，新建一个使用采用公制（默认）的从草图开始的绘图文件。确保使用"草图与注释"工作空间。

2 在功能区"默认"选项卡的"图层"面板中单击"图层特性"按钮，打开"图层特性管理器"选项板。添加以下 3 个图层。

1）命名为"粗实线（轮廓线）"的图层：颜色为黑色，线宽属性为 0.35，其余默认。

2）命名为"细实线"的图层：颜色为蓝色，线宽属性为 0.18，其余默认。

3）命名为"中心线"的图层：颜色为红色，线宽属性为 0.18，线型加载为"CENTER"。

将"中心线"层设置为当前的工作图层。

3 启用"正交"模式、"对象捕捉"模式、"对象捕捉追踪"和"显示线宽"模式，并单击"直线"按钮，绘制图 6-57 所示的中心线。

4 在"图层"面板的"图层控制"列表框中，选择"粗实线（轮廓线）"层。

5 单击"圆心，半径"按钮，绘制图 6-58 所示的一个圆，圆心位于下方水平中心线的适当位置，圆半径为 10。

图 6-57　绘制中心线　　　　　　　　　　　　　图 6-58　绘制圆

6 注意处于正交模式下，选择刚绘制的圆，单击"复制"按钮，根据命令行提示进行下列操作。

```
命令:_copy 找到 1 个
当前设置：复制模式 = 多个
指定基点或 [位移(D)/模式(O)] <位移>:　　//选择圆心
指定第二个点或 [阵列(A)] <使用第一个点作为位移>: 60↙
//将光标向右移动，如图 6-59 所示，接着输入位移距离
指定第二个点或 [阵列(A)/退出(E)/放弃(U)] <退出>:↙
```

图 6-59　指定复制的位移方向

复制结果如图 6-60 所示。

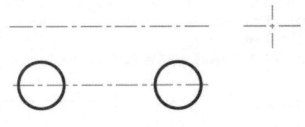

图 6-60 复制结果

7 单击"直线"按钮／，捕捉到图 6-61 所示的象限点并单击，接着捕捉到图 6-62 所示的象限点并单击，从而绘制一条轮廓线。

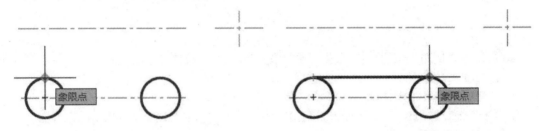

图 6-61 指定直线的第 1 点   图 6-62 指定直线的第 2 点

8 使用同样的方法，单击"直线"按钮／，由选定的两个象限点绘制一条轮廓线，结果如图 6-63 所示。

9 单击"修剪"按钮一，将多余的圆弧修剪掉，修剪结果如图 6-64 所示。

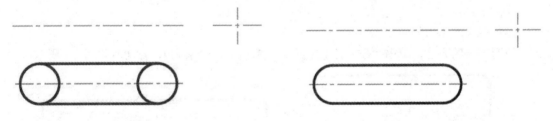

图 6-63 绘制轮廓线   图 6-64 修剪结果

10 单击"偏移"按钮△，分别创建图 6-65 所示的偏移线（创建的偏移线位于原"跑道形"图形的内部，即向内侧偏移），偏移距离均为 1。

图 6-65 偏移结果

11 单击"直线"按钮／，根据命令行提示进行下列操作。

命令: _line 指定第一点: //追踪捕捉到图 6-66 所示的追踪线交点并单击

指定下一点或 [放弃(U)]: @6<90✓　　　　//指定第 2 点（B 点）的相对坐标
指定下一点或 [放弃(U)]: @80<0✓　　　　//指定第 3 点（C 点）的相对坐标
指定下一点或 [闭合(C)/放弃(U)]: @6<-90✓　　//指定第 4 点（D 点）的相对坐标
指定下一点或 [闭合(C)/放弃(U)]: ✓

绘制的直线段 AB、BC 和 CD 如图 6-67 所示。

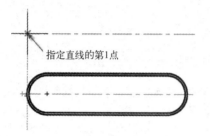

图 6-66　追踪点

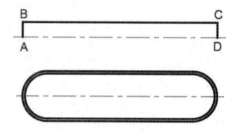

图 6-67　绘制连续的直线

⑫ 单击"倒角"按钮 ，根据命令行提示进行下列操作。

命令: _chamfer
（"修剪"模式）当前倒角距离　1 = 2.0000，距离　2 = 2.0000
选择第一条直线或 [放弃(U)/多段线(P)/距离(D)/角度(A)/修剪(T)/方式(E)/多个(M)]: D✓
//选择"距离"选项
指定　第一个　倒角距离　<2.0000>: 1✓
指定　第二个　倒角距离　<1.0000>:✓
选择第一条直线或 [放弃(U)/多段线(P)/距离(D)/角度(A)/修剪(T)/方式(E)/多个(M)]:
//选择直线 AB
选择第二条直线，或按住〈Shift〉键选择直线以应用角点或 [距离(D)/角度(A)/方法(M)]:
//选择直线 BC

倒角操作的结果如图 6-68 所示。

使用同样的方法，单击"倒角"按钮 ，创建另一处的倒角，结果如图 6-69 所示。

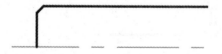

图 6-68　倒角结果 　　　　　　　　　　　图 6-69　创建另一处倒角

⑬ 单击"直线"按钮 ，由两点绘制一条轮廓线，如图 6-70 所示。

绘制的直线

图 6-70　绘制直线

⑭ 以窗口选择方式框选图 6-71 所示的图形，单击"镜像"按钮 ，根据命令行提示进行如下操作。

命令: _mirror 找到　6 个

指定镜像线的第一点:　　　　//选择图 6-72 所示的中心线的端点 A
指定镜像线的第二点:　　　　//选择图 6-72 所示的中心线的端点 B
要删除源对象吗? [是(Y)/否(N)] <否>:↙　　　　//不删除源对象

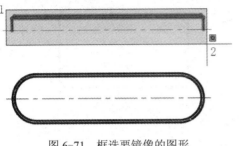

图 6-71　框选要镜像的图形

图 6-72　定义镜像线

15 单击"偏移"按钮 ，创建图 6-73 所示的 4 条中心线，图中给出了相应的偏移距离。

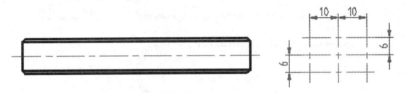

图 6-73　偏移结果

16 单击"直线"按钮 ，连接相关辅助线交点来绘制所需的直线段，如图 6-74 所示。然后，将步骤**15**创建的中心线删除。

17 单击"倒角"按钮 ，采用默认的"修剪"模式，并设置当前倒角距离 1 = 1.0000，距离 2 = 1.0000，创建图 6-75 所示的倒角。

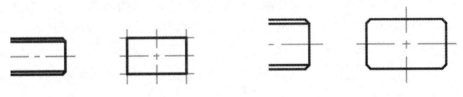

图 6-74　绘制直线段　　　　　　　　　　图 6-75　倒角结果

18 在"图层"面板的"图层控制"下拉列表框中选择"细实线"层。

19 在"绘图"面板中单击"图案填充"按钮 ，则功能区出现"图案填充创建"选项卡。在"图案"面板的"图案"列表中选择"ANSI31" ，如图 6-76 所示。

图 6-76　"图案填充创建"选项卡

在"边界"面板中单击"拾取点"按钮 ，分别在图 6-77 所示的区域 1、2、3 和 4 中单击，然后在"图案填充创建"选项卡的"关闭"面板中单击"关闭图案填充创建"按钮 **X**，完成的剖面线如图 6-78 所示。

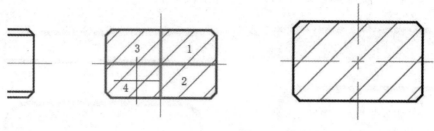

图 6-77　指定内部点　　　　　　　图 6-78　完成的剖面线

至此，完成了本例平键平面图的创建，效果如图 6-79 所示。

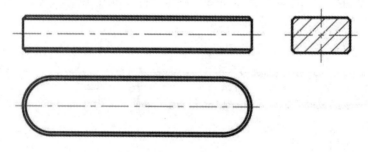

图 6-79　完成的平键

6.5　绘制矩形花键

本实例要绘制花键零件的局部结构图，如图 6-80 所示。花键是常见的机械结构之一，它主要起联接和传动作用。花键的种类比较多，例如有矩形花键、渐开线花键等，在这里，主要介绍如何绘制矩形花键。

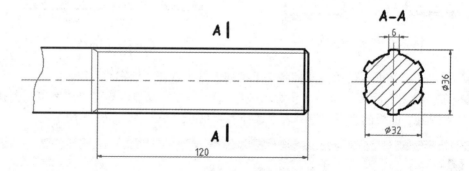

图 6-80　绘制花键局部结构图

在介绍具体的绘制方法及步骤之前，先简单地介绍矩形花键的一些画法规则。

（1）在平行于花键轴线的投影面的视图中，外花键的大径用粗实线，小径用细实线绘制，并在断面图中画出一部分或全部齿形；内花键的大径及内经均使用粗实线绘制，并在局部视图中画出一部分或全部齿形。

（2）外花键工作长度的终止端和尾部长度的末端均用细实线绘制，并与轴线垂直，尾部则画成斜线，其倾斜角度一般与轴线成30º，必要时可以按照实际情况画出。

（3）在外花键局部剖视中，位于局部剖视中的花键大径和小径均用粗实线绘制，如图6-81所示。垂直于花键轴线的投影面的视图按图6-82所示绘制。

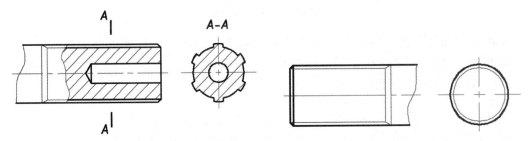

图6-81　外花键局部剖视画法　　　　　　图6-82　垂直于花键轴线的投影面视图

本实例涉及的主要知识点如下。

● 外花键的表示法。

● 圆周阵列。

● 绘制剖面线。

● 矩形花键的尺寸标注。

下面是具体的操作步骤。

🔟 单击"新建"按钮，弹出"选择样板"对话框，在该对话框中单击 打开(0) 中的"下三角"按钮，接着选择"无样板打开-公制"命令。注意在本例绘制过程中暂时关闭线宽显示。

🔟 在功能区"默认"选项卡的"图层"面板中单击"图层特性"按钮，打开"图层特性管理器"选项板。添加下列3个图层。

1）命名为"粗实线（轮廓线）"的图层：颜色为黑色，线宽属性为0.35，其余默认。

2）命名为"细实线"的图层：颜色为蓝色，线宽属性为0.18，其余默认。

3）命名为"中心线"的图层：颜色为红色，线宽属性为0.18，线型加载为"CENTER"。

将"中心线"层设置为当前的工作图层。

🔟 启用"正交"模式、"对象捕捉"模式和"对象捕捉追踪"模式，并单击"直线"按钮，绘制图6-83所示的中心线，可以适当修改一下中心线的线型比例。

图6-83　绘制中心线

🔟 单击"偏移"按钮，创建图6-84所示的偏移线，图中给出了偏移距离。

图 6-84　绘制偏移线

![⑤] 在"图层"面板的"图层控制"下拉列表框中，选择"粗实线（轮廓线）"层。

![⑥] 单击"直线"按钮╱，绘制图 6-85 所示的直线。

![⑦] 单击"直线"按钮╱，根据命令行提示进行如下操作。

命令: _line

指定第一点:　　　　　　　　　　　　　　//选择图 6-85 所示的 A 点

指定下一点或 [放弃(U)]: @10<135↙　　　//输入相对坐标确定直线的另 1 个端点

指定下一点或 [放弃(U)]: ↙

绘制的直线如图 6-86 所示。

图 6-85　绘制直线　　　　　　　　　　　　　图 6-86　绘制直线

![⑧] 单击"偏移"按钮╚，根据命令行提示进行下列操作。

命令: _offset

当前设置: 删除源=否　图层=源　OFFSETGAPTYPE=0

指定偏移距离或 [通过(T)/删除(E)/图层(L)] <16.0000>: 120↙　　　//指定偏移距离

选择要偏移的对象，或 [退出(E)/放弃(U)] <退出>:　　　　　　　//选择图 6-87 所示的直线

指定要偏移的那一侧上的点，或 [退出(E)/多个(M)/放弃(U)] <退出>: //在所选直线的左侧区域单击

选择要偏移的对象，或 [退出(E)/放弃(U)] <退出>: ↙　　//退出后，得到图 6-88 所示的直线 CD

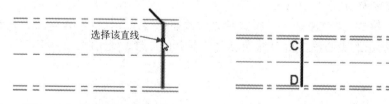

图 6-87　选择要偏移的对象　　　　　　　　　图 6-88　由偏移创建直线 CD

![⑨] 单击"直线"按钮╱，根据命令行提示进行如下操作。

命令: _line

指定第一点:　　　　　　　　　　　　　　//选择直线 CD 的上端点 C

指定下一点或 [放弃(U)]: @10<150↙　　　//输入相对坐标确定直线的第 2 点

指定下一点或 [放弃(U)]: ↙　　　　　　　//完成

绘制的线段如图 6-89 所示。

图 6-89　完成线段

10 在"图层"面板的"图层控制"下拉列表框中选择"细实线"层作为当前图层，接着在"绘图"面板中单击"样条曲线拟合"按钮 ，绘制图 6-90 所示的样条曲线。该命令的执行过程如下。

命令: _spline
当前设置: 方式=拟合　节点=弦
指定第一个点或 [方式(M)/节点(K)/对象(O)]: M↙
输入样条曲线创建方式 [拟合(F)/控制点(CV)] <拟合>: F↙
当前设置: 方式=拟合　节点=弦
指定第一个点或 [方式(M)/节点(K)/对象(O)]:　　　　　//指定第 1 个点
输入下一个点或 [起点切向(T)/公差(L)]:　　　　　　　//指定第 2 个点
输入下一个点或 [端点相切(T)/公差(L)/放弃(U)]:　　　//指定第 3 个点
输入下一个点或 [端点相切(T)/公差(L)/放弃(U)/闭合(C)]:　//指定第 4 个点
输入下一个点或 [端点相切(T)/公差(L)/放弃(U)/闭合(C)]:　//指定第 5 个点
输入下一个点或 [端点相切(T)/公差(L)/放弃(U)/闭合(C)]: ↙

图 6-90　完成样条曲线的效果

11 启用"正交"模式，单击"直线"按钮 ，分别绘制图 6-91 所示的直线 1 和直线 2。

图 6-91　绘制的两条竖直直线

12 结合"修改"面板中的"修剪"按钮 和"删除"按钮 ，修剪图形及将不需要的一些图元删除，结果如图 6-92 所示。

图 6-92　修剪图形及删除不需要的图元

⑬ 选择图 6-93 所示的图元，单击"镜像"按钮 ▲，然后在主水平中心线上选择两点，最后的镜像结果如图 6-94 所示。

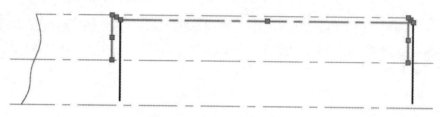

图 6-93　选择要镜像的图元

图 6-94　镜像结果

⑭ 修剪图形，并改变相关线段的属性，即外花键的大径用粗实线，小径用细实线，外花键工作长度的终止端和尾部长度的末端均使用细实线绘制等，注意样条曲线也为细实线。修改后的图形如图 6-95 所示。

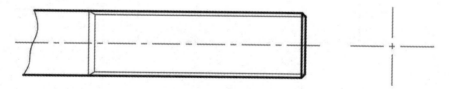

图 6-95　修改结果

⑮ 将"粗实线（轮廓线）"层设置为当前图层，接着分别单击"圆心，直径"按钮 ⊘ 来绘制直径为 36 和 32 的两个同心圆，如图 6-96 所示。

⑯ 单击"偏移"按钮 ⬟，由图 6-97 所示的竖直中心线分别向两侧偏移 3，创建两条辅助线。

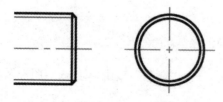

图 6-96　绘制同心的两个圆

图 6-97　创建两条辅助线

17 选择刚创建的两条辅助线，从"图层"面板的"图层控制"下拉列表框中选择"粗实线（轮廓线）"层。接着按〈Esc〉键，取消选中这两条辅助线，然后单击"修改"面板中的"修剪"按钮 ⊬ ，修剪刚创建的两条辅助线，修剪结果如图 6-98 所示。

18 选择图 6-99 所示的两小段粗实线，单击"环形阵列"按钮 ▓ ，接着根据命令行提示进行如下操作。

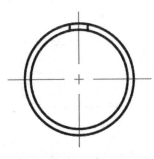

图 6-98　修剪结果

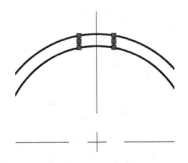

图 6-99　选择对象

命令: _arraypolar 找到 2 个

类型 = 极轴　关联 = 是

指定阵列的中心点或 [基点(B)/旋转轴(A)]:　　　　　　　　//选择图 6-100 所示的圆心

选择夹点以编辑阵列或 [关联(AS)/基点(B)/项目(I)/项目间角度(A)/填充角度(F)/行(ROW)/层(L)/旋转项目(ROT)/退出(X)] <退出>: I↙

输入阵列中的项目数或 [表达式(E)] <6>: 6↙

选择夹点以编辑阵列或 [关联(AS)/基点(B)/项目(I)/项目间角度(A)/填充角度(F)/行(ROW)/层(L)/旋转项目(ROT)/退出(X)] <退出>: F↙

指定填充角度(+=逆时针、−=顺时针)或 [表达式(EX)] <360>: 360↙

选择夹点以编辑阵列或 [关联(AS)/基点(B)/项目(I)/项目间角度(A)/填充角度(F)/行(ROW)/层(L)/旋转项目(ROT)/退出(X)] <退出>: AS↙

创建关联阵列 [是(Y)/否(N)] <是>: N↙

选择夹点以编辑阵列或 [关联(AS)/基点(B)/项目(I)/项目间角度(A)/填充角度(F)/行(ROW)/层(L)/旋转项目(ROT)/退出(X)] <退出>:↙

阵列结果如图 6-101 所示。

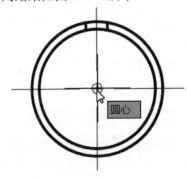

图 6-100　指定阵列的中心点

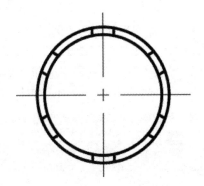

图 6-101　阵列结果

19 单击"修改"面板中的"修剪"按钮 ⊬ ，修剪外花键的断面图，修剪结果如图 6-102

所示。

20 单击"直线"按钮 ∕ ，在左图中绘制一条垂直于花键轴线的粗实线，然后单击"打断"按钮 ，在该粗实线上选择适当的两个点将其打断，从而形成剖切符号，如图 6-103 所示。

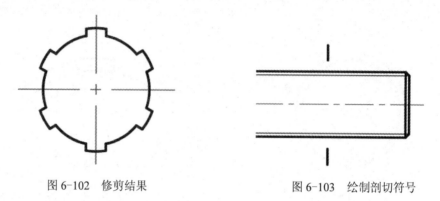

图 6-102 修剪结果   图 6-103 绘制剖切符号

21 选择两段剖切线，在"特性"面板中指定它们的线宽为 0.40，如图 6-104 所示，接着按〈Esc〉键。

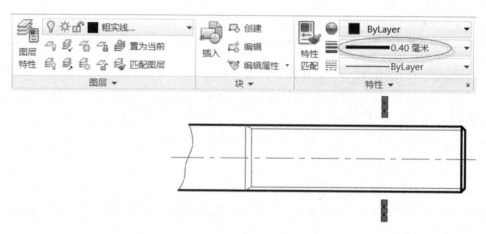

图 6-104 指定剖切线的线宽

22 从"图层"面板的"图层控制"下拉列表框中选择"细实线"层。

23 从"绘图"面板中单击"图案填充"按钮 ，打开"图案填充创建"选项卡。在"图案"面板的"图案"列表中选择"ANSI31" ，并在"特性"面板中设置角度为"0"，比例为"1.5"，并设置其他选项，如图 6-105 所示。

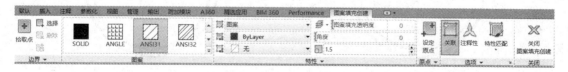

图 6-105 "图案填充和渐变色"对话框

在"边界"面板中单击"拾取点"按钮 ，分别在图 6-106 所示的区域 1、区域 2、区域 3、区域 4 中单击，然后在"图案填充创建"选项卡的"关闭"面板中单击"关闭图案填充创建"按钮，完成的剖面线如图 6-107 所示。

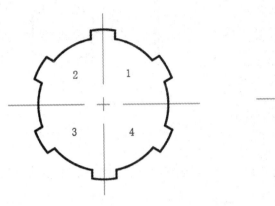
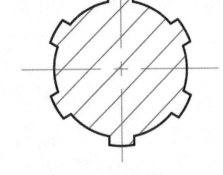

图 6-106　指定内部点　　　　　　　　　图 6-107　完成的剖面线

24 按照本书前面章节介绍的方法创建文字样式和标注样式，文字高度可以设置为"5"。

25 单击"多行文字"按钮 A，在上剖切线（符号）附近指定两个角点，如图 6-108 所示，输入字母"A"，并设置字体倾斜度，然后单击"文字编辑器"选项卡上的"关闭文字编辑器"按钮。

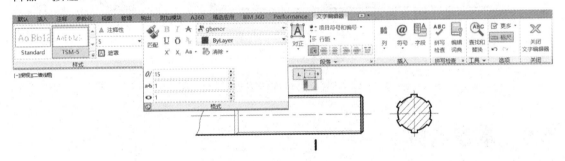

图 6-108　输入文字

使用同样方法，另外添加两处文字，结果如图 6-109 所示。

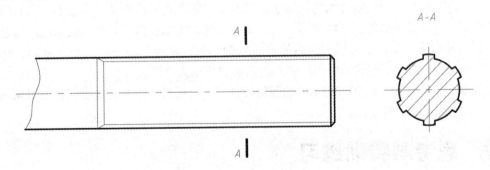

图 6-109　添加文字

26 单击"线性标注"按钮，分别标注图 6-110 所示的尺寸。

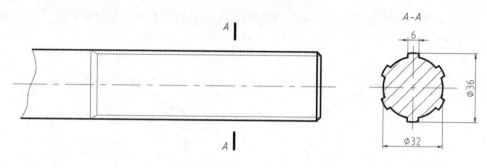

图 6-110　标注尺寸

知识点拨： 在本例中，外花键的断面图 A-A 也可以采用另外一种典型的规范画法，如图 6-111 所示（未打开线宽显示时）。

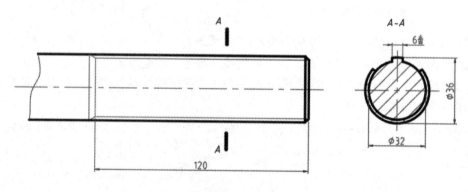

图 6-111　矩形花键

6.6　本章点拨

　　本章介绍了如何使用 AutoCAD 2014 来绘制一些简单零件，如平垫圈、六角头螺栓、螺母、平键和矩形花键。通过本章实例，读者除了掌握 AutoCAD 2014 的使用方法及技巧之外，还学习和掌握了一些零件的简化画法，以及一些零件典型结构的表示法等，这为绘制复杂零件图打下了坚实基础。需要说明一下，本章只是介绍部分简单零件的表示法，这是远远不够的，希望读者认真学习机械制图的有关基础知识，掌握机械图样的画法规则、标注规则、特殊结构（螺纹、花键、中心孔等）的表示法等相关知识。

　　本章重点复习 AutoCAD 2014 中的图层设置、阵列操作、绘制剖面线、使用对象捕捉追踪（简称对象追踪）等知识。

6.7　思考与特训练习

　　（1）特训练习：采用简化画法，绘制一个六角头螺栓（GB5782-86 M12×35）。
　　（2）特训练习：采用简化画法，绘制一个六角头螺母（GB6170-86 M16）。

（3）附加思考练习题：请查阅相关的机械制图教程，了解常见螺栓、螺钉的头部及螺母等在装配图中的简化画法。

（4）机械图样中的一些特殊结构的表示法是要遵守国家制图标准的。请绘制几个简单的局部图来分别说明各典型螺纹结构的表示法，例如普通外螺纹、内螺纹等。

（5）特训练习：绘制图 6-112 所示的内花键结构。

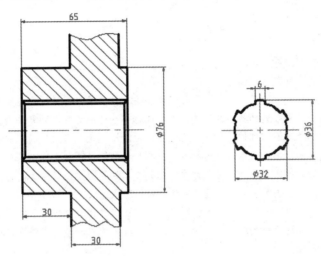

图 6-112　内花键结构

第7章　绘制常见机械零件图

本章导读：

前面已经了解了一些简单零件的表示法，在本章中将通过典型实例介绍如何绘制一些常见的机械零件图，其中包括部分通用零部件的零件图。这里所述的部分通用零部件是指那些已经系列化、规范化和通用化的零部件，如齿轮、弹簧、滚动轴承、动密封圈等，在其机械设计图样中，可以采用简化画法和简化注法来表达。另外，在一些复杂零件的图样设计中，注意使用局部视图、断面图等来完整地表达零件的结构形状。

在本章中，绘制的完整零件图均要求：正确选择和合理布置视图，合理标注尺寸，标注公差及表面结构要求，编写技术要求和填写零件图的标题栏等相关内容。

在本章中，还将学习到如何使用 AutoCAD 2017 注写表面结构要求，标注形位公差，设置尺寸公差等相关内容。

本章精彩实例包括绘制轴、齿轮、螺套、弹簧、凸轮、衬盖、花键-锥齿轮和滚动轴承等。

7.1　绘制轴

轴类零件一般都是回转体（旋转体），其零件的工作图通常只需一个主视图，在有键槽和孔等结构的地方，可以增加必要的局部剖面或断面图；对于某些退刀槽、中心孔等细小结构，必要时可以采用局部放大图来确切地表达具体形状并标注其尺寸。

本实例完成的轴零件图如图 7-1 所示。

在本实例中，重点介绍使用 AutoCAD 2017 来进行表面结构要求、形位公差以及尺寸公差的标注。读者应深刻体会完整零件图的设计要素。

下面介绍具体的绘制方法及步骤。

1 单击"新建"按钮□，弹出"选择样板"对话框。通过"选择样板"对话框来选择网盘资料中的"图形样板"文件夹，然后选择"ZJ-A3 横向-留装订边.dwt"文件，单击"打开"按钮。

2 按〈Ctrl+S〉组合键进行文件保存操作，利用弹出来的"图形另存为"对话框将此新图形另存为"TSM_7_轴 X.dwg"。

3 在"图层"面板的"图层控制"下拉列表框中选择"中心线"层，并确保启用"正交"模式。另外，可以通过选中状态栏中的"显示/隐藏线宽"按钮来设置显示线宽。

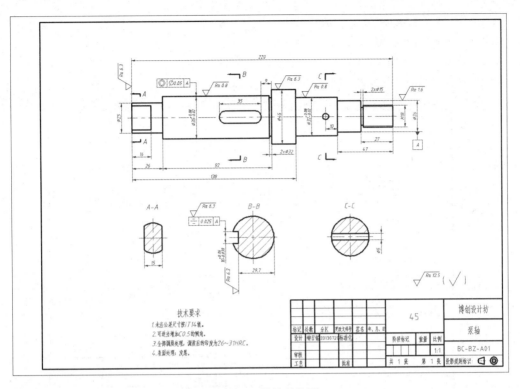

图 7-1　泵轴的零件图

4 单击"直线"按钮，在图框内欲放置主视图的位置处选定两个点绘制一条水平的中心线。可以通过"特性"选项板设置中心线的线型比例。

5 在"图层"面板的"图层控制"下拉列表框中选择"粗实线"层；接着单击"直线"按钮，根据命令行的提示信息进行如下操作。

命令: _line
指定第一点:　　　　　　　　　　　　　　　　　//在中心线上指定一点，该点距离左端点大约5
指定下一点或 [放弃(U)]: @12.5<90↙
指定下一点或 [放弃(U)]: @26<0↙
指定下一点或 [闭合(C)/放弃(U)]: @5<90↙
指定下一点或 [闭合(C)/放弃(U)]: @90<0↙
指定下一点或 [闭合(C)/放弃(U)]: @1.5<-90↙
指定下一点或 [闭合(C)/放弃(U)]: @2<0↙
指定下一点或 [闭合(C)/放弃(U)]: @6.5<90↙
指定下一点或 [闭合(C)/放弃(U)]: @20<0↙
指定下一点或 [闭合(C)/放弃(U)]: @6.5<-90↙
指定下一点或 [闭合(C)/放弃(U)]: @35<0↙
指定下一点或 [闭合(C)/放弃(U)]: @3<-90↙
指定下一点或 [闭合(C)/放弃(U)]: @20<0↙
指定下一点或 [闭合(C)/放弃(U)]: @5.5<-90↙
指定下一点或 [闭合(C)/放弃(U)]: @2<0↙
指定下一点或 [闭合(C)/放弃(U)]: @1.5<90↙

指定下一点或 [闭合(C)/放弃(U)]: @25<0↙
指定下一点或 [闭合(C)/放弃(U)]: @9<-90↙
指定下一点或 [闭合(C)/放弃(U)]: ↙
绘制的连续直线段如图 7-2 所示。

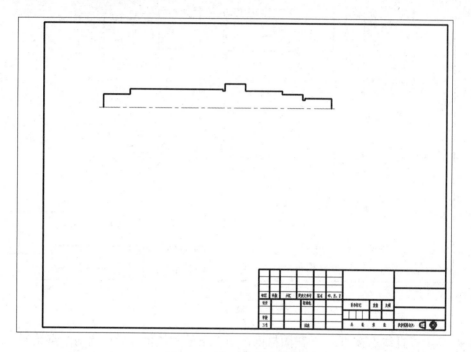

图 7-2　绘制连续的直线段

⑥　单击"延伸"按钮⊸⁄，选择中心线作为边界的边，单击鼠标右键确认，然后分别单击要延伸的对象，最后得到的延伸结果如图 7-3 所示。

图 7-3　延伸结果

⑦　框选位于中心线上方的轮廓线，单击"镜像"按钮 ◭，接着在中心线上分别指定两点来定义镜像线，镜像结果如图 7-4 所示。

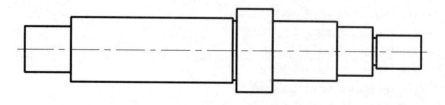

图 7-4　镜像结果

8 单击"偏移"按钮，分别创建图 7-5 所示的两条辅助线，图中特意给出了偏移距离。

9 单击"修改"面板中的"修剪"按钮，将不需要的辅助线段修剪掉，然后将修剪得到的小段水平中心线设置为粗实线，效果如图 7-6 所示。

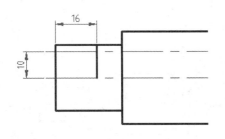

图 7-5 偏移结果 1

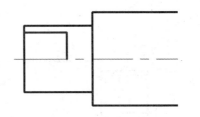

图 7-6 获得的轮廓线

10 单击"偏移"按钮，分别创建图 7-7 所示的两条竖直的辅助线，图中特意给出了偏移距离。

11 单击"圆心，半径"按钮，分别绘制图 7-8 所示的两个圆，圆的半径均为 5。

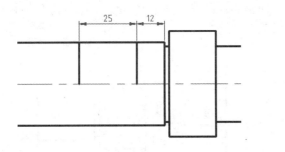

图 7-7 偏移结果 2

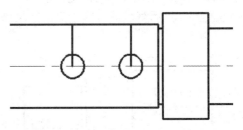

图 7-8 绘制两个圆

12 单击"直线"按钮，绘制一条直线段，如图 7-9 所示。

13 分别单击"修改"工具栏中的"修剪"按钮和"删除"按钮，删除不需要的线段，结果如图 7-10 所示。

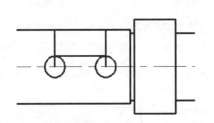

图 7-9 在两圆间绘制一条直线段

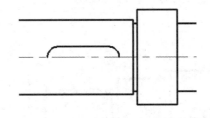

图 7-10 修剪及删除的结果

14 选择图 7-11 所示的要镜像的对象，单击"镜像"按钮，接着在中心线上分别指定两个点来定义镜像线，镜像结果如图 7-12 所示。

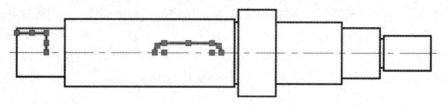

图 7-11　选择要镜像的对象

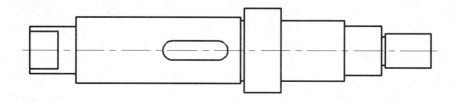

图 7-12　镜像结果

16　单击"偏移"按钮创建图 7-13 所示的一条竖直的辅助线，图中特意给出了偏移距离。

16　单击"圆心，半径"按钮，在刚创建的辅助线与中心线的交点处绘制一个半径为 2.5 小圆，然后将该辅助线删除，结果如图 7-14 所示。

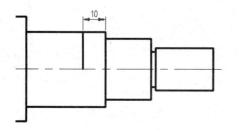

图 7-13　偏移结果

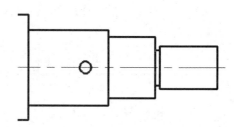

图 7-14　绘制小圆

17　单击"偏移"按钮，创建图 7-15 所示的两条偏移线；然后选择这两条偏移线，从"图层"面板的"图层控制"下拉列表框中选择"细实线"层，如图 7-16 所示。

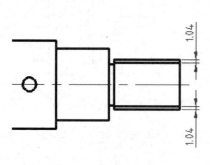

图 7-15　创建偏移线

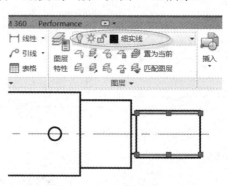

图 7-16　设置为细实线

此时，可以在状态栏中单击"显示/隐藏线宽"按钮 以取消选中它，从而隐藏线宽。在设计过程中，有时隐藏线宽使图形相对于屏幕大小而言显得更明了，这样亦有利于设计。

⑱ 在命令窗口中，在"输入命令"提示下输入"QLEADER"进行操作，具体如下。

命令: QLEADER✓　　　　　　　　　　　　//输入"QLEADER"，按〈Enter〉键

指定第一个引线点或 [设置(S)] <设置>: S✓　　//选择"设置"选项

弹出"引线设置"对话框，在"注释"选项卡的"注释类型"选项组中选择"无"单选按钮，如图 7-17 所示；切换到"引线和箭头"选项卡，设置图 7-18 所示的选项。进行引线设置后，单击"引线设置"对话框中的"确定"按钮。

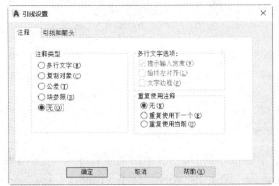

图 7-17　引线设置　　　　　　　　　　图 7-18　"引线和箭头"选项卡

指定第 1 个引线点，使用对象捕捉追踪功能确定第 2 个引线点，如图 7-19 所示；接着在垂直方向上确定一点，结果如图 7-20 所示。

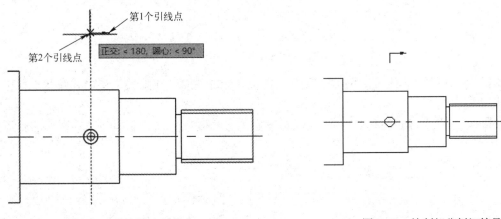

图 7-19　确定两个引线点　　　　　　　　图 7-20　绘制部分剖切符号

⑲ 选择刚绘制的部分剖切符号，单击"镜像"按钮 ，接着在中心线上分别指定两点来定义镜像线，镜像结果如图 7-21 所示，图中还添加一个穿过小孔的竖直中心线。

⑳ 使用同样的方法，绘制其他剖切符号，如图 7-22 所示。

㉑ 在功能区"默认"选项卡的"注释"溢出面板中，选择当前文件中已有的"WZ-X5"文字样式作为当前的文字样式，如图 7-23 所示。

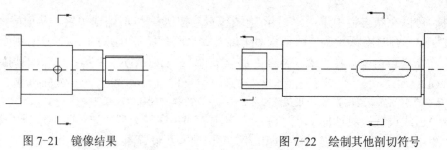

图 7-21　镜像结果	图 7-22　绘制其他剖切符号

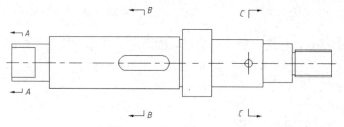

图 7-23　指定当前的文字样式

22 单击"多行文字"按钮 **A**，分别给剖切平面注写字母（表示剖切面名称），注写结果如图 7-24 所示。可以将剖切面名称所在的图层更改为"细实线"层或"标注及剖面线"层。

图 7-24　注写剖切平面

23 在"图层"面板的"图层控制"下拉列表框中选择"中心线"层，并在状态栏中启用"正交"模式。

24 单击"直线"按钮 ，在主视图下方的适当区域分别绘制图 7-25 所示的若干中心线。

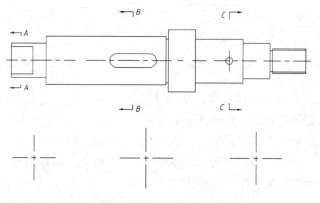

图 7-25　绘制中心线

25 在"图层"面板的"图层控制"下拉列表框中选择"粗实线"层。

26 单击"圆心、直径"按钮⊘，分别绘制图 7-26 所示的 3 个圆，从左到右，圆的直径分别为 25、35 和 32。

图 7-26　绘制圆

27 单击"偏移"按钮⊘，分别创建图 7-27 所示的辅助线，图中给出了各辅助线的偏移距离。

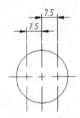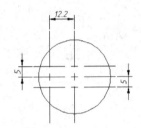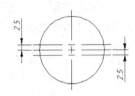

图 7-27　偏移结果

28 单击"直线"按钮╱，结合对象捕捉功能和借助辅助线，绘制剖视所需要的轮廓线，然后将这些辅助线删除，得到的结果如图 7-28 所示。

图 7-28　绘制剖视所需要的轮廓线

29 单击"修剪"按钮╱，修剪不需要的线段，修剪结果如图 7-29 所示。

图 7-29　修剪结果

30 在"图层"面板的"图层控制"下拉列表框中选择"标注及剖面线"层。

31 单击"图案填充"按钮▨，打开功能区上的"图案填充创建"选项卡。在"图案"面板的"图案"列表中选择"ANSI31"；在"特性"面板中，设置角度为"0"，比例为"1.5"。在"边界"面板中单击"拾取点"按钮⊞，分别在要绘制剖面线的区域内单击，然后在"图案填充创建"选项卡的"关闭"面板中单击"关闭图案填充创建"按钮，完成的剖面线如图 7-30 所示。

图 7-30　绘制剖面线

32 单击"打断"按钮，将较长的中心线适当打断，使其只伸出视图最外面的轮廓线约 2～5。

33 在"注释"溢出面板中指定当前的标注样式为"ZJBZ-X3.5"。单击"线性标注"按钮，标注所需要的线性尺寸。并通过在命令行中输入"TEXTEDIT"或者"ED"命令，在一些特定的尺寸数字前输入"%%C"，以表示直径符号 *Φ*；另外在外螺纹大径尺寸值 18 之前添加一个字母"M"，以表示螺纹规格尺寸。必要时，单击"打断"按钮，打断影响尺寸数字显示的某些中心线。标注好线性尺寸的结果如图 7-31 所示。

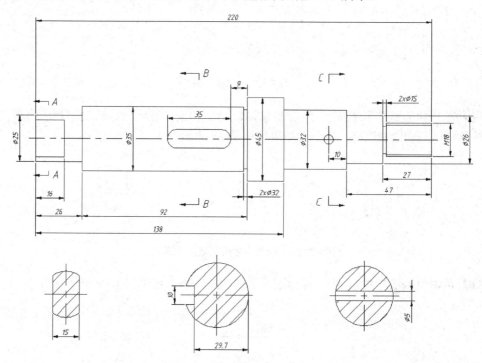

图 7-31　标注线性尺寸

知识点拨： 一般退刀槽的尺寸可以按"槽宽×直径"（如 2×*Φ*32）或"槽宽×槽深"（如 2×1.5）的形式标注。图形较小时，也可以用指引线的形式标注，指引线从轮廓线引出。

34 单击"多行文字"按钮 **A**，为位于主视图下方的 3 个剖视图添加视图名称，如图 7-32 所示。

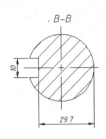
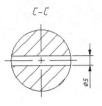

图 7-32 添加视图名称

3D 添加必要的尺寸公差。

选择要添加尺寸公差的一个直径尺寸，如图 7-33 所示，单击"特性"按钮 **圖** 或者按〈Ctrl+1〉组合键，打开图 7-34 所示的"特性"选项板。

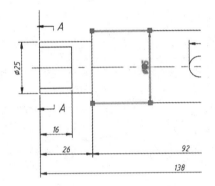

图 7-33 选择要添加尺寸公差的尺寸   图 7-34 "特性"选项板

在"特性"选项板中查找到"公差"特性区域并展开该区域，从"显示公差"下拉列表框中选择"极限偏差"，设置"公差下偏差"为"0.02"，"公差上偏差"为"0.08"，"公差精度"为"0.000"，"公差文字高度"为"0.8"，如图 7-35 所示。设置好此尺寸公差后，按〈Esc〉键。

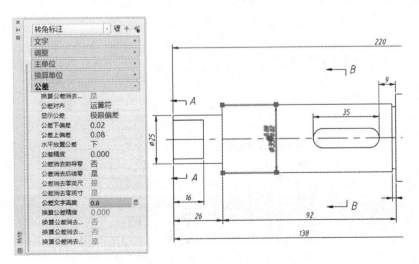

图 7-35 设置尺寸公差

使用同样的方法，设置另外两处的尺寸公差，如图 7-36 所示。读者可以自行给其他关键尺寸设置尺寸公差。

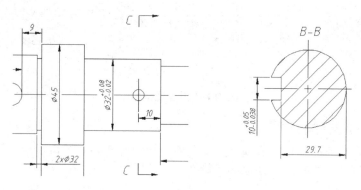

图 7-36　设置尺寸公差

36 注写基准符号和几何公差。

1）在"注释"溢出面板的"多重引线样式控制"下拉列表框中选择"基准标注"多重引线样式，并确保启用"正交"和"对象捕捉"模式。注意：本绘图文件所引用的"ZJ-A3横向-留装订边.dwt"图形样板中已经建立好"基准标注"和"倒角标注"等多重引线样式。

点拨：如果没有适用于注写基准符号的多重引线样式，那么可以按照下面介绍的方法步骤来建立。

单击"多重引线样式"按钮，或者在"格式"菜单中选择选择"多重引线样式"命令，打开"多重引线样式管理器"对话框。在"多重引线样式管理器"对话框中单击"新建"按钮，弹出"创建新多重引线样式"对话框，从中指定新样式名和基础样式，如图 7-37所示，单击"继续"按钮。弹出"修改多重引线样式"对话框。在"引线格式"选项卡中，从"常规"选项组的"类型"下拉列表框中选择"直线"选项，从"箭头"选项组的"符号"下拉列表框中选择"实心基准三角形"选项，箭头"大小"为"3"，如图 7-38 所示。

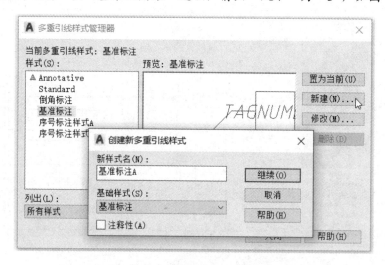

图 7-37　创建新的多重引线样式

图 7-38　设置引线格式

切换至"引线结构"选项卡，设置图 7-39a 所示的引线结构选项和参数；切换至"内容"选项卡，从"多重引线类型"下拉列表框中选择"块"选项，从"源块"下拉列表框中选择"方框"，从"附着"下拉列表框中选择"中心范围"选项，其他采用默认设置，如图 7-39b 所示，然后单击"确定"按钮，返回到"多重引线样式管理器"对话框，然后单击"关闭"按钮。

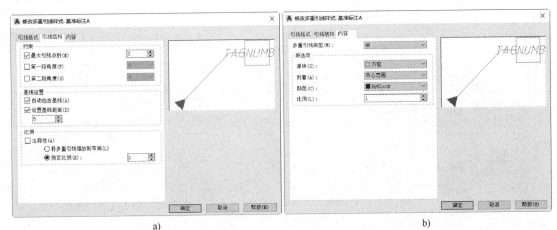

图 7-39　设置该多重引线样式的引线结构和内容

a) 设置引线结构　b) 设置内容

2）单击"多重引线"按钮，或者从"标注"菜单中选择"多重样式"命令，接着在"指定引线箭头的位置或 [引线基线优先(L)/内容优先(C)/选项(O)] <选项>:"命令行提示下，在视图上指定引线箭头的位置，如图 7-40a 所示，接着指定引线基线的位置，如图 7-40b 所示。系统弹出"编辑属性"对话框，在"输入标记编号"文本框中将默认标记编号更改为"A"，如图 7-41 所示，然后单击"确定"按钮，得到初步注写的基准符号如图 7-42 所示。

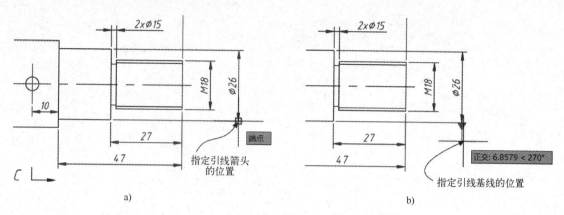

图 7-40　指定引线箭头和基线的位置

a) 指定引线箭头的位置　b) 指定引线基线的位置

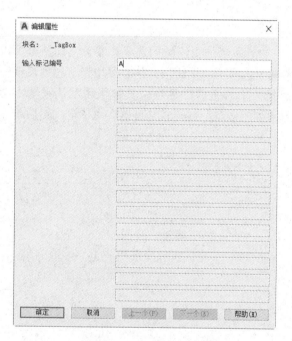

图 7-41　"编辑属性"对话框

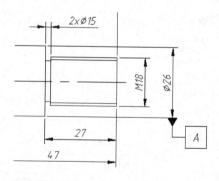

图 7-42　初步注写的基准符号

知识点拨： 与被测要素相关的基准用一个大写字母表示，字母标注在基准方格内，与一个填充的或空白的三角形相连以表示基准。带基准字母的基准三角形应该按照一定的规定放置。例如，当基准要素是轮廓线或轮廓面时，基准三角形放置在要素的轮廓线或其延长线上（与尺寸线明显错开），基准三角形也可以放置在该轮廓面引出线的水平线上；当基准是尺寸要素确定的轴线、中心平面或中心点时，基准三角形应放置在该尺寸线的延长线上，如果没有足够的位置标注基准要素尺寸的两个尺寸箭头，则其中一个箭头可用基准三角形代替；如果只以要素的某一局部作基准，则应用粗点画线示出该部分并加注尺寸。

3）单击"分解"按钮 ，选择刚创建的基准符号，按〈Enter〉键，从而将基准符号分解成若干部分，删除基线部分，并将基准方格连同字母移至引线正下方，并可单击"直线"
按钮 沿着放置基准三角形的尺寸线绘制适当的延长线，结果如图 7-43 所示。

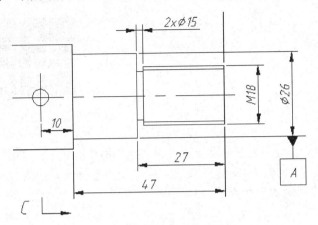

图 7-43　编辑好的基准符号标注

4）开始注写几何公差（通常指形位公差）。在命令窗口的"输入命令"提示下进行下列
操作。

命令: QLEADER↙　　　　　　　　　　　　　//输入命令条目"QLEADER"
指定第一个引线点或 [设置(S)] <设置>: S↙　　　//选择"设置"选项

系统弹出"引线设置"对话框。在"注释"选项卡的"注释类型"选项组中选择"公
差"单选按钮，如图 7-44a 所示。切换到"引线和箭头"选项卡，在"箭头"下拉列表框中
选择"实心闭合"选项，从"引线"选项组中选择"直线"单选按钮，如图 7-44b 所示。设
置好选项后，单击"确定"按钮。

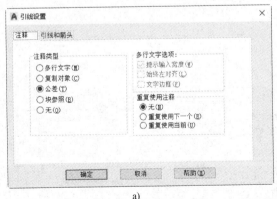
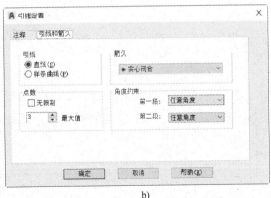

a)　　　　　　　　　　　　　　　　　　　　　b)

图 7-44　在"引线设置"对话框中进行相关设置

a) 引线注释设置　b) 设置引线箭头

5）结合使用"正交""对象捕捉"功能，分别指定图 7-45 所示的点 1、点 2 和点 3，系
统弹出"形位公差"对话框。在"符号"选项组中单击第 1 个按钮，弹出图 7-46 所示的
"特征符号"对话框，从中单击"同心度/同轴度公差"按钮 。

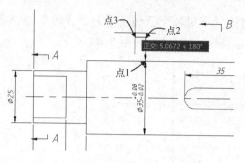

图 7-45 指定 3 点

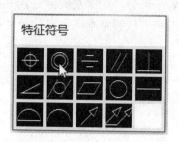

图 7-46 "特征符号"对话框

6）在"形位公差"对话框中分别设置"公差 1"和"基准 1"，如图 7-47 所示。然后，在"形位公差"对话框中单击"确定"按钮，完成的该形位公差如图 7-48 所示（图中已适当地调整了轴长度尺寸的放置放置）。

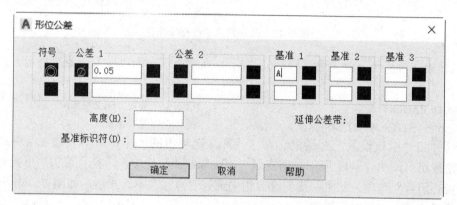

图 7-47 设置公差及基准

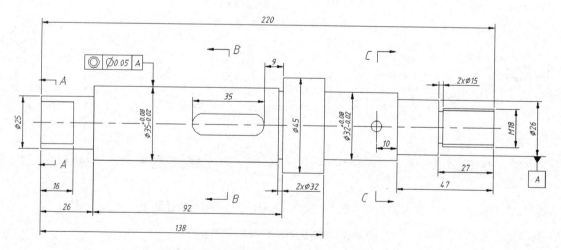

图 7-48 标注一个形位公差

7）使用同样的方法，在 B—B 剖视图中标注键槽宽的关于对称度的形位公差，完成的该对称度位公差标注结果如图 7-49 所示。

17 标注表面结构要求。首先需要准备好相关的表面结构符号的图形块。本案例图形文件所引用的图形样板中已经定义好相关的表面结构符号图形块。当然，读者可以自行按照标准来建立所需的表面结构符号图形块，其方法是先在图形文件中绘制好所需的表面结构符号图形，接着创建将用于在块中存储数据的相关属性定义，示例如图 7-50 所示（图中 A 用于注写表面结构的单一要求或第 1 个要求，B 用于注写第 2 个表面结构要求，C 用于注写加工方法，D 用于注写表面纹理和方向，E 用于注写加工余量），然后将带有属性的表面结构符号图形一起进行块定义。定义好各种所需的表面结构符号的属性块后，便可以在零件图中进行表面结构要求的标注操作。

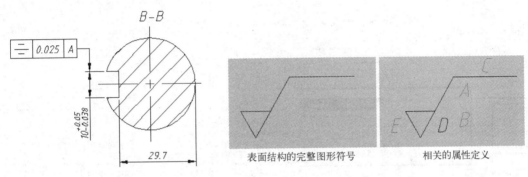

图 7-49　注写一处对称度　　　　　　　图 7-50　用于块定义的图形和属性定义

1）单击"插入块"按钮📇并接着选择"更多选项"命令，打开图 7-51 所示的"插入"对话框。在"名称"下拉列表框中选择名称为"表面结构要求 h3.5-去除材料"的图形块，确保在"插入点"选项组中勾选"在屏幕上指定"复选框，接受默认的缩放比例和其他选项，单击"确定"按钮。

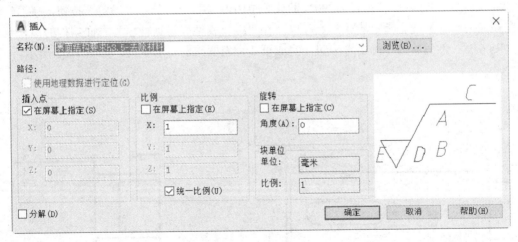

图 7-51　"插入"对话框

2）移动鼠标光标，在图 7-52 所示的轮廓边上指定一点（图中已设置显示线宽），系统弹出"编辑属性"对话框，在"注写表面结构的单一要求"文本框中输入"Ra 0.8"（Ra 和 0.8 之间应留有一个空格），如图 7-53 所示，然后单击"确定"按钮，完成注写的第一个表面结构要求如图 7-54 所示。

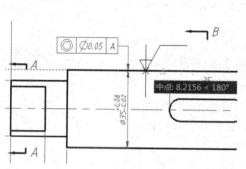

图 7-52　指定放置点

图 7-53　在"编辑属性"对话框中填写属性信息

3）使用同样的方法，单击"插入块"按钮 并接着选择"更多选项"命令，打开"插入"对话框，在"名称"下拉列表框中选择名称为"表面结构要求 h3.5-去除材料"的图形块，确保在"插入点"选项组中勾选"在屏幕上指定"复选框，并在"旋转"选项组中的"角度"文本框中输入旋转角度为 90（默认单位为度"°"），单击"确定"按钮，接着在轴的左端面的尺寸界线上指定块放置点，以及在"编辑属性"对话框填写表面结构的单一要求为"Ra 6.3"，然后单击"确定"按钮，完成第 2 个表面结构要求注写，如图 7-55 所示。

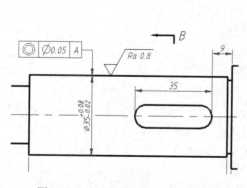

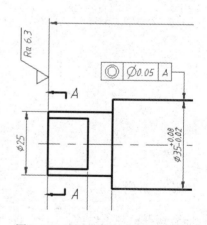

图 7-54　注写好第 1 个表面结构要求

图 7-55　注写好第 2 个表面结构要求

4）使用同样的方法，在其他关键的位置处标注所需要的表面结构要求，标注结果如图 7-56 所示。

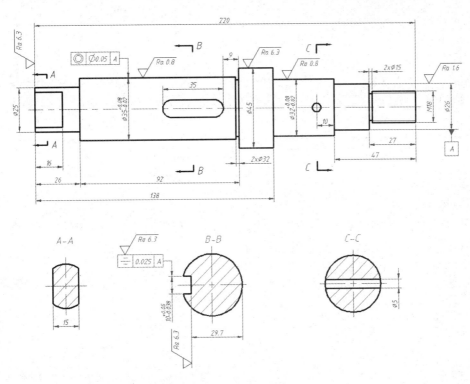

图 7-56 标注表面结构要求

5）在标题栏上方进行图 7-57 所示的表面结构要求注写，其中圆括号可以通过"多行文字"命令功能（"多行文字"按钮 **A**）来输入。

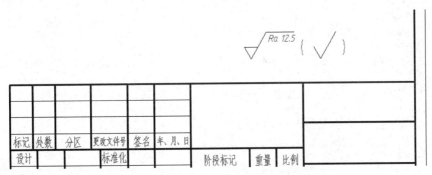

图 7-57 在标题栏附近注写其余表面结构要求

经验点拨： 如果零件的多数表面具有相同的表面结构要求，则其表面结构要求可统一注写在图样的标题栏附近，并在圆括号内给出无任何其他标注的基本图形符号，如本例；也可以根据实际情况在圆括号内给出在图中已经标注出的几个不同的表面结构要求。这样的注法代替了长期以来由旧标准规定的"其余"表面粗糙度的注法。当零件的全部表面有相同的表面结构要求时，同样可以在图样的标题栏附近统一标注表面结构要求。

38 单击"多行文字"按钮 **A**，在图框内适当位置处插入技术要求等文本，内容如图 7-58 所示。

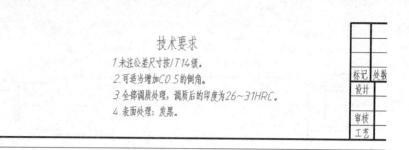

图 7-58　插入的技术要求

89 填写标题栏。

双击标题栏，弹出图 7-59 所示的"增强属性编辑器"对话框。利用该对话框分别设置各标记对应的"值"，例如设置"（图样名称）"的"值"为"泵轴"，"（材料标记）"的"值"为"45"等，如图 7-60 所示。

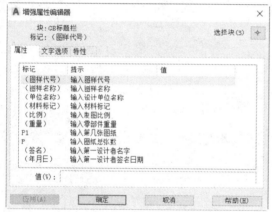

图 7-59　"增强属性编辑器"对话框

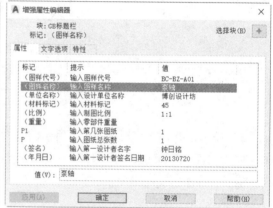

图 7-60　设置各标记对应的属性值

在"增强属性编辑器"对话框中单击"确定"按钮，基本填写好的标题栏如图 7-61 所示。

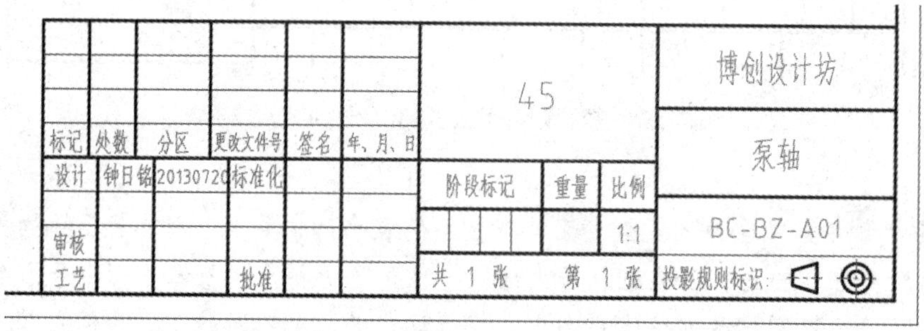

图 7-61　编写标题栏

90 检查图形，对一些不符合国家制图标准的标注进行最后的编辑处理。最终完成本例轴零件图的设计，结果如图 7-62 所示。

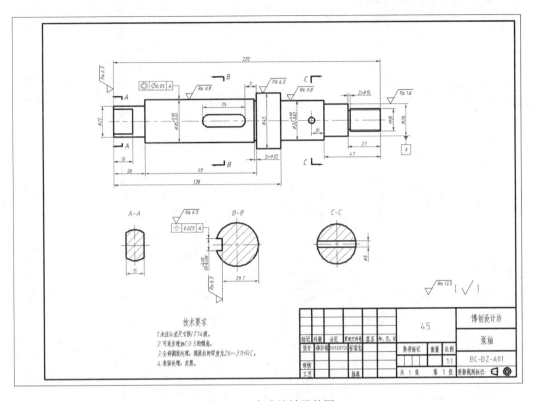

图 7-62 完成的轴零件图

7.2 绘制齿轮

齿轮是重要的机械零件之一，它的绘制可以依照 GB/T 4459.2《机械制图 齿轮画法》的相关规范来进行。齿顶圆和齿顶线用粗实线绘制，分度圆用细点画线绘制；齿根圆和齿根线用细实线绘制，也可以省略不画，在剖视图中，齿根圆用粗实线绘制。在齿轮、蜗轮的零件图中，一般用两个视图，或一个主视图和一个局部视图来表示，其中在剖视图中，当剖切平面通过齿轮的轴线时，轮齿一律按不剖处理。

本实例完成的齿轮零件图如图 7-63 所示。实例的目的是使读者掌握绘制齿轮零件图的方法及典型步骤。

下面介绍具体的绘制方法及步骤。

1 单击"新建"按钮，选择网盘资料"图形样板"文件夹中的"ZJ-A4 竖向-留装订边.dwt"文件作为图形样板，单击"打开"按钮。

2 按〈Ctrl+S〉组合键进行文件保存操作，利用弹出来的"图形另存为"对话框将此新图形将其另存为"TSM_7_齿轮 X.dwg"。本例使用"草图与注释"工作空间进行设计工作。

3 在功能区"默认"选项卡的"图层"面板中，从"图层控制"下拉列表框中选择"中心线"层，并在状态栏中设置启用"正交"模式。

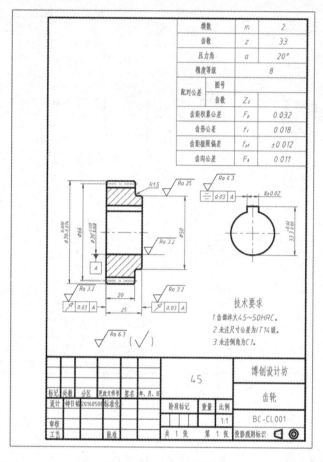

图 7-63　齿轮零件图

单击"直线"按钮，在图框内绘制图 7-64 所示的中心线。

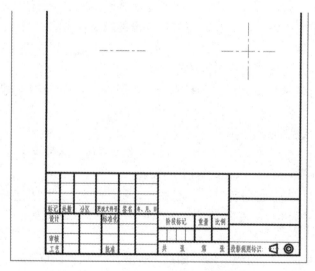

图 7-64　绘制中心线

⑤ 在"图层"面板的"图层控制"下拉列表框中选择"粗实线"层；接着单击"圆心，半径"按钮 ，绘制一个半径为 15 的圆，如图 7-65 所示。

命令: _circle
指定圆的圆心或 [三点(3P)/两点(2P)/切点、切点、半径(T)]: _int 于 //捕捉选择到交点
指定圆的半径或 [直径(D)]: 15✓ //输入半径为 15

⑥ 单击"偏移"按钮 ，分别创建图 7-66 所示的辅助线，图中特意给出了各辅助线的偏移距离。

图 7-65 绘制圆

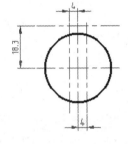

图 7-66 偏移结果 1

⑦ 单击"直线"按钮 ，根据辅助线绘制出键槽的轮廓线，然后将辅助线删除，结果如图 7-67 所示。

⑧ 单击"修改"面板中的"修剪"按钮 ，将图形修剪成如图 7-68 所示。

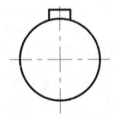

图 7-67 绘制出键槽的轮廓线

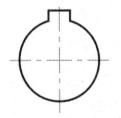

图 7-68 修剪结果

⑨ 单击"偏移"按钮 ，分别创建图 7-69 所示的辅助线，图中特意给出了相关的偏移距离。

⑩ 单击"直线"按钮 ，绘制图 7-70 所示一条直线段。

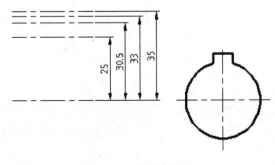

图 7-69 偏移结果 2

图 7-70 绘制直线

⓫ 单击"偏移"按钮，以偏移的方式创建出所需要的大概轮廓线，偏移结果如图 7-71 所示。

⓬ 单击"直线"按钮，绘制图 7-72 所示的直线段。

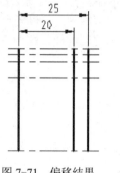

图 7-71　偏移结果

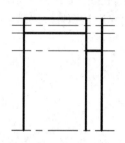

图 7-72　绘制线段

⓭ 使用"修剪"按钮和"删除"按钮进行相关操作，并适当调整分度线长度，使图形变为图 7-73 所示。

⓮ 单击"倒角"按钮，根据命令行提示进行如下操作。

命令: _chamfer
("修剪" 模式) 当前倒角距离 1 = 0.0000，距离 2 = 0.0000
选择第一条直线或 [放弃(U)/多段线(P)/距离(D)/角度(A)/修剪(T)/方式(E)/多个(M)]: D✓
　　　　　　　　　　　　　　　　　　　　　　　//选择"距离"选项
指定 第一个 倒角距离 <0.0000>: 1✓　　　　　　//输入第一个倒角距离
指定 第二个 倒角距离 <1.0000>: 1✓　　　　　　//输入第二个倒角距离
选择第一条直线或 [放弃(U)/多段线(P)/距离(D)/角度(A)/修剪(T)/方式(E)/多个(M)]:
//选择要倒角的直线 1
选择第二条直线，或按住〈Shift〉键选择直线以应用角点或 [距离(D)/角度(A)/方法(M)]:
//选择要倒角的直线 2
倒角结果如图 7-74 所示。

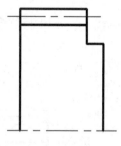

图 7-73　得到的图形

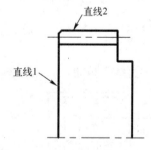

图 7-74　倒角结果

使用同样的方法再创建两处倒角，如图 7-75 所示。

⓰ 单击"圆角"按钮，创建图 7-76 所示的一处圆角，其操作记录及操作简要注释如下。

命令: _fillet

当前设置: 模式 = 修剪, 半径 = 0.0000

选择第一个对象或 [放弃(U)/多段线(P)/半径(R)/修剪(T)/多个(M)]: T↙//选择"修剪"选项

输入修剪模式选项 [修剪(T)/不修剪(N)] <修剪>: T↙   //设置修剪模式为"修剪"

选择第一个对象或 [放弃(U)/多段线(P)/半径(R)/修剪(T)/多个(M)]: R↙//选择"半径"选项

指定圆角半径 <0.0000>: 1.5↙   //输入圆角半径为 1.5

选择第一个对象或 [放弃(U)/多段线(P)/半径(R)/修剪(T)/多个(M)]:   //选择要圆角的第一个对象

选择第二个对象，或按住〈Shift〉键选择对象以应用角点或 [半径(R)]: //选择要圆角的第二个对象

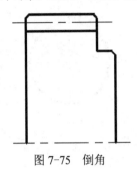

图 7-75 倒角

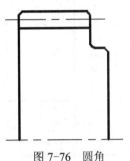

图 7-76 圆角

16 单击"镜像"按钮，分别指定要镜像的对象和镜像线，得到的镜像结果如图 7-77 所示。

17 单击"直线"按钮，并启用"对象捕捉"和"对象捕捉追踪"功能，绘制具有投影关系的轮廓线，如图 7-78 所示。

图 7-77 镜像结果

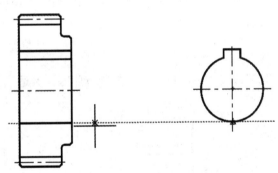

图 7-78 绘制轮廓线

18 在"图层"面板的"图层控制"下拉列表框中选择"标注及剖面线"层。

19 单击"图案填充"按钮，则在功能区中出现"图案填充创建"选项卡。在"图案"面板的"图案"列表中选择"ANSI31"；在"特性"面板中，设置角度为"0"，比例为"1"。在"边界"面板中单击"拾取点"按钮，分别在要绘制剖面线的区域中单击，然后在"图案填充创建"选项卡上单击"关闭图案填充创建"按钮，完成绘制剖面线的图形效果如图 7-79 所示。

20 标注尺寸。

在功能区"默认"选项卡的"注释"溢出面板中

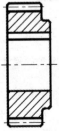

图 7-79 绘制剖面线

指定当前的标注样式为"ZJBZ-X3.5"。单击"线性标注"按钮⊢┤和"半径标注"按钮◯，标注所需要的尺寸。对于一些表示直径的线性尺寸，需要在其尺寸数值前添加符号"Φ"，方法是在命令行中输入"TEXTEDIT"或者"ED"命令，选中要修改的尺寸，在其测量数值前输入"%%C"，以表示直径符号Φ。初步标注的结果如图7-80所示。

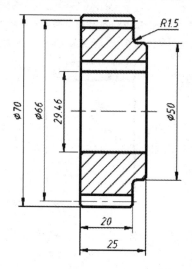
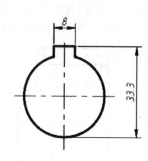

图7-80　初步标注尺寸

21 在"修改"面板中单击"分解"按钮，根据命令行提示进行下列操作。

命令: _explode

选择对象: 找到 1 个　　　　　　　　　　//选择图7-81所示的尺寸

选择对象: ✓

22 分解该尺寸后，将不需要的部分删除，并适当打断尺寸线，结果如图7-82所示。

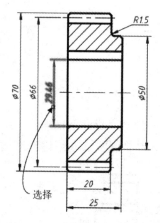
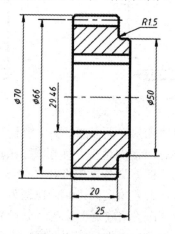

图7-81　选择要分解的尺寸　　　　　　图7-82　得到的效果

23 在命令行中输入命令条目"TEXTEDIT"，按〈Enter〉键，接着在绘图区域单击要编辑的尺寸文本"29.46"，输入"%%c30+0.025^ 0.000"，如图7-83所示，其中输入的"%%c"自动转换为符号"Φ"。

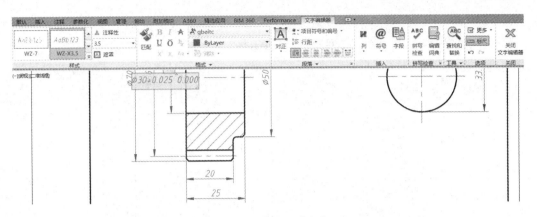

图 7-83　修改尺寸文本

在文本输入窗口（输入框）中，选择"+0.025^ 0.000"，在"文字编辑器"选项卡的"格式"面板中单击"字符堆叠"按钮 ，然后单击"文字编辑器"选项卡中的"关闭文字编辑器"按钮 ，修改结果如图 7-84 所示。

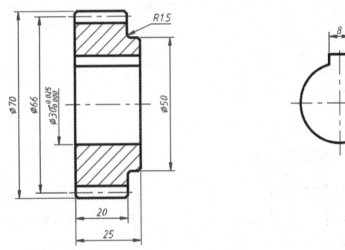
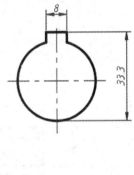

图 7-84　修改尺寸数值的结果

知识点拨： 在机械制图中，有时需要单独注写一些具有组合形式的尺寸文本，这需要使用到"文字编辑器"的"格式"面板上的"字符堆叠"按钮 （当功能区处于活动状态时）。在 AutoCAD 2017 中有 3 种实用的字符堆叠控制码，分别为"/""#"和"^"。

"/"：字符堆叠为分式的形式，例如输入"H6/c7"，则堆叠后显示为" $\frac{H6}{c7}$ "。

"#"：字符堆叠为比值的形式，例如输入"H6#c7"，则堆叠后显示为"H6/c7"。

"^"：字符堆叠为上下排列的形式，和分式相比少了一条横线。

21 添加尺寸公差。

选择要添加尺寸公差的齿顶圆直径尺寸，单击"特性"按钮 或者在菜单栏中选择"修改"→"特性"命令，亦可按〈Ctrl+1〉组合键，打开"特性"选项板。查找到"公差"区域，从"显示公差"列表框中选择"极限偏差"，将"公差精度"设置为"0.000"，分别输入"公差上偏差"为"0"和"公差下偏差"为"0.074"，从"公差消去后续零"下拉列表框中选择"否"选项，"公差文字高度"为"0.8"，如图 7-85 所示。按〈Esc〉键取消当前所选。

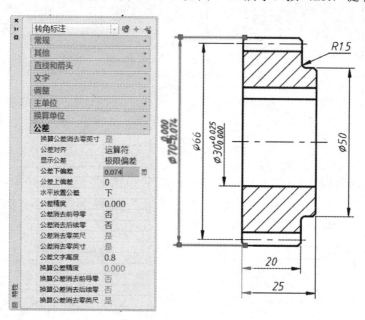

图 7-85　设置显示公差

使用同样的方法，设置另外两处尺寸公差，如图 7-86 所示。

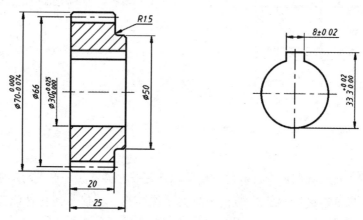

图 7-86　完成尺寸公差

26 标注基准符号及形位公差。

1）在"注释"溢出面板的"多重引线样式控制"下拉列表框中选择预定义好的"基准标注"多重引线样式作为当前的多重引线样式。

2）单击"多重引线"按钮 ，依次指定引线箭头的位置和引线基线的位置，接着在弹出的"编辑属性"对话框中输入标记编号为大写的字母"A"，单击"确定"按钮，初步创建的多重引线对象如图 7-87a 所示。单击"打散"按钮 ，选择该多重引线对象并按

〈Enter〉键以打散它，接着删除引线的水平基线，并可适当调整引线的长度，然后将方框和字母"A"作为整体一起移动至基准三角形箭头的引线正下方，效果如图7-87b所示。

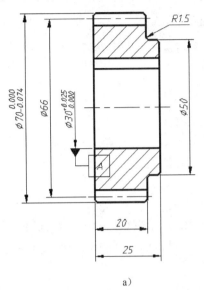
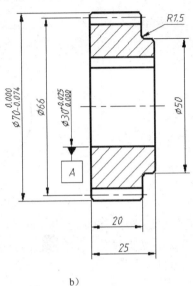

a)   b)

图 7-87   标注基准符号

a) 初步注写基准符号（创建多重引线对象）   b) 完成的基准符号效果

3）在命令窗口的"输入命令"提示下进行下列操作。

命令: QLEADER↙   //输入命令条目"QLEADER"

指定第一个引线点或 [设置(S)] <设置>: S↙   //选择"设置"选项

弹出"引线设置"对话框，在"注释"选项卡的"注释类型"选项组中选择"公差"单选按钮，如图7-88a所示；切换到"引线和箭头"选项卡，在"箭头"选项组的列表框中选择"实心闭合"选项，如图7-88b所示，然后单击"引线设置"对话框的"确定"按钮。

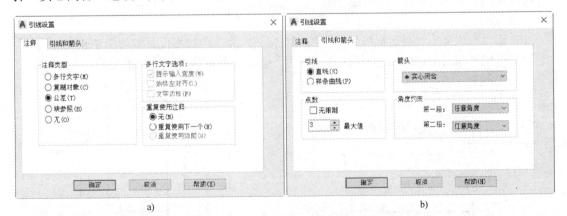

图 7-88   在"引线设置"对话框中进行相关设置

a) 设置"注释类型"为"公差"   b) 设置引线和箭头

4）结合使用"正交"功能、"对象捕捉"功能等，指定第1个引线点和第2个引线点，如图 7-89 所示，按〈Enter〉键，弹出"形位公差"对话框。

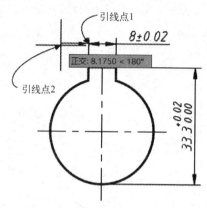

图 7-89 指定两个引线点

5）在"形位公差"对话框的"符号"选项组中单击第 1 个按钮，弹出"特征符号"对话框，从中单击"对称度"按钮 ▤，接着在"形位公差"对话框中分别设置公差 1 和基准 1，如图 7-90 所示。

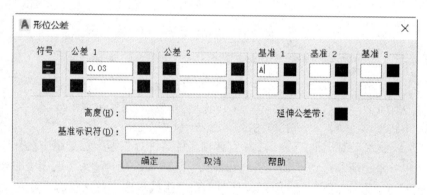

图 7-90 "形位公差"对话框

6）在"形位公差"对话框中单击"确定"按钮，完成的该形位公差如图 7-91 所示。

7）使用"QLEADER"命令继续在主视图上创建其他形位公差，效果如图 7-92 所示。

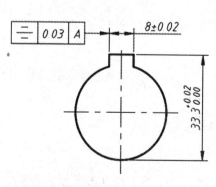

图 7-91 标注好一个形位公差

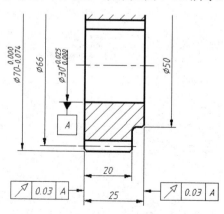

图 7-92 注写其他形位公差

26 注写表面结构要求。

1）单击"插入块"按钮，并接着选择"更多选项"命令，打开"插入"对话框。在"名称"下拉列表框中选择"表面结构要求h3.5-去除材料"图形块，接受默认的缩放比例和其他选项，如图7-93所示，单击"确定"按钮。

图7-93 "插入"对话框

2）在主视图中的右侧的形位公差框格上方指定插入点，接着输入注写表面结构的单一要求为"Ra 3.2"，单击"确定"按钮，注写结果如图7-94所示。

3）使用同样的方法，在其他关键位置处标注所需要的表面结构要求，标注结果如图7-95所示，为了便于注写一些位置的表面结构要求，在设计过程中还特意在水平投影方向上适当调整了两个视图的放置位置（视图间务必保持投影对应关系），并调整了某些尺寸的放置位置，以及绘制轮廓线的延长线。

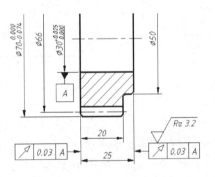

图7-94 标注一处表面结构要求

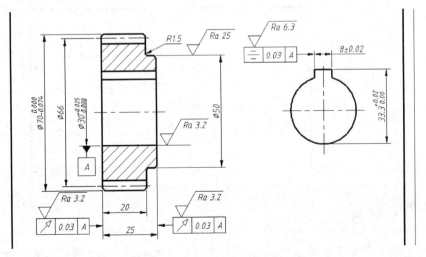

图7-95 标注其他关键位置处的表面结构要求

4）在标题栏附近进行图 7-96 所示的其余表面结构要求注写，其中圆括号可以通过单击"多行文字"按钮 A 来输入。

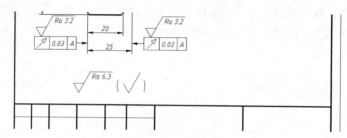

图 7-96　在标题栏附近注写其余表面结构要求

27 添加技术要求。

单击"多行文字"按钮 A，在标题栏上方的适当位置处插入技术要求的说明内容，如图 7-97 所示。

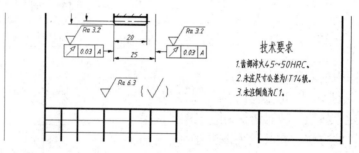

图 7-97　添加技术要求的文本

28 分别单击"直线"按钮 ✓ 和"偏移"按钮 ⊆ 等工具，在图框右上角区域绘制图 7-98 所示的表格，图中给出了相关的尺寸。

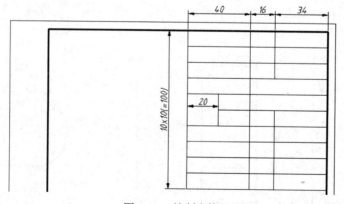

图 7-98　绘制表格

29 填写表格。

1）单击"多行文字"按钮 A，依次选择第 1 行第 1 列（从左到右）单元格的两个对角点，在功能区"文字编辑器"选项卡上设置文字样式为"WZ-X5"，在文本输入框中输入"模数"，如图 7-99 所示。

图 7-99 在单元格内输入文字

2）在"文字编辑器"选项卡的"段落"面板中单击"对正"按钮，从出现的下拉列表中选择"正中 MC"选项，如图 7-100 所示。

图 7-100 设置对正方式

3）在"文字格式"对话框中单击"确定"按钮。

4）使用同样的方法，继续在其他单元格中添加信息，填写结果如图 7-101 所示。

30 填写标题栏。

双击标题栏，系统弹出"增强属性编辑器"对话框，从中设置各标记对应的属性值，如图 7-102 所示。

模数	m	2
齿数	z	33
压力角	α	20°
精度等级		8
配对公差	图号	
	齿数	Z_z
齿距积累公差	F_p	0.032
齿形公差	f_f	0.018
齿距极限偏差	f_{pt}	±0.012
齿向公差	F_β	0.011

图 7-101 填写表格的结果

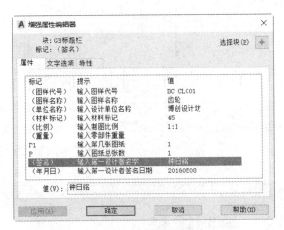

图 7-102 设置属性

设置好之后，单击"增强属性编辑器"对话框中的"确定"按钮，填写好的标题栏如

图 7-103 所示。

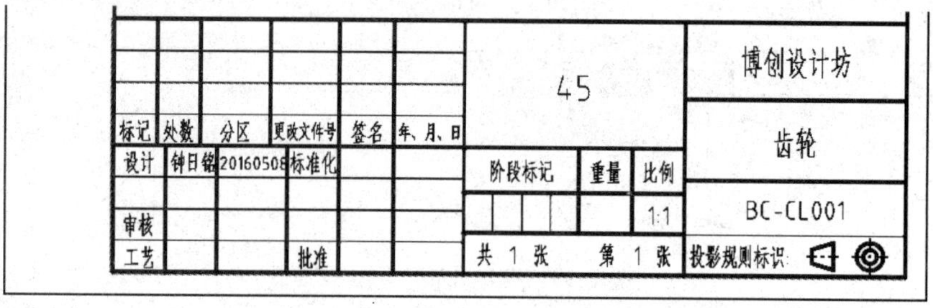

标记	处数	分区	更改文件号	签名	年,月,日			45			博创设计坊
设计	钟日铭	20160508	标准化			阶段标记	重量	比例		齿轮	
审核								1:1		BC-CL001	
工艺			批准			共 1 张	第 1 张	投影规则标识			

图 7-103 填写标题栏

31 在命令窗口的当前命令行中输入 "Z" 或 "ZOOM",进行下列操作。

命令: Z✓   //输入 "ZOOM" 命令的命令别名 "M"
ZOOM
指定窗口的角点,输入比例因子 (nX 或 nXP),或者
[全部(A)/中心(C)/动态(D)/范围(E)/上一个(P)/比例(S)/窗口(W)/对象(O)] <实时>: A✓
则显示零件图的全部图形,如图 7-104 所示。

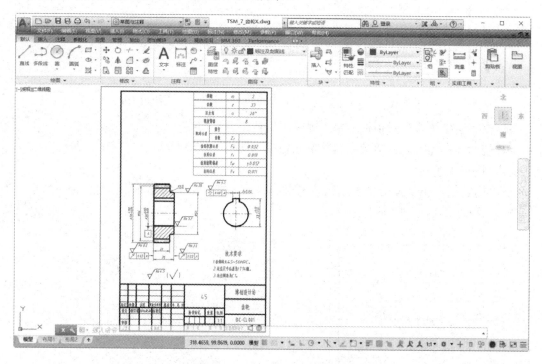

图 7-104 完成的齿轮零件图

32 按〈Ctrl+S〉组合键保存文件。

7.3 绘制螺套

本实例完成的螺套零件图如图 7-105 所示。

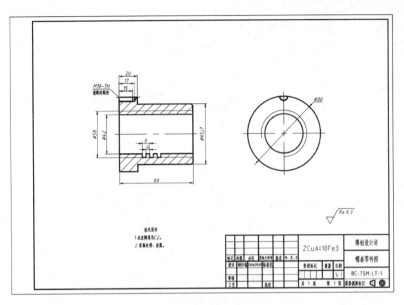

图 7-105　螺套零件图

下面介绍该螺套零件图的具体绘制方法及步骤。

■1■ 单击"新建"按钮 ，选择网盘资料"图形样板"文件夹中的"ZJ-A3 横向-留装订边.dwt"文件作为图形样板，单击"打开"按钮。

■2■ 按〈Ctrl+S〉组合键进行文件保存操作，利用弹出来的"图形另存为"对话框将此新图形将其另存为"TSM_7_螺套.dwg"。

■3■ 使用"草图与注释"工作空间，接着在功能区"默认"选项卡的"图层"面板中，从"图层控制"下拉列表框中选择"中心线"层，并在状态栏中设置启用"正交"模式。

■4■ 单击"直线"按钮 ，在图框内绘制图 7-106 所示的中心线。

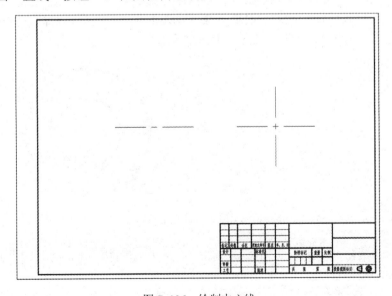

图 7-106　绘制中心线

⑤ 在"图层"面板的"图层控制"下拉列表框中选择"粗实线"层。

⑥ 在"绘图"面板中单击"圆心，直径"按钮◎，绘制图 7-107 所示的同心的 3 个圆，这 3 个圆的直径从外到内分别为 80、50 和 42。

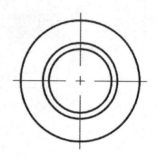

图 7-107　绘制圆

⑦ 在"修改"溢出面板中单击"在两点之间打断选定的对象"按钮▭（简称为"打断"按钮），选择图 7-108 所示的第 1 点，接着选择图 7-109 所示的第 2 点，则从第 1 点逆时针到第 2 点之间的圆弧被打断掉。

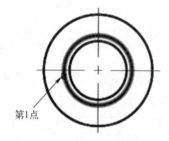

图 7-108　选择第 1 点

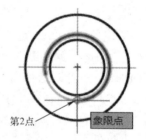

图 7-109　选择第 2 点

⑧ 选中执行打断操作后剩下的那一部分圆弧，从"图层"面板的下拉列表框中选择"细实线"层。按〈Esc〉键，图形如图 7-110 所示。

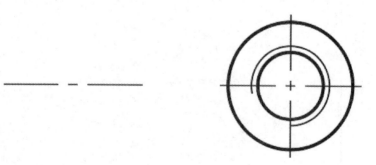

图 7-110　打断后改变层属性

⑨ 单击"偏移"按钮▱，分别创建图 7-111 所示的辅助中心线，图中特意给出了相关的偏移距离。

⑩ 单击"直线"按钮╱，绘制图 7-112 所示的一根竖直的粗实线。

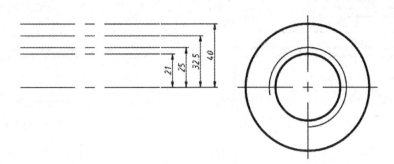

图 7-111 偏移结果

11 单击"偏移"按钮🔁，创建图 7-113 所示的两条偏移线。

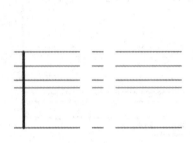

图 7-112 绘制粗实线

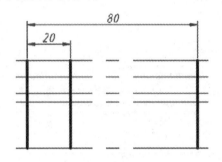

图 7-113 偏移结果

12 单击"直线"按钮✏️，绘制所需要的轮廓线，如图 7-114 所示。

13 分别单击"修剪"按钮✂️和"删除"按钮🧽，修剪图形并删除多余的线段，使图形如图 7-115 所示。

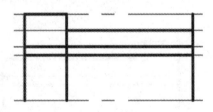

图 7-114 绘制直线

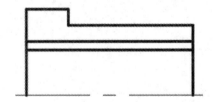

图 7-115 初步得到的图形

14 单击"倒角"按钮◣，进行下列操作。

命令: _chamfer

("修剪"模式) 当前倒角距离 1 = 1.5000，距离 2 = 1.5000

选择第一条直线或 [放弃(U)/多段线(P)/距离(D)/角度(A)/修剪(T)/方式(E)/多个(M)]: D↙

指定第一个倒角距离 <1.5000>: 2↙

指定第二个倒角距离 <2.0000>:↙

选择第一条直线或 [放弃(U)/多段线(P)/距离(D)/角度(A)/修剪(T)/方式(E)/多个(M)]:

选择第二条直线，或按住〈Shift〉键选择直线以应用角点或 [距离(D)/角度(A)/方法(M)]:

倒角结果如图 7-116 所示。

15 选择图 7-117 所示的线段，将其所在的图层设置为"细实线"。

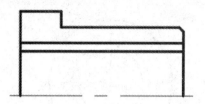

图 7-116　倒角结果

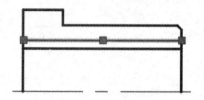

图 7-117　改变线段所在的图层

16 以框选的方式选择图 7-118 的对象，单击"镜像"按钮▲，接着在中心线上分别指定两点来定义镜像线，最后得到的镜像结果如图 7-119 所示。

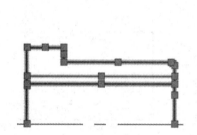

图 7-118　选择要镜像的对象

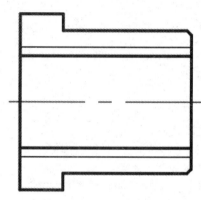

图 7-119　镜像结果

17 单击"直线"按钮╱，在适当的位置处绘制图 7-120 所示的表示螺槽轮廓的一条直线段。

18 单击"偏移"按钮◫，设置偏移距离为 4，多次执行偏移操作，得到的偏移结果如图 7-121 所示。

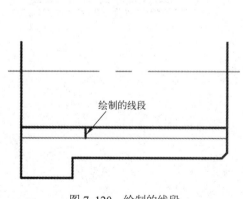

绘制的线段

图 7-120　绘制的线段

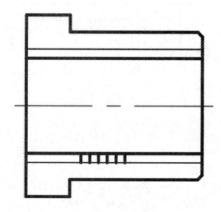

图 7-121　偏移结果

19 单击"直线"按钮╱，绘制螺槽必要的轮廓线，然后单击"修剪"按钮╅，将多余的线段修剪掉，得到的效果如图 7-122 所示。

20 单击"偏移"按钮◫，进行相关的偏移操作，如图 7-123 所示。

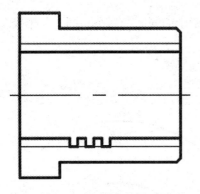

图 7-122 图形效果

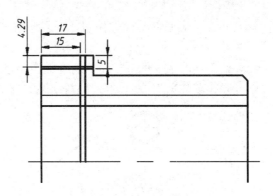

图 7-123 偏移结果

21 单击"修剪"按钮 ✚ ，修剪结果如图 7-124 所示。

22 选择图 7-125 所示的线段，将其所在的图层设置为"细实线"。

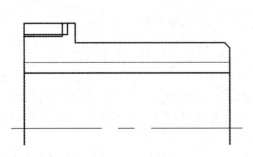

图 7-124 修剪结果 1

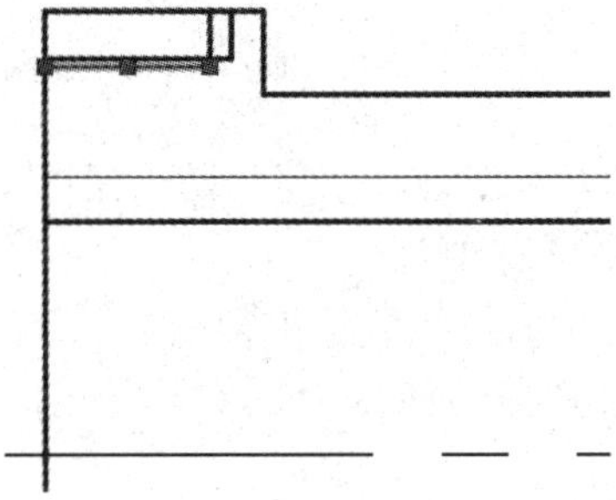

图 7-125 选择要修改的线段

23 单击"直线"按钮 ✒ ，根据命令行提示进行下列操作。

命令: _line
指定第一点: //选择图 7-126 所示的 A 点
指定下一点或 [放弃(U)]: @15<60↙   //输入第 2 点的相对坐标
指定下一点或 [放弃(U)]: ↙   //按〈Enter〉键结束命令操作

24 单击"修剪"按钮 ✚ ，将多余的部分修剪掉，修剪结果如图 7-127 所示。

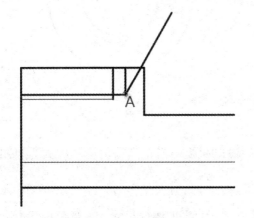

图 7-126 绘制倾斜的直线

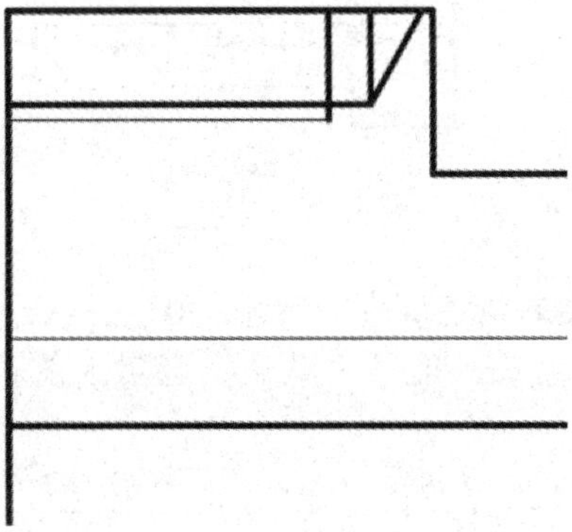

图 7-127 修剪结果 2

㉕ 单击"圆心，半径"按钮◯，绘制图 7-128 所示的同心的两个小圆，其半径分别为 5 和 4.29。

㉖ 选择半径为 5 的圆，将其所在的图层修改为"细实线"。

㉗ 单击"修剪"按钮⊶，修剪结果如图 7-129 所示。

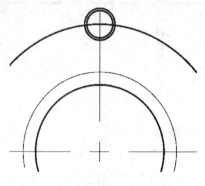

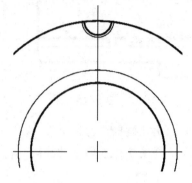

图 7-128　绘制圆

图 7-129　修剪效果

㉘ 在"图层"面板的"图层控制"下拉列表框中选择"标注及剖面线"层。

㉙ 绘制剖面线。

1）单击"图案填充"按钮▨，打开"图案填充创建"选项卡。

2）在功能区"图案填充创建"选项卡的"图案"面板的"图案"列表框中选择"ANSI31"；在"特性"选项组中，设置角度为"0"，比例为"2"。

3）在"边界"面板中单击"拾取点"按钮✚，分别在要绘制剖面线的区域中单击，接着在"图案填充创建"选项卡中单击"关闭图案填充创建"按钮✕，绘制的剖面线如图 7-130 所示。

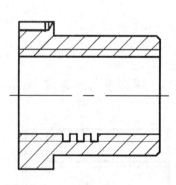

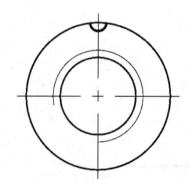

图 7-130　绘制剖面线

㉚ 标注基本的尺寸。

1）在功能区"默认"选项卡的"注释"溢出面板中指定当前的标注样式为"ZJBZ-X5"。

2）分别单击"线性标注"按钮├┤和"直径标注"按钮◯，标注所需要的尺寸。对于一些尺寸，需要对其文本进行编辑处理。例如有些表示直径的线性尺寸，需要在其尺寸数值之前添加符号"φ"，方法是在命令行中输入"TEXTEDIT"或者"ED"命令，选中要修改的尺寸,在其原有尺寸文本前输入"%%c",以表示直径符号 Φ 。

3)对于 M10 螺纹孔的标注,可以先绘制引出线,然后在引出线的适当位置处插入表示尺寸的文本。

初步标注的结果如图 7-131 所示。

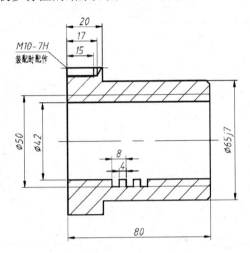
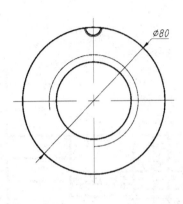

图 7-131 初步标注尺寸的文本

31 注写表面结构要求。当零件的全部表面有相同的表面结构要求时,可以在图样的标题栏附近统一标注表面结构要求。

1)单击"插入块"按钮 并选择"更多选项"命令,打开"插入"对话框,从"名称"下拉列表框中选择"表面结构要求 h5-去除材料"块名,确保在"插入点"选项组中勾选"在屏幕上指定"复选框,如图 7-132 所示,然后单击"确定"按钮。

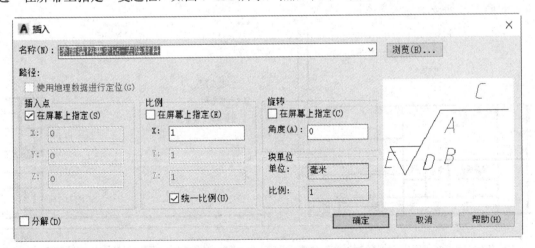

图 7-132 "插入"对话框

2)在标题栏的上方适当位置处指定一点作为块的插入点,如图 7-133 所示。

3)系统弹出"编辑属性"对话框,注写表面结构的单一要求为"Ra 6.3"(注意:Ra 和 6.3 之间有一个空格),如图 7-134 所示。

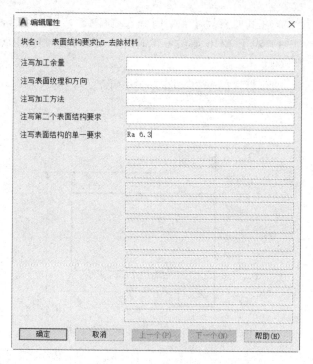

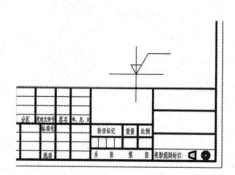

图 7-133　指定块的插入点

图 7-134　"编辑属性"对话框

　　4）在"编辑属性"对话框中单击"确定"按钮，完成标注统一的表面结构要求，效果如图 7-135 所示。

　　32 插入技术要求。

　　将"WZ-X5"文本样式设置为当前的文本样式，单击"多行文字"按钮 **A**，在图 7-136 所示的地方添加技术要求文本。

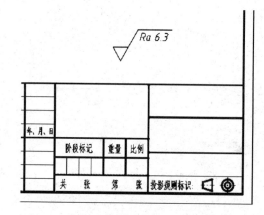

技术要求
1. 未注倒角为C2。
2. 表面处理: 发黑。

图 7-135　完成统一的表面结构要求

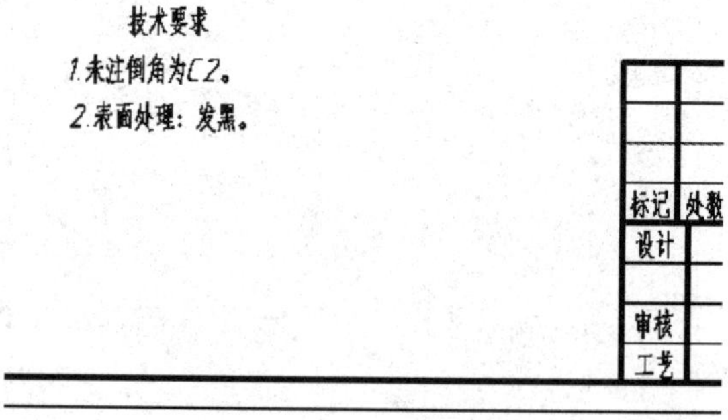

图 7-136　添加技术要求文本

　　33 填写标题栏。

　　双击标题栏，弹出"增强属性编辑器"对话框，从中设置各标记对应的值，然后单击"增强属性编辑器"对话框的"确定"按钮，填写好的标题栏如图 7-137 所示。

图 7-137 填写标题栏

34 在命令行中输入"Z"或者"ZOOM"("Z"为"ZOOM"命令的命令别名），进行以下操作。

命令: Z ✓

ZOOM

指定窗口的角点，输入比例因子 (nX 或 nXP)，或者

[全部(A)/中心(C)/动态(D)/范围(E)/上一个(P)/比例(S)/窗口(W)/对象(O)] <实时>: A✓

显示零件图的全部图形，效果如图 7-138 所示。

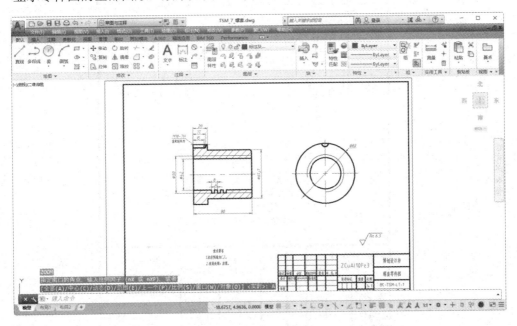

图 7-138 显示全部

35 按〈Ctrl+S〉组合键保存文件。

7.4 绘制弹簧

在机械制图中，弹簧的表示法需要掌握，其具体的表示规范参照 GB/T 4459.4-2003《机械制图 弹簧表示法》。螺旋弹簧均可画成右旋，对必须保证的旋向要求应在技术要求中注明。对于有效圈数在 4 圈以上的螺旋弹簧，中间部分可以省略不画。

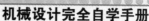

弹簧参数应直接标注在图形上，必要时也可在"技术要求"中说明。一般情况下，使用图解的方式来表示弹簧特性。基本的绘制规范为：圆柱螺旋弹簧压缩（拉伸）弹簧的机械性能曲线均可画成直线，标注在主视图上方；而圆柱螺旋扭转弹簧的机械性能曲线一般画在左视图上方，也允许画在主视图上方，其性能曲线同样画成直线。这里所述的机械性能曲线用粗实线绘制。当弹簧只需给定刚度要求时，允许不画其机械性能图，而只在"技术要求"中说明刚度的相关要求。

下面介绍如何绘制典型弹簧的零件图，绘制结果如图 7-139 所示。

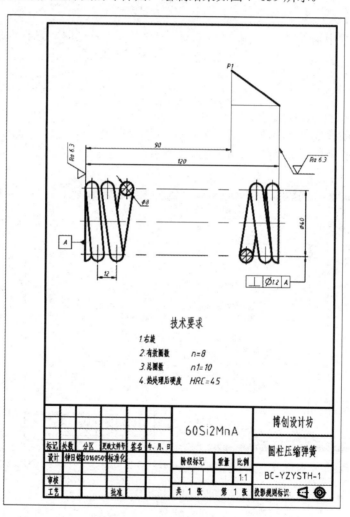

图 7-139　绘制的弹簧零件图实例

该弹簧零件图的绘制方法及步骤如下（在绘制过程中不显示线宽，特别说明的除外）。

🔲 单击"新建"按钮 🗔，选择网盘资料"图形样板"文件夹中的"ZJ-A4 竖向-留装订边.dwt"文件作为图形样板，单击"打开"按钮。

🔲 按〈Ctrl+S〉组合键，弹出"图形另存为"对话框，将其另存为"TSM_7_弹簧X.dwg"。

🔲 在"图层"面板的"图层控制"下拉列表框中选择"中心线"层，并在状态栏中设置启用"正交"模式。

4 单击"直线"按钮 ✏，在图框内绘制一条竖直的中心线和一条水平的中心线，如图 7-140 所示。

5 单击"偏移"按钮 ⬚，进行偏移操作，结果如图 7-141 所示。该弹簧的自由长度为 120，中径为 40。

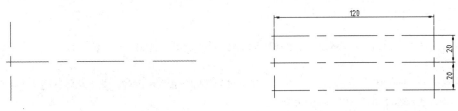

图 7-140　绘制中心线　　　　　　　　　　图 7-141　偏移距离

6 单击"偏移"按钮 ⬚，继续创建辅助中心线，如图 7-142 所示。

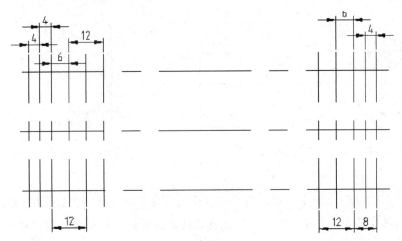

图 7-142　偏移结果

7 在"图层"面板的"图层控制"下拉列表框中选择"粗实线"层。

8 单击"圆心，半径"按钮 ◔，绘制图 7-143 所示的一系列半径均为 4 的圆。

9 单击"打断"按钮 🗂，将相关中心线打断，从而使图形如图 7-144 所示。

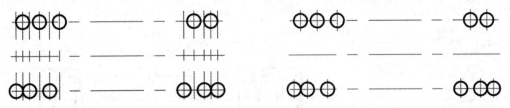

图 7-143　绘制圆　　　　　　　　　　　　图 7-144　打断中心线的结果

10 单击"直线"按钮 ✏，绘制图 7-145 所示的两条直线。

11 单击"修剪"按钮 ✂，将图形修剪成如图 7-146 所示。

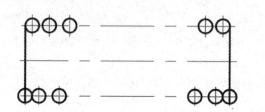

图 7-145　绘制两条直线

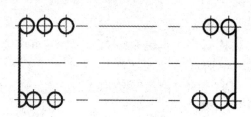

图 7-146　修剪结果

⓬ 单击"直线"按钮 ✎，根据命令行提示进行如下操作。

命令: _line

指定第一点: _tan 到　　　　　　　　//按〈Shift〉键的同时单击鼠标右键，接着从弹出的快捷菜单中选择"切点"选项，然后选择图 7-147 所示的小圆

指定下一点或 [放弃(U)]: _tan 到　//按〈Shift〉键的同时单击鼠标右键，接着从弹出的快捷菜单中选择"切点"选项，然后选择图 7-148 所示的小圆

指定下一点或 [放弃(U)]: ✓

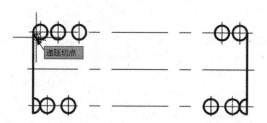

图 7-147　在一个小圆上捕捉切点 1

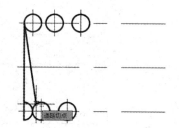

图 7-148　在另一个小圆上捕捉切点 2

📌 知识点拨：执行绘图命令后，将鼠标置于图形窗口中，按〈Shift〉键的同时单击鼠标右键，弹出的快捷菜单如图 7-149 所示，注意该快捷菜单提供的临时替换捕捉功能。

⓭ 使用同样的方法，绘制图 7-150 所示的相切直线。

图 7-149　快捷菜单

图 7-150　绘制相切直线

14 单击"修剪"按钮 ，将不需要的图元修剪掉，结果如图 7-151 所示。

15 在"图层"面板的"图层控制"下拉列表框中，选择"标注及剖面线"层。

16 绘制剖面线。

1）单击"图案填充"按钮 ，打开"图案填充创建"选项卡。

2）在"图案填充创建"选项卡的"图案"面板中选择填充图案为"ANSI31"；在"特性"面板中，设置角度为"0"，比例为"0.8"。

3）在"边界"面板中单击"拾取点"按钮 ，分别在要绘制剖面线的区域中单击，选择所有目标区域后在"图案填充创建"选项卡中单击"关闭图案填充创建"按钮 ，绘制的剖面线如图 7-152 所示。

图 7-151 修剪结果

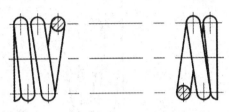

图 7-152 绘制剖面线

17 单击"直线"按钮 ，在主视图上方绘制两条长度适宜的直线，如图 7-153 所示。

18 单击"直线"按钮 ，根据命令行提示进行如下操作来绘制机械性能曲线。

命令: _line
指定第一点: //选择图 7-154 所示的 A 点
指定下一点或 [放弃(U)]: @-30,21.43↙   //输入第 2 点的相对坐标
指定下一点或 [放弃(U)]: ↙

将绘制好的机械性能曲线修改为粗实线，此时效果如图 7-154 所示。

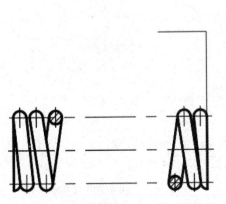

图 7-153 绘制直线

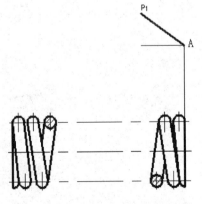

图 7-154 完成的机械性能曲线

19 标注尺寸。

1）在功能区"默认"选项卡的"注释"溢出面板中指定当前的标注样式为"ZJBZ-X3.5"。

2）单击"线性标注"按钮 和"直径标注"按钮 ，标注所需要的尺寸，并在一个

尺寸前添加直径符号作为前缀。设置当前的文字样式为"WZ-X3.5",单击"多行文字"按钮 **A**,在机械性能曲线的上端点处绘制"P1"。初步标注的结果如图 7-155 所示。

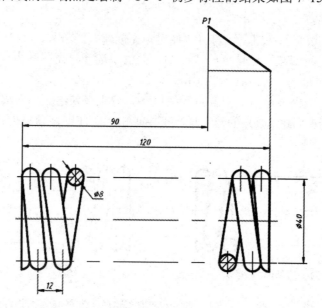

图 7-155　初步标注结果

20 标注表面结构要求。

1)单击"插入块"按钮 并接着选择"更多选项"命令,打开"插入"对话框。

2)在"名称"列表框中选择"表面结构要求 h3.5-去除材料"图形块,勾选"统一比例"复选框,在"X"框中输入缩放比例为"1",在"插入点"选项组中确保勾选"在屏幕上指定"复选框,在"旋转"选项组的"角度"文本框中输入"90",如图 7-156 所示,单击"确定"按钮。

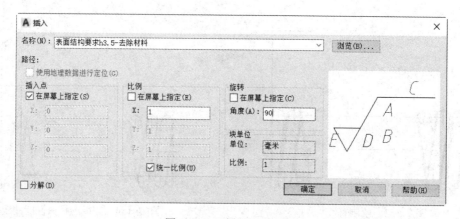

图 7-156　"插入"对话框

3)移动光标,在图 7-157a 所示的线上指定一点,接着在弹出的"编辑属性"对话框中注写表面结构的单一要求属性值为"Ra 6.3",单击"确定"按钮,得到的该表面结构要求如图 7-157b 所示。

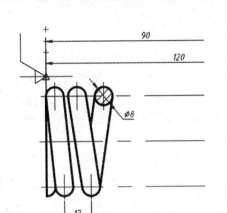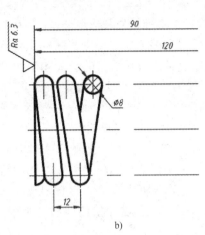

图 7-157　标注一端面的表面结构要求

a) 指定放置点　b) 完成标注该表面结构要求

4）另一端面处的表面结构要求需要注写在引出线的水平段上。按照以下方法绘制带箭头的引出线。

命令: LEADER✓

指定引线起点:　　　　　　　　　　　　　//在图 7-158 所示的延长线上指定点 1

指定下一点:　<正交　关>　　　　　　　//关闭"正交"模式，指定点 2，如图 7-158 所示

指定下一点或 [注释(A)/格式(F)/放弃(U)] <注释>:　<正交　开>

//打开"正交"模式，指定点 3，如图 7-158 所示

指定下一点或 [注释(A)/格式(F)/放弃(U)] <注释>:✓

输入注释文字的第一行或 <选项>:✓

输入注释选项 [公差(T)/副本(C)/块(B)/无(N)/多行文字(M)] <多行文字>: N✓

绘制好带箭头的引出线后，单击"插入块"按钮 并接着选择"更多选项"命令，打开"插入"对话框，选择"表面结构要求 h3.5-去除材料"图形块名称，其他选项采用默认设置（注意设置旋转角度为 0），单击"确定"按钮，在刚绘制的引出线的水平段上指定一点作为块的插入点，接着在弹出的"编辑属性"对话框中输入表面结构的单一要求值为"Ra 6.3"，单击"确定"按钮，从而标注图 7-159 所示的表面结构要求。

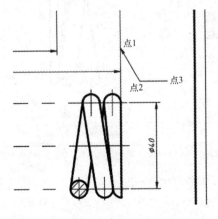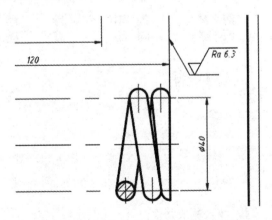

图 7-158　指定引线起点和其他两点　　　　　图 7-159　标注另一端的表面结构要求

㉑ 标注基准符号及形位公差。

1）将"基准标注"多重引线样式设置为当前多重引线样式。接着单击"多重引线"按钮 ⌒，依次指定引线箭头的位置和引线基线的位置，并在弹出的"编辑属性"对话框中输入标记编号为"A"，单击"确定"按钮，完成图 7-160 所示的基准符号"A"的标注。

2）在命令行的"输入命令"提示下输入"QLEADER"命令并按〈Enter〉键，接着在"指定第一个引线点或 [设置(S)] <设置>:"提示选项中选择"设置(S)"选项，弹出"引线设置"对话框，在"注释"选项卡的"注释类型"选项组中选择"公差"单选按钮，切换至"引线和箭头"选项卡，从"引线"选项组中选择"直线"单选按钮，从"箭头"选项组的"箭头"下拉列表框中选择"实心闭合"选项，其他默认，单击"确定"按钮，然后依次指定第一个引线点、第 2 个引线点和第 3 个引线点（可借助"对象捕捉"模式和"正交"模式辅助选择点），如图 7-161 所示。

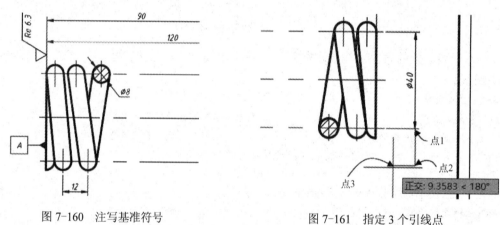

图 7-160 注写基准符号　　　　　图 7-161 指定 3 个引线点

3）系统弹出"形位公差"对话框，在其中指定形位公差的类型符号、公差 1 和基准 1，如图 7-162a 所示，然后单击"确定"按钮，完成创建的垂直度公差标注如图 7-162b 所示。

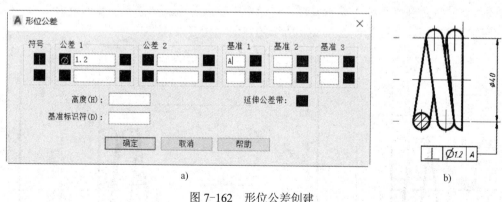

a)　　　　　　　　　　　　　b)

图 7-162 形位公差创建

a) 在"形位公差"对话框中设置内容　b) 完成创建的形位公差

㉒ 插入技术要求。

将"WZ-X5"文字样式设置为当前文字样式，单击"多行文字"按钮 **A**，在图 7-163

所示的地方添加技术要求文本，可将"技术要求"这几个字的文字高度设置高一号。

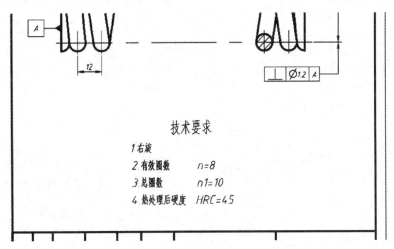

图 7-163　添加技术要求

23 填写标题栏。

双击标题栏，弹出"增强属性编辑器"对话框，从中设置各标记对应的值，然后单击"增强属性编辑器"对话框中的"确定"按钮，填写好的标题栏如图 7-164 所示。

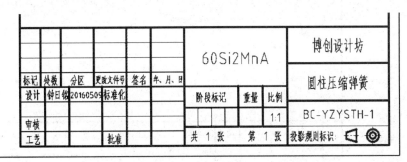

图 7-164　填写标题栏

24 在命令行中输入"Z"或者"ZOOM"，进行以下操作。

命令: Z↙

ZOOM

指定窗口的角点，输入比例因子 (nX 或 nXP)，或者

[全部(A)/中心(C)/动态(D)/范围(E)/上一个(P)/比例(S)/窗口(W)/对象(O)] <实时>: A↙

此时将显示零件图的全部图形。可以适当调整视图在图框内的放置位置，使得整个图幅更为美观、和谐。

25 按〈Ctrl+S〉组合键保存文件。

7.5　绘制凸轮

本实例完成的凸轮零件图如图 7-165 所示。

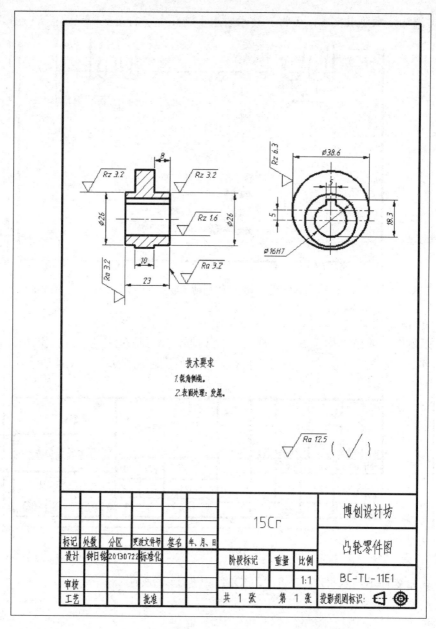

图 7-165 凸轮零件图

本实例具体的绘制方法及步骤如下。

1 单击"新建"按钮，选择网盘资料"图形样板"文件夹中的"ZJ-A4 竖向-留装订边.dwt"文件作为图形样板，单击"打开"按钮。

2 按〈Ctrl+S〉组合键，弹出"图形另存为"对话框，将其另存为"TSM_7_凸轮 X.dwg"。

3 在"图层"面板的"图层控制"下拉列表框中选择"中心线"层，并在状态栏中设置启用"正交"模式。

4 单击"直线"按钮，在图框内绘制图 7-166 所示的中心线。

单击"偏移"按钮 ⤴，创建图 7-167 所示的一条偏移中心线，偏移距离为 5。

图 7-166　绘制中心线　　　　　　　　　　图 7-167　偏移中心线

⑥ 在"图层"面板的"图层控制"下拉列表框中选择"粗实线"层。

⑦ 单击"圆心，直径"按钮 ⊘，绘制图 7-168 所示的 3 个圆。

⑧ 单击"偏移"按钮 ⤴，偏移出图 7-169 所示的辅助中心线。

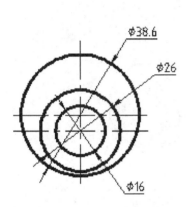
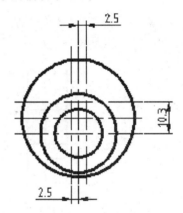

图 7-168　绘制 3 个圆　　　　　　　　　　图 7-169　偏移结果

⑨ 单击"直线"按钮 ✐，参考辅助中心线绘制出键槽的轮廓线，然后将辅助中心线删除掉，结果如图 7-170 所示。

⑩ 单击"修剪"按钮 ⊬，修剪结果如图 7-171 所示。

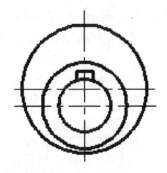
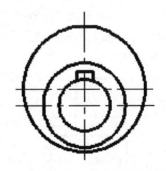

图 7-170　绘制轮廓线　　　　　　　　　　图 7-171　修剪结果

⑪ 单击"直线"按钮 ✐，在主视图中绘制一条竖直的线段，如图 7-172 所示。

⑫ 单击"偏移"按钮 ⤴，分别偏移出图 7-173 所示的线段。

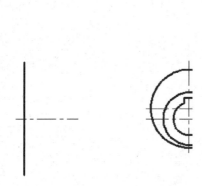

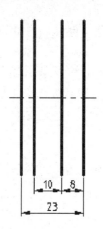

图 7-172　绘制直线段　　　　　　　　　　　　　　　　　图 7-173　偏移结果

13 结合启用"正交""对象捕捉"和"对象捕捉追踪"功能,单击"直线"按钮✎,在主视图中绘制对应的轮廓线,如图 7-174 所示。

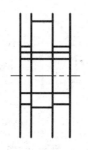

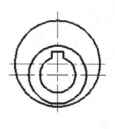

图 7-174　绘制具有投影关系的轮廓线

14 单击"修剪"按钮✄,将主视图修剪成图 7-175 所示。

15 在"图层"面板的"图层控制"下拉列表框中选择"标注及剖面线"层。

16 单击"图案填充"按钮▨,打开功能区"图案填充创建"选项卡。在"图案"面板的"图案"列表框中选择"ANSI31";在"特性"面板中,设置角度为"0",比例为"1"。在"边界"面板中单击"拾取点"按钮⊞,分别在要绘制剖面线的区域中单击,选择所有目标区域后在"图案填充创建"选项卡上单击"关闭图案填充创建"按钮✕,绘制的剖面线如图 7-176 所示。

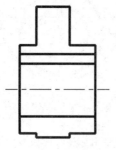

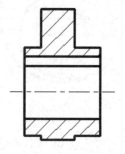

图 7-175　修剪结果　　　　　　　　　　　　　　　　　图 7-176　绘制剖面线

17 标注尺寸。

1）在"注释"溢出面板中指定当前的标注样式为"ZJBZ–X3.5"，当前文字样式为"WZ–X3.5"。

2）分别单击"线性标注"按钮▭和"直径标注"按钮◯，标注所需要的尺寸，并编辑一些尺寸的文本。

初步标注的结果如图 7-177 所示。

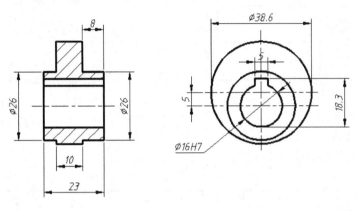

图 7-177　标注尺寸

18 在视图中标注表面结构要求。

采用插入图形块的方式在视图中标注所需要的表面结构要求，如图 7-178 所示。值得注意的是，有些位置的表面结构要求需要用带箭头的指引线引出标注，有些表面结构要求则直接标注在延长线上。在标注表面结构要求的过程中，考虑到图面整洁和美观等因素，通常需要随时调整一些尺寸的放置位置，甚至调整视图相互之间的放置位置，或者使用直线工具绘制适当的延长线。圆柱的表面结构要求只标注一次。

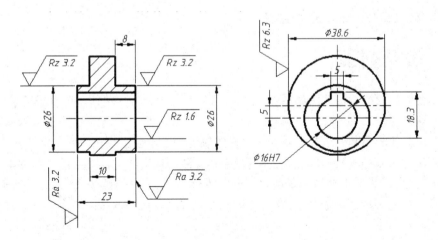

图 7-178　注写表面结构要求

19 分别单击"插入块"按钮📇和单击"多行文字"按钮**A**，在标题栏的上方附近注写图 7-179 所示的表示其余表面结构要求的符号内容，其中单击"多行文字"按钮**A**是为了注写所需要的圆括号。

⑳ 单击“多行文字”按钮A，在视图下方添加图 7-180 所示的技术要求。

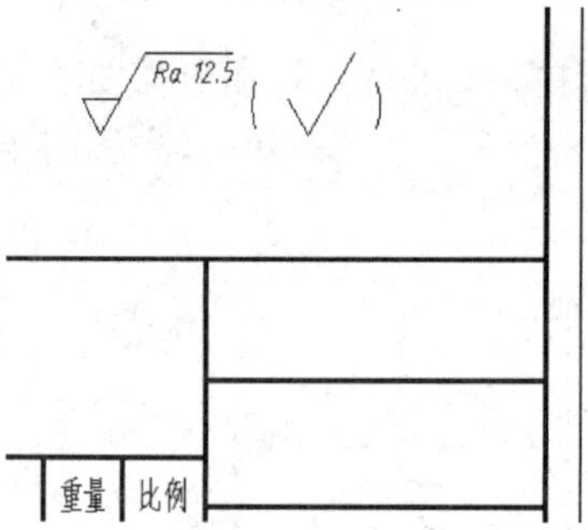

图 7-179　注写结果

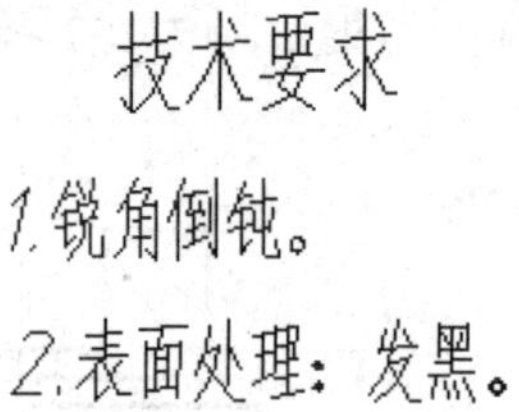

图 7-180　插入技术要求

㉑ 填写标题栏。

填写标题栏的结果如图 7-181 所示。

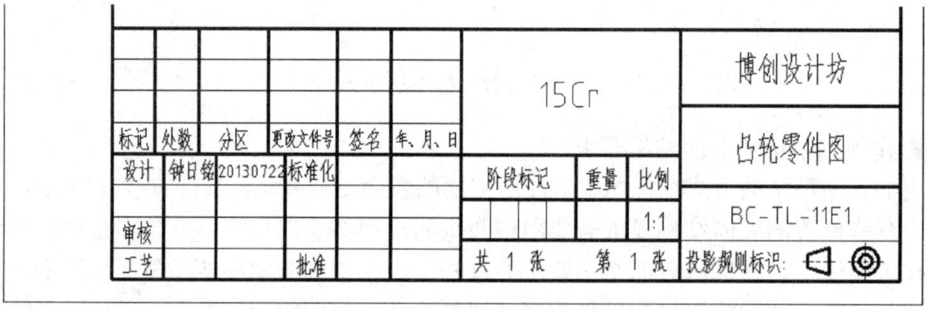

图 7-181　填写标题栏

㉒ 按〈Ctrl+S〉组合键保存文件。

7.6　绘制衬盖

本例要完成的衬盖零件图如图 7-182 所示。考虑到其为回转体，可以采用半剖视图来进行处理。

本范例具体的绘制方法及步骤如下（在绘制过程中不显示线宽）。

① 单击“新建”按钮，选择网盘资料“图形样板”文件夹中的“ZJ-A4 竖向-留装订边.dwt”文件作为图形样板，单击“打开”按钮。使用“草图与注释”工作空间。

② 按〈Ctrl+S〉组合键，弹出“图形另存为”对话框，将其另存为“TSM_7_衬盖X.dwg”。

③ 在“图层”面板的“图层控制”下拉列表框中选择“中心线”层，并在状态栏中设置启用“正交”模式。

④ 单击“直线”按钮，在图框内适当位置处绘制一根水平的中心线。

⑤ 单击“偏移”按钮，创建图 7-183 所的偏移中心线。

⑥ 在“图层”面板的“图层控制”下拉列表框中选择“粗实线”层。

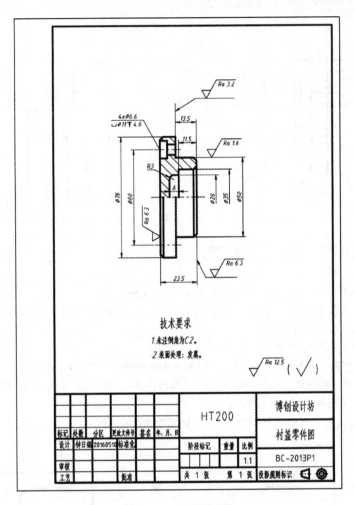

图 7-182 衬盖零件图

1 单击"直线"按钮 ✏️，绘制图 7-184 所示的直线。

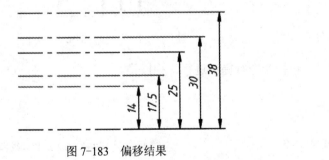

图 7-183 偏移结果

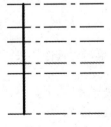

图 7-184 绘制直线

8 单击"偏移"按钮 📋，偏移结果如图 7-185 所示。

9 单击"直线"按钮 ✏️，绘制所需的轮廓线，接着单击"修剪"按钮 ✂️，将多余的线段去掉，然后单击"删除"按钮 🧽，将不再需要的辅助中心线删除。完成该步骤的图形结果如图 7-186 所示。

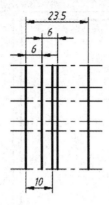

图 7-185　偏移结果

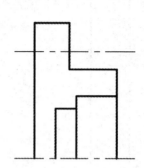

图 7-186　初步得到的图形

10 单击"倒角"按钮，进行下列操作。

命令: _chamfer

("修剪"模式) 当前倒角距离 1 = 1.6000，距离 2 = 1.6000

选择第一条直线或 [放弃(U)/多段线(P)/距离(D)/角度(A)/修剪(T)/方式(E)/多个(M)]:　D✓

指定第一个倒角距离 <1.6000>: 2✓

指定第二个倒角距离 <2.0000>: ✓

选择第一条直线或 [放弃(U)/多段线(P)/距离(D)/角度(A)/修剪(T)/方式(E)/多个(M)]:

选择第二条直线，或按住〈Shift〉键选择直线以应用角点或 [距离(D)/角度(A)/方法(M)]:

创建的一处倒角如图 7-187 所示。

使用同样的方法，创建另外两处倒角，效果如图 7-188 所示。

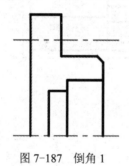

图 7-187　倒角 1

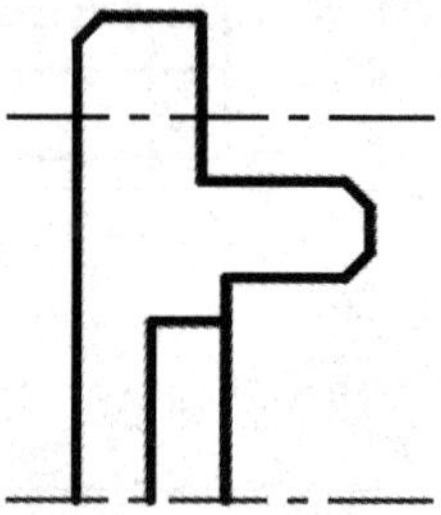

图 7-188　倒角 2

11 单击"延伸"按钮，根据命令行提示进行下列操作。

命令: _extend

当前设置:投影=UCS，边=延伸

选择边界的边...

选择对象或 <全部选择>:　找到 1 个　　　　　　　　//选择图 7-189 所示的主中心线

选择对象: ✓

选择要延伸的对象，或按住〈Shift〉键选择要修剪的对象，或

[栏选(F)/窗交(C)/投影(P)/边(E)/放弃(U)]:　　　　　　//选择图 7-189 所示的边线

选择要延伸的对象，或按住〈Shift〉键选择要修剪的对象，或

[栏选(F)/窗交(C)/投影(P)/边(E)/放弃(U)]: ✓

延伸操作的结果如图 7-190 所示。

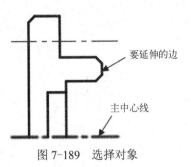

图 7-189 选择对象

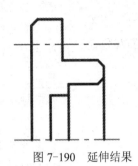

图 7-190 延伸结果

12 单击"直线"按钮✎，补齐倒角的一条轮廓线，如图 7-191 所示。

13 单击"打断"按钮🗂，将上方的一条中心线打断，结果如图 7-192 所示。

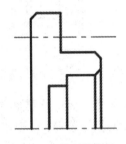

图 7-191 绘制轮廓线

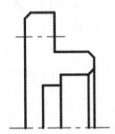

图 7-192 打断结果

14 单击"偏移"按钮🖳，偏移出沉孔的相关辅助线，然后经过绘制及编辑，得到图 7-193 所示的图形。

15 依次选择要镜像的对象，单击"镜像"按钮🔺，接着在主中心线上分别指定两点来定义镜像中心线，得到的镜像结果如图 7-194 所示。

16 单击"直线"按钮✎，在主中心线的下方补齐倒角的轮廓线等，此时效果如图 7-195 所示。

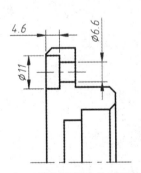

图 7-193 绘制半剖中的孔形状

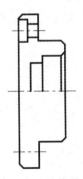

图 7-194 镜像结果

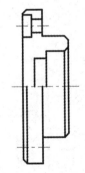

图 7-195 补齐倒角轮廓线等

17 单击"圆角"按钮🗋，根据命令行提示进行如下操作。

命令: _fillet
当前设置: 模式 = 修剪，半径 = 3.0000
选择第一个对象或 [放弃(U)/多段线(P)/半径(R)/修剪(T)/多个(M)]: R↙
指定圆角半径 <3.0000>: 3↙
选择第一个对象或 [放弃(U)/多段线(P)/半径(R)/修剪(T)/多个(M)]: //选择图 7-196 所示的边 1

选择第二个对象，或按住〈Shift〉键选择对象以应用角点或 [半径(R)]: //选择图 7-196 所示的边 2
得到的圆角效果如图 7-197 所示。

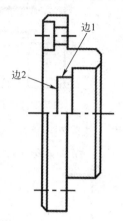

图 7-196　选择要圆角的边

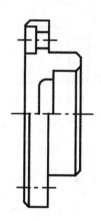

图 7-197　圆角效果

18 在"图层"面板的"图层控制"下拉列表框中选择"标注及剖面线"层。

19 单击"图案填充"按钮，打开"图案填充创建"选项卡。在"图案填充创建"
选项卡上，从"图案"面板的"图案"列表中选择"ANSI31"；在"特性"面板中，设置
"角度"为"90"，"比例"为"1.25"。在"边界"面板中单击"拾取点"按钮，分别在要
绘制剖面线的区域中单击，选择所有目标区域后单击"关闭图案填充创建"按钮，绘制
的剖面线如图 7-198 所示。

20 在功能区"默认"选项卡的"注释"溢出面板中指定当前的标注样式为"ZJBZ-
X3.5"。

21 在功能区中切换至"注释"选项卡，单击"标注"面板上的相关工具按钮，标注所
需要的尺寸，其中初步标注而得的一些尺寸，还需经过编辑处理，例如编辑其尺寸文本等；
然后采用插入图形块的方式标注所需要的表面结构要求，效果如图 7-199 所示，注意相关引
线的绘制。

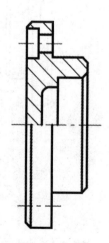

图 7-198　绘制剖面线

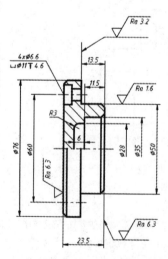

图 7-199　标注效果

22 在标题栏的上方附近注写其余统一的表面结构要求，如图 7-200 所示。

23 单击"多行文字"按钮 A，在视图下方添加图 7-201 所示的技术要求。

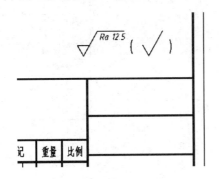

图 7-200 注写其余统一的表面结构要求

技术要求

1.未注倒角为C2。

2.表面处理：发黑。

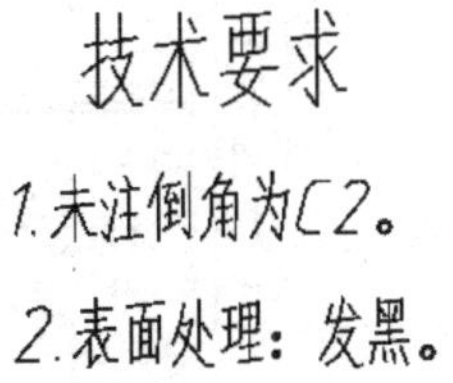

图 7-201 插入技术要求

24 填写标题栏。

填写结果如图 7-202 所示。

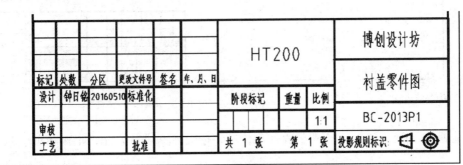

图 7-202 填写标题栏

25 按〈Ctrl+S〉组合键保存文件。

7.7 绘制花键–锥齿轮

本实例完成的花键–锥齿轮零件图如图 7-203 所示。

在本实例中，读者应注意内花键的表示法。在内花键的主视图中，内花键的大径及小径均用粗实线绘制，在局部视图中画出全部齿形，也允许只在局部视图中画出一部分齿形。

下面介绍具体的绘制方法及步骤，注意本例在绘制的前半过程中不显示线宽。

1 单击"新建"按钮，选择网盘资料"图形样板"文件夹中的"ZJ-A3 横向-留装订边.dwt"文件作为图形样板，单击"打开"按钮。

2 按〈Ctrl+S〉组合键，弹出"图形另存为"对话框，将其另存为"TSM_7_圆锥齿轮 X.dwg"。

3 在"图层"面板的"图层控制"下拉列表框中选择"中心线"层，并通过状态栏设置启用"正交"模式。

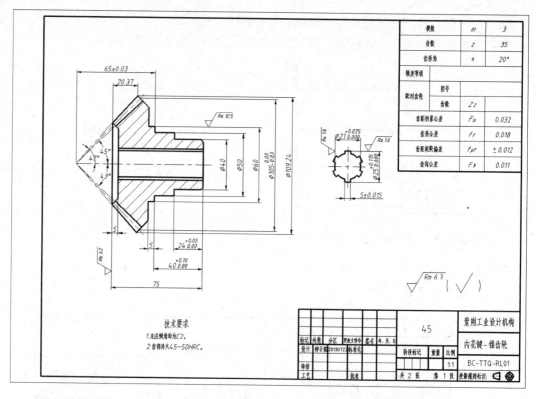

模数	m	3
齿数	z	35
齿形角	α	20°
精度等级		
配对齿轮	图号	
	齿数	Zz
齿距极累公差	Fp	0.032
齿形公差	ff	0.018
齿距极限偏差	fpt	± 0.012
齿向公差	Fβ	0.011

技术要求
1.未注倒角均为C2。
2.齿部淬火45~50HRC。

标记	处数	分区	更改文件号	签名	年、月、日		45	紫荆工业设计机构
设计	钟日微		20130722	标准化			内花键-锥齿轮	
审核				阶段标记	重量	比例		BC-TTQ-RL01
工艺			批准			1:1		
				共 2 张	第 1 张		投影视别标识:	

图 7-203　花键-锥齿轮零件图

4 单击"直线"按钮，在图框内适当位置处绘制图 7-204 所示的中心线。

图 7-204　绘制中心线

5 绘制图 7-205 所示的 3 条斜中心线，操作方法如下：

命令: LINE↙　　　　　　　　　　　　//输入直线命令
指定第一点:　　　　　　　　　　　//选择图 7-205 所示的 A 点
指定下一点或 [放弃(U)]: @72<45↙　//输入相对坐标
指定下一点或 [放弃(U)]: ↙

命令: LINE↙　　　　　　　　　　　　//输入直线命令
指定第一点:　　　　　　　　　　　//选择图 7-205 所示的 A 点
指定下一点或 [放弃(U)]: @72<42.6↙　//输入相对坐标
指定下一点或 [放弃(U)]: ↙

命令: LINE↙　　　　　　　　　　　　//输入直线命令
指定第一点:　　　　　　　　　　　//选择图 7-205 所示的 A 点
指定下一点或 [放弃(U)]: @72<47.32↙　//输入相对坐标

指定下一点或 [放弃(U)]: ↙

创建的 3 条倾斜的中心线如图 7-206 所示。

A ———————

图 7-205 主中心线的 A 端点

图 7-206 绘制 3 条斜中心线

6 在功能区"默认"选项卡的"图层"面板中单击"图层特性"按钮，打开"图层特性管理器"选项板。在"图层特性管理器"中单击"新建图层"按钮，新建一个名称为"构造线"的图层，线型为"CENTER"，线宽为 0.18，颜色为红色，如图 7-207 所示。然后关闭该选项板。

状态	名称	开.	冻结	锁定	颜色	线型	线宽	透明度	打印样
⊘	0	♀	☼	⬚	■白	Continuous	—— 默认	0	Color
⊘	构造线	♀	☼	⬚	■红	CENTER	—— 0.18 毫米	0	Color
⊘	Defpoints	♀	☼	⬚	■白	Continuous	—— 默认	0	Color
⊘	标注及剖面线	♀	☼	⬚	■红	Continuous	—— 0.18 毫米	0	Color
⊘	粗点画线	♀	☼	⬚	■120,64,0	ACAD_ISO10W100	—— 0.35 毫米	0	Color
⊘	粗实线	♀	☼	⬚	■白	Continuous	—— 0.35 毫米	0	Color
⊘	粗虚线	♀	☼	⬚	☐黄	ACAD_ISO02W100	—— 0.35 毫米	0	Color
⊘	细点画线	♀	☼	⬚	■红	CENTER2	—— 0.18 毫米	0	Color
⊘	细实线	♀	☼	⬚	■白	Continuous	—— 0.18 毫米	0	Color
⊘	细双点画线	♀	☼	⬚	■180,11...	ACAD_ISO12W100	—— 0.18 毫米	0	Color
⊘	细虚线	♀	☼	⬚	☐黄	ACAD_ISO02W100	—— 0.18 毫米	0	Color
✓	中心线	♀	☼	⬚	■红	CENTER	—— 0.18 毫米	0	Color

当前图层: 中心线　　　　　　　　　　　　　　　　搜索图层

过滤器　　全部　　所有使用的图层

反转过滤器(I)

全部: 显示了 12 个图层，共 12 个图层

图 7-207 新建图层

7 将"构造线"图层设置为临时的活动层。单击"构造线"按钮，绘制图 7-208 所示的一条竖直的构造线（辅助线）。

8 单击"偏移"按钮，偏移构造线，结果如图 7-209 所示，图中给出了相关的偏移距离。

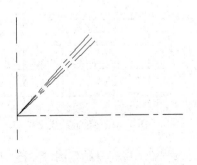

图 7-208 绘制构造线

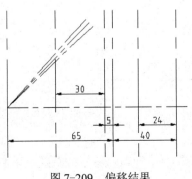

图 7-209 偏移结果

9 单击"偏移"按钮 ⟂，分别由主中心线偏移出所需要的辅助线，如图 7-210 所示。

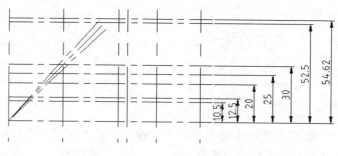

图 7-210　偏移结果

10 单击"延伸"按钮 ⊶，将倾斜的 3 条中心线延伸至最上方的辅助线，效果如图 7-211 所示。

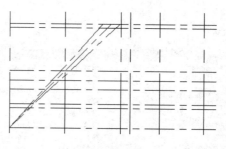

图 7-211　延伸结果 1

11 在"图层"面板的"图层控制"下拉列表框中选择"粗实线"层。

12 单击"直线"按钮 ⟋，绘制图 7-212 所示的一小段直线。

13 单击"延伸"按钮 ⊶，将刚绘制的直线延伸至指定的构造线，结果如图 7-213 所示。

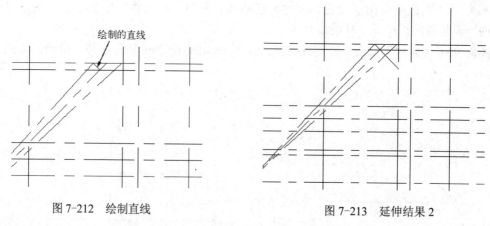

图 7-212　绘制直线　　　　　　　　　　图 7-213　延伸结果 2

14 选择图 7-214 所示的直线，单击"复制"按钮 ⟲，将其复制到图 7-215 所示的位置处。

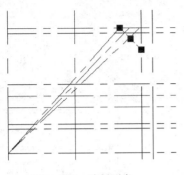

图 7-214　选择对象

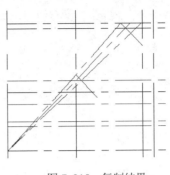

图 7-215　复制结果

15 单击"偏移"按钮，创建一条偏移线，如图 7-216 所示。

16 单击"直线"按钮，绘制所需要的轮廓线，如图 7-217 所示。

图 7-216　偏移结果

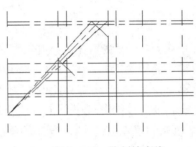

图 7-217　绘制轮廓线

17 关闭"构造线"层，效果如图 7-218 所示。

18 分别单击"修剪"按钮和"删除"按钮进行修剪和删除操作，结果如图 7-219 所示。

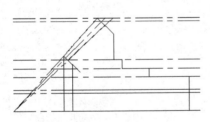

图 7-218　关闭"构造线"层

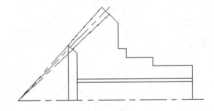

图 7-219　修剪及删除结果

19 单击"倒角"按钮，根据命令提示进行下列操作。

命令:_chamfer

("修剪"模式) 当前倒角距离 1＝0.0000，距离 2＝0.0000

选择第一条直线或 [放弃(U)/多段线(P)/距离(D)/角度(A)/修剪(T)/方式(E)/多个(M)]：　D✓

指定第一个倒角距离 <0.0000>: 2✓

指定第二个倒角距离 <2.0000>:✓

选择第一条直线或 [放弃(U)/多段线(P)/距离(D)/角度(A)/修剪(T)/方式(E)/多个(M)]：

选择第二条直线，或按住〈Shift〉键选择直线以应用角点或 [距离(D)/角度(A)/方法(M)]：

创建的倒角如图 7-220 所示。

20 框选要镜像的图形对象，单击"镜像"按钮，接着在主中心线上分别指定两点来定义镜像线，得到的镜像结果如图 7-221 所示。

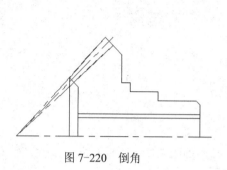

图 7-220　倒角

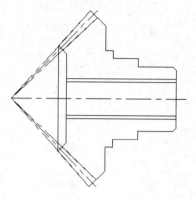

图 7-221　镜像结果

㉑ 在"图层"面板的"图层控制"下拉列表框中选择"标注及剖面线"层。

㉒ 单击 🔲（图案填充）按钮，则在功能区中出现"图案填充创建"选项卡。在"图案填充创建"选项卡中，从"图案"面板的"图案"列表中选择"ANSI31"；在"特性"面板中，设置"角度"为"0"，"比例"为"2"。在"边界"面板中单击"拾取点"按钮 ➕，分别在要绘制剖面线的区域中单击，选择所有目标区域后在"图案填充创建"选项卡中单击"关闭图案填充创建"按钮 ✖，绘制的剖面线如图 7-222 所示。

㉓ 在"图层"面板的"图层控制"下拉列表框中选择"粗实线"层。

㉔ 单击"圆心，直径"按钮 ⊘，在局部视图中绘制图 7-223 所示的两个圆，其直径分别为 25 和 21。

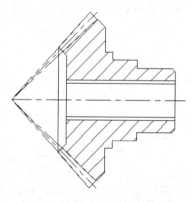

图 7-222　绘制剖面线

图 7-223　绘制圆

㉕ 单击"偏移"按钮 ⊑，在局部视图中创建图 7-224 所示的中心线。然后将创建的这两条中心线设置为粗实线。

㉖ 单击"修剪"按钮 ⁄⋯，将局部视图修剪为图 7-225 所示的效果。

㉗ 选择图 7-226 所示的对象，单击"环形阵列"按钮 ⁙，指定圆心作为阵列的中心点，设置"阵列项目数"为"6"，"阵列填充总角度"为"360"，并设置该环形阵列为非关联阵列，最后得到的阵列结果如图 7-227 所示。

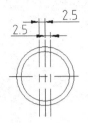

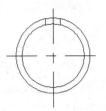

图 7-224 偏移创建中心线　　　　　　　　　图 7-225 修剪结果 1

28 单击"修剪"按钮 `/--` 进行修剪操作，修剪结果如图 7-228 所示。

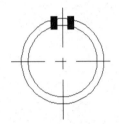

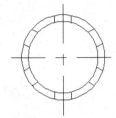

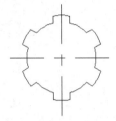

图 7-226 选择对象　　　　　图 7-227 阵列结果　　　　　图 7-228 修剪结果 2

29 分别单击"直线"按钮 `/` 和"偏移"按钮 `凸`，绘制图 7-229 所示的表格，然后将内部线设置为细实线。

30 单击"多行文字"按钮 `A`，在表格单元格内插入图 7-230 所示的文字，文字样式可以选择为"WZ-X5"。此时可以设置在图形窗口中显示线宽，以更好地检查图形各线条的线宽是否正确。

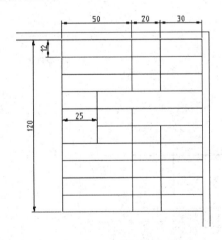

图 7-229 绘制表格

模数	m	3
齿数	z	35
齿形角	α	20°
精度等级		
配对齿轮	图号	
	齿数	Z_2
齿距积累公差	F_p	0.032
齿形公差	f_f	0.018
齿距极限偏差	f_{pt}	± 0.012
齿向公差	F_β	0.011

图 7-230 填写表格

31 在"注释"溢出面板中指定当前的标注样式为"ZJBZ-X5"。

32 在功能区中切换至"注释"选项卡，单击"标注"面板上的相关工具按钮，标注所需要的尺寸，其中初步标注而得的一些尺寸，还需经过编辑处理，例如编辑其尺寸文本等；然后采用插入图形块的方式在视图中标注所需要的表面结构要求，以及利用"特性"选项板设置相关尺寸的尺寸公差，得到的标注效果如图 7-231 所示。

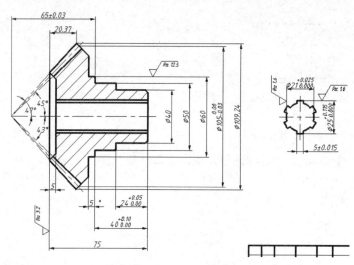

65±0.03
20.37
Ra 12.5
Ra 1.6
Ra 1.6
45°
47°
43°
Ø40
Ø50
Ø60
Ø109.24
5
5
24
40
75
Ra 3.2
5±0.015

图 7-231 标注效果

33 在标题栏的上方附近注写其余统一的表面结构要求，如图 7-232 所示。。

34 单击“多行文字”按钮 A，在主视图下方添加图 7-233 所示的技术要求。

Ra 6.3
标记 处数 分区 更改文件号 签名 年、月、日
设计 标准化 阶段标记 重量 比例
审核
工艺 批准 共 张 第 张 投影规则标识:

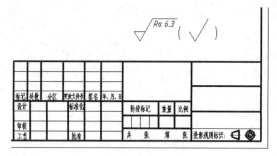

图 7-232 其余表面结构要求

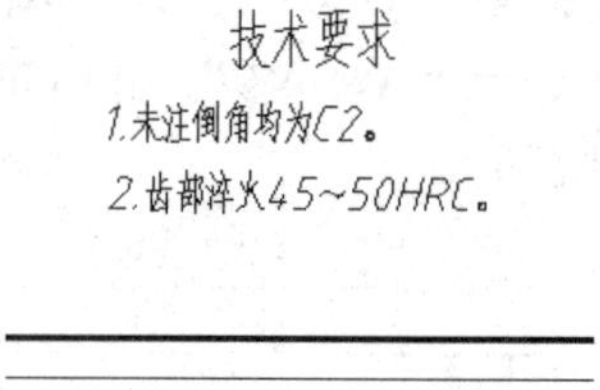

技术要求
1.未注倒角均为C2。
2.齿部淬火45~50HRC。

图 7-233 技术要求

35 填写标题栏。

双击标题栏的线框，弹出“增强属性编辑器”对话框，利用该对话框填写标题栏。填写结果如图 7-234 所示。

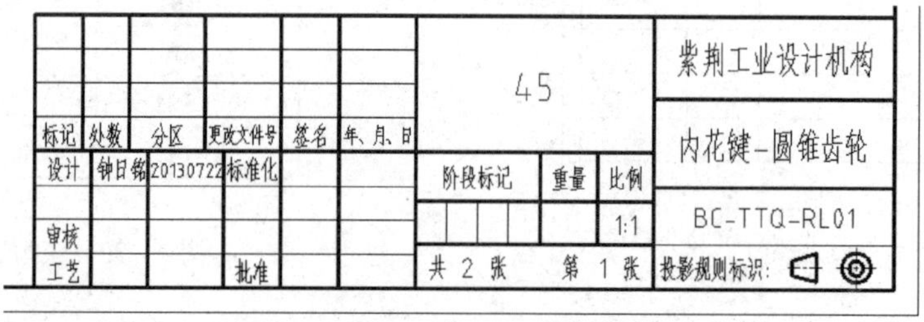

45
紫荆工业设计机构
内花键-圆锥齿轮
BC-TTQ-RL01
标记 处数 分区 更改文件号 签名 年、月、日
设计 钟日铭 20130722 标准化
阶段标记 重量 比例
1:1
审核
工艺 批准
共 2 张 第 1 张 投影规则标识:

图 7-234 基本填写好的标题栏

36 在命令行中输入“ZOOM”，进行以下操作。

命令: ZOOM↙

指定窗口的角点，输入比例因子 (nX 或 nXP)，或者

[全部(A)/中心(C)/动态(D)/范围(E)/上一个(P)/比例(S)/窗口(W)/对象(O)] <实时>: A↙

则显示零件图的全部图形。

37 按〈Ctrl+S〉组合键快速保存文件。

7.8 绘制滚动轴承

滚动轴承是典型的通用零部件，其种类很多。在机械制图中，可以采用规定画法、简化画法和特征画法来表示滚动轴承的图样。读者可以查阅 GB/T4459.7-1998《机械制图 滚动轴承表示法》等相关标准规范资料。

在滚动轴承图样中，通用画法、简化画法和特征画法的各种符号、矩形线框和轮廓线均采用粗实线，而其矩形线框或外形轮廓的大小应与其外形尺寸一致，并与所属图样采用同一比例。当使用简化画法绘制滚动轴承的剖视图时，一律不画剖面符号（剖面线）；当采用规定画法时，滚动轴承的滚动体不画剖面线，其各套圈等可画成方向和间隔相同的剖面线。在不致引起误解时，也允许省略不画。

下面介绍一个采用规定画法绘制的滚动轴承实例，结果如图 7-235 所示。

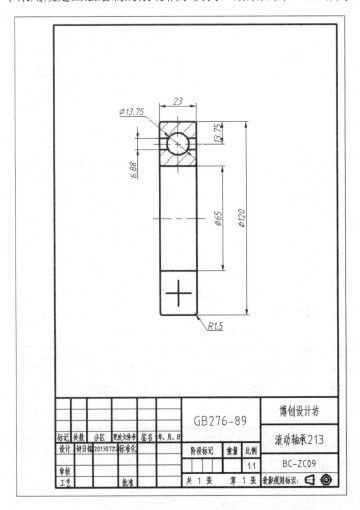

图 7-235 滚动轴承绘制实例

在本实例中，重点介绍滚动轴承的规定画法。另外补充一点，在装配图中，滚动轴承的保持架及倒角等可省略不画，且规定画法一般绘制在轴的一侧，而另一侧按通用画法绘制。

下面介绍该滚动轴承的具体绘制方法及步骤。

1 单击"新建"按钮，选择网盘资料"图形样板"文件夹中的"ZJ-A4 竖向-留装订边.dwt"文件作为图形样板，单击"打开"按钮。本例使用"草图与注释"工作空间。

2 按〈Ctrl+S〉组合键，系统弹出"图形另存为"对话框，利用该对话框将新图形文档另存为"TSM_7_滚动轴承 X.dwg"。

3 在"图层"面板的"图层控制"下拉列表框中选择"中心线"层，并在状态栏中设置启用"正交"模式。

4 单击"直线"按钮，在图框内适当位置处绘制一条水平中心线和垂直中心线，如图 7-236 所示。

5 单击"偏移"按钮，偏移出图 7-237 所示的辅助中心线。

图 7-236　绘制中心线

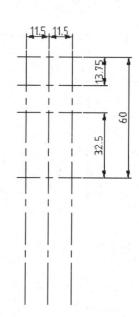

图 7-237　偏移结果

6 在"图层"面板的"图层控制"下拉列表框中选择"粗实线"层。

7 单击"圆心，直径"按钮，绘制图 7-238 所示的圆，该圆的直径为 13.75。

8 单击"直线"按钮，根据命令行提示进行下列操作。

```
命令: _line
指定第一点:                          //选择圆心作为直线的第 1 点
指定下一点或 [放弃(U)]: @16<-30↙    //输入直线的第 2 点的相对坐标
指定下一点或 [放弃(U)]: ↙
```

绘制的线段如图 7-239 所示。

9 单击"直线"按钮，绘制如 7-240 所示的轮廓线。

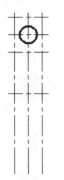

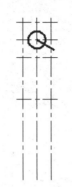

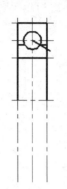

图 7-238 绘制圆 图 7-239 绘制线段 图 7-240 绘制轮廓线

⑩ 将不再需要的辅助线删除，结果如图 7-241 所示。

⑪ 选择图 7-242 所示的图元对象，单击"镜像"按钮 ⚊，在过圆心的水平中心线上选择两点定义镜像线，镜像结果如图 7-243 所示。

图 7-241 删除结果 图 7-242 选择对象 图 7-243 镜像结果

⑫ 单击"圆角"按钮 ▢，创建图 7-244 所示的 4 个圆角，圆角半径均为 1.5。

⑬ 单击"延伸"按钮 ⚊，将两侧轮廓线延伸至主中心线处，效果如图 7-245 所示。

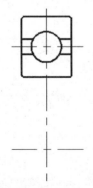

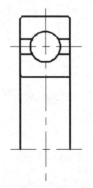

图 7-244 创建圆角 图 7-245 延伸结果

⑭ 依次选择图 7-246 所示的图元对象，单击"镜像"按钮 ⚊，在主中心线上分别选定两点，镜像结果如图 7-247 所示。

⑮ 单击"打断"按钮 ▢，将竖直的中心线在适当的位置处打断，然后将位于下方的

相应中心线修改为粗实线并调整长度，效果如图 7-248 所示。

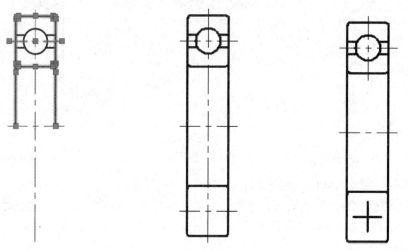

图 7-246　选择对象　　　　图 7-247　镜像结果　　　　图 7-248　修改结果

⓰ 在"图层"面板的"图层控制"下拉列表框中选择"标注及剖面线"层。

⓱ 单击"图案填充"按钮 ，打开"图案填充编辑器"选项卡。在"图案填充编辑器"选项卡中，从"图案"面板的"图案"列表中选择"ANSI31"；在"特性"面板中，设置"角度"为"0"，"比例"为"1.75"。在"边界"面板中单击"拾取点"按钮 ，分别在要绘制剖面线的区域中单击（本例要绘制剖面线的区域一共有 4 个），如图 7-249 所示，选择所有目标区域后单击"关闭图案填充创建"按钮 ，绘制的剖面线如图 7-250 所示。

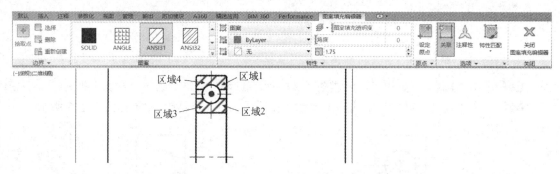

图 7-249　结合图书填充编辑器进行操作

⓲ 在功能区的"注释"选项卡中，单击"标注"面板上的相关标注工具按钮，标注图 7-251 所示的尺寸。

⓳ 填写标题栏。

⓴ 在命令行中输入"ZOOM"或"Z"，进行以下操作。

命令: ZOOM↙

指定窗口的角点，输入比例因子 (nX 或 nXP)，或者

[全部(A)/中心(C)/动态(D)/范围(E)/上一个(P)/比例(S)/窗口(W)/对象(O)] <实时>: A↙

㉑ 按〈Ctrl+S〉组合键快速保存文件。

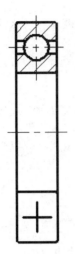

图 7-250 绘制剖面线

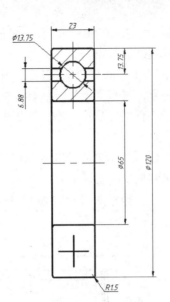

图 7-251 标注尺寸

7.9 本章点拨

零件图是零件制造、检验和制定工艺规程的基本技术文件，它既要反映出设计意图，又要考虑到制造的合理性和可能性等诸多因素。

本章介绍了轴、齿轮、螺套、弹簧、凸轮、衬盖、花键-锥齿轮和滚动轴承的零件图绘制方法及步骤。在学习各实例时，尤其要注意这些重点内容：正确选择和合理布置视图，合理标注尺寸，标注基准符号、几何公差及表面结构要求，编写技术要求和填写零件图的标题栏。

轴类零件的零件图，一般只需要一个主视图，如果具有键槽、孔等典型结构，可以增加必要的局部剖面；如果具有退刀槽、中心孔等细小结构时，可以考虑绘制局部放大图来加以表达。

对于例如齿轮、弹簧、滚动轴承等一些已经形成系列化、规范化和通用化的零部件而言，在其设计图样实践中，可以采用简化画法和简化注法来表达。这就需要设计人员具有扎实的机械制图基础理论知识，熟知相关的机械制图规范或标准。特别说明的是，在齿轮类零件的零件图中，除了绘制零件图形和注明必要的技术要求之外，还应该绘制啮合特性表。

在 AutoCAD 2017 中，可以通过插入块的方式标注表面结构要求，这也是本章学习的一个重点内容。另外，需要掌握如何标注形位公差等知识。通常使用"QLEADER"命令来标注所需要的形位公差；而在某些时候，也可以直接采用"公差"按钮 来注写公差，这时需另外添加具有箭头的引线。

7.10 思考与特训练习

（1）总结一下，一个完整的零件图应该具有哪些组成内容。

（2）简述如何标注尺寸公差以及表面结构要求。

（3）在当前设置的文字样式状态下，插入的或设置的一些特殊字符符号，可能在绘图区域中无法正确显示，例如"10±0.250"可能在某文字样式下会显示为"10？0.250"。这时候该如何处理才能正确显示呢？

说明：使用"ED"或"TEXTEDIT"命令，打开"文字编辑器"功能区选项卡，选择无法正确显示的符号，例如"±"，然后选择适合的字体即可。

（4）齿轮类零件的图形应该按照国家的有关标准规定进行绘制，想一想或者收集一下这方面的相关标准规定。

（5）查阅机械制图相关的标准规范资料，总结各种滚动轴承的通用画法、特征画法及规定画法。可以举例加以说明。

（6）特训练习：根据图 7-252 提供的尺寸绘制完整的零件图，轴的材料为 40Cr，未注倒角为 C1。

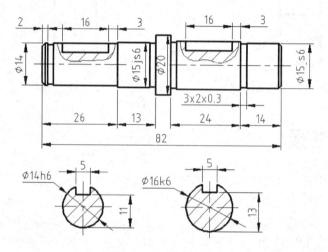

图 7-252　轴的尺寸

（7）特训练习：请自行设计一个小齿轮的零件图，已知该小齿轮的模数 m 为 4，齿数 z 为 16，齿形角为 20°，精度等级为 7FL。

（8）特训练习：根据图 7-253 所示的图形尺寸，绘制一张完整的蜗轮轮缘零件图，并要求自行标注形位公差、基准符号、表面结构要求等。

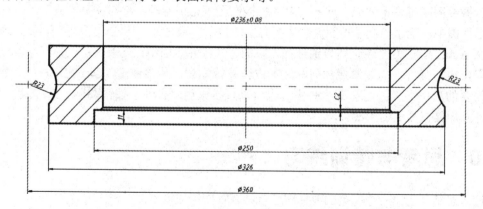

图 7-253　蜗轮轮缘参考尺寸

第8章 绘制装配图

本章导读：

在机械制图的知识范畴内，装配图也是一个重要的内容。装配图是用来表达机器、产品或者部件的技术图样，是设计部门提交给生产部门的重要技术图样。合格的装配图一般应能够反映出机器、产品或部件的主要结构形状、工作原理、性能要求、各零件的装配关系等。一张完整的装配图包含的内容有：一组装配起来的机械图样，必要的尺寸，技术要求，标题栏、零件序号和明细栏。

本章主要通过相关的装配图实例，介绍如何利用 AutoCAD 2017 来绘制装配图。在绘制装配图时，注意相关的规定画法和特殊画法。

8.1 局部装配图中的螺纹紧固件画法实例

本实例要完成的局部装配机械图样如图 8-1 所示。

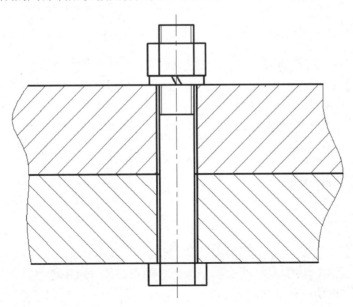

图 8-1 局部装配图中的螺纹紧固件

本实例知识点：当剖切平面通过螺杆的轴线时，对于螺柱、螺母、螺钉及垫圈等均按未剖切绘制，而螺纹紧固件的工艺结构，如倒角、肩、退刀槽等均可省略；不穿通的螺纹孔可不画出钻孔深度，仅按有效螺纹部分的深度（不包括螺尾）画出；常用螺栓、螺钉的头部及螺母可以采用规定的简化画法。

本实例制图思路：先分别绘制螺母、螺栓、垫圈等零件的所需视图，接着采用移动或者复制的方式放置这些机械零件，然后将被遮挡的轮廓线删除，并在需要的区域内打上剖面线（注意不同零件的剖面线应有所区别），从而完成该局部装配图的机械图样。

下面介绍本实例的绘制步骤。

1 单击"新建"按钮，新建一个图形文件，选择网盘资料"图形样板"文件夹中的"TSM_制图样板.dwt"文件作为样板文件。使用"草图与注释"工作空间。

2 将其另存为"TSM_8_螺纹紧固件.dwg"。

3 在"图层"面板的"图层控制"下拉列表框中选择"中心线"层，并通过状态栏设置启用"正交"模式（也可以按〈F8〉键快速设置启动"正交"模式）。

4 单击"直线"按钮，在绘图区域中绘制一条大约长 17 的竖直中心线。可以通过"特性"选项板来将该中心线的线型比例设置为 0.25。

5 在"图层"面板的"图层控制"下拉列表框中选择"粗实线"层。

6 单击"直线"按钮，绘制图 8-2 所示的轮廓线。

7 单击"偏移"按钮，创建图 8-3 所示的偏移线。

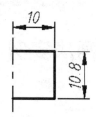

图 8-2　绘制连续的直线

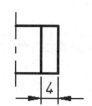

图 8-3　偏移结果

8 选择图 8-4 所示的图形对象，单击"镜像"按钮，接着指定镜像线上的两点，镜像结果如图 8-5 所示。

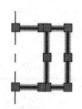

图 8-4　选择要镜像的对象

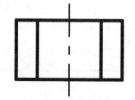

图 8-5　绘制的螺母图形

9 在"图层"面板的"图层控制"下拉列表框中选择"中心线"层。接着，单击"直线"按钮，在绘图区域的空白处绘制一条竖直的中心线，该中心线的长度为 87.5。该中心线的线型比例同样被设置为 0.25。

10 单击"偏移"按钮，以偏移的方式创建图 8-6 所示的辅助中心线。

11 在"图层"面板的"图层控制"下拉列表框中选择"粗实线"层。接着单击"直线"按钮 ，绘制图 8-7 所示的水平直线。

⑫ 单击"偏移"按钮 ，偏移结果如图 8-8 所示。

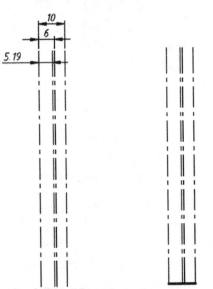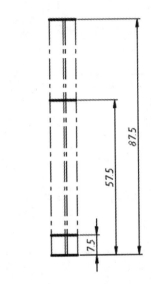

图 8-6　偏移结果 1　　　图 8-7　绘制水平直线　　　图 8-8　偏移结果 2

⑬ 单击"镜像"按钮 ，进行镜像操作，结果如图 8-9 所示。

⑭ 单击"修改"面板中的"修剪"按钮 ，将图形修剪成图 8-10 所示的图形。

⑮ 修改相关线条的线型，其中螺纹小径用细实线表示，其余轮廓线用粗实线表示，效果如图 8-11 所示。

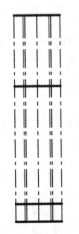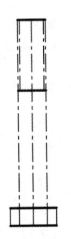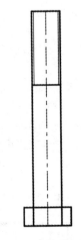

图 8-9　镜像结果　　　图 8-10　修剪结果　　　图 8-11　完成的螺栓图形

⑯ 绘制图 8-12 所示的表示垫圈的图形。

至此，完成了所需要的螺母、螺栓和垫圈的图形，如图 8-13 所示。

⑰ 在绘图区域的空白处绘制图 8-14 所示的中心线和轮廓线。

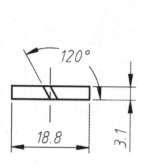

图 8-12　绘制垫圈图形

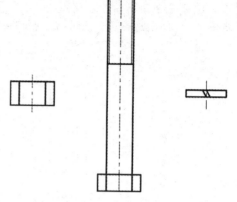

图 8-13　绘制的图形

⑱ 单击"偏移"按钮 进行偏移操作，偏移结果如图 8-15 所示。

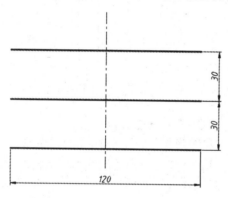

图 8-14　绘制中心线和轮廓线

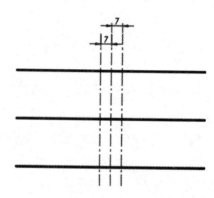

图 8-15　偏移结果

⑲ 根据辅助中心线，绘制所需要的竖直轮廓线，然后将辅助中心线删除，结果如图 8-16 所示。

⑳ 框选螺栓图形，单击"移动"按钮 ，根据命令行提示进行下列操作。

命令:_move 找到 15 个
指定基点或 [位移(D)] <位移>:　　　　　　　//在螺栓中选择图 8-17 所示的端点
指定第二个点或 <使用第一个点作为位移>:　　//选择图 8-18 所示的交点

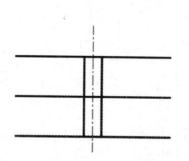

图 8-16　绘制竖直轮廓线及编辑

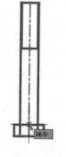

图 8-17　指定端点

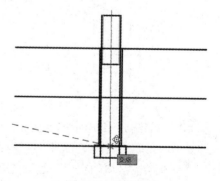

图 8-18　指定交点

21 选择图 8-19 所示的垫圈图形，单击"移动"按钮，根据命令行提示进行下列操作。

命令: _move 找到 3 个
指定基点或 [位移(D)] <位移>:   //选择图 8-20 所示的端点
指定第二个点或 <使用第一个点作为位移>:   //指定图 8-21 所示的放置点

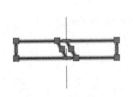

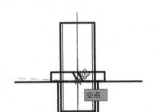

图 8-19 选择要移动的垫圈图形   图 8-20 指定端点   图 8-21 指定放置点

22 框选螺母图形，单击"移动"按钮，根据命令行提示进行下列操作。

命令: _move 找到 8 个
指定基点或 [位移(D)] <位移>:   //选择图 8-22 所示的交点
指定第二个点或 <使用第一个点作为位移>:   //选择图 8-23 所示的端点

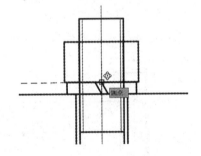

图 8-22 指定交点   图 8-23 指定放置点

此时，局部装配图如图 8-24 所示（注意确保删除多余且重叠的一处中心线）。

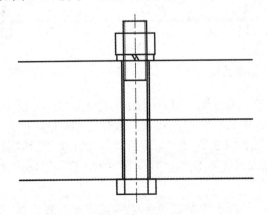

图 8-24 移动螺栓、垫圈和螺母的结果

㉓ 单击"修剪"按钮 ⊹，将不需要的线段修剪掉，结果如图 8-25 所示。

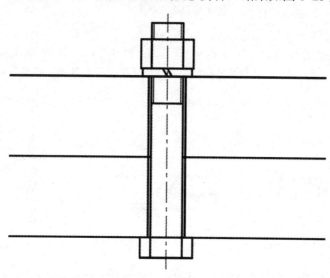

图 8-25　修剪结果

㉔ 在"图层"面板的"图层控制"下拉列表框中选择"标注及剖面线"层。

㉕ 在"绘图"溢出面板中单击"样条曲线拟合"按钮 ∿，使用拟合点方式来分别绘制图 8-26 所示的两条样条曲线。

㉖ 单击"修改"面板中的"修剪"按钮 ⊹ 修剪图形，修剪结果如图 8-27 所示。

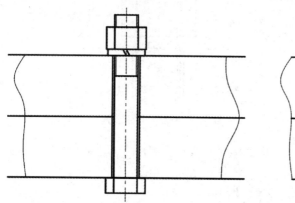

图 8-26　绘制样条曲线

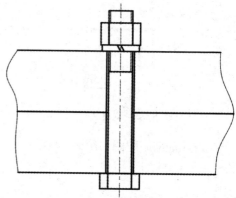

图 8-27　修剪结果

㉗ 单击"图案填充"按钮 ▦，打开"图案填充创建"选项卡。在"图案填充创建"选项卡中，从"图案"面板的"图案"列表中选择"ANSI31"；在"特性"面板中，设置"角度"为"0"，"比例"为"1.5"。在"边界"面板中单击"拾取点"按钮 ▦，分别在要绘制剖面线的区域 1 和区域 2（见图 8-28）内任意单击一点，以确定这两个区域作为要填充剖面线的 区域。

在"图案填充创建"选项卡中单击"关闭图案填充创建"按钮 ✖，绘制的剖面线如图 8-29 所示。

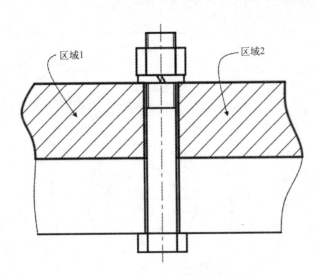

图 8-28 指定要绘制剖面线的区域

28 使用同样的方法，绘制其余剖面线（注意该剖面线的角度），如图 8-30 所示。

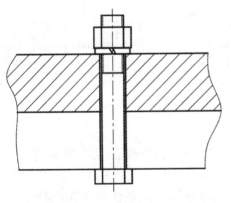

图 8-29 绘制剖面线

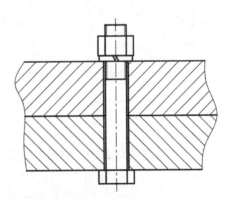

图 8-30 绘制其余剖面线

至此，完成了本例图形的绘制。保存文件。

8.2 蜗轮部件装配图实例

本实例要完成的蜗轮部件装配图如图 8-31 所示。本装配图是一张内容完整的装配图，其应包含以下内容。

● 一组装配起来的机械图样

表示装配的机械图样应该正确、完整、清晰和简洁地表达部件的工作原理、零件之间的装配关系和零件的主要（或大概）结构形状。

● 必要的尺寸

根据装配、检验、安装和使用机器的需要，在装配图中标注能够反映部件的性能、规格、安装情况的信息，同时还要注明子部件或零件之间的相对位置、配合要求以及部件的总体外形尺寸。

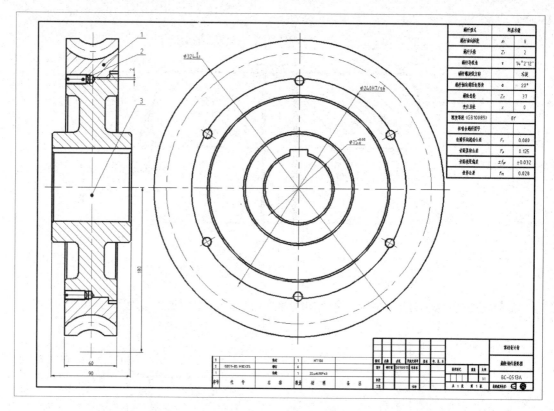

图 8-31　蜗轮部件装配图

● 技术要求

如果有些技术信息无法用图形表达清楚，可以采用文字或符号来进行辅助说明。

● 标题栏、零件序号和明细栏

装配图中应该包含完整清晰的标题栏、零件序号和明细栏，以便更充分地反映各零件的装配关系。

在这里，重点介绍一下明细栏的相关知识。明细栏主要反映装配图中各零件的代号、名称、材料和数量等有关信息，是装配图中不可缺少的组成部分。机械制图中的明细栏标准可直接采用 GB/T 10609.2-2009《机械制图　明细栏》。明细栏一般配置在装配图中标题栏的上方，按由下而上的顺序填写，其栏数可根据需要而定，当由下而上延伸位置不够时，可以紧靠在标题栏的左边再自下而上地延伸排列。若标题栏上方的区域不够时，可以直接将明细栏配置在标题栏的左边，同样是自下而上地延伸排列。

明细栏一般由序号、代号、名称、数量、材料、重量（单件、总计）、分区和备注等组成，可以根据实际需要增加或者减少。

序号：填写图样中相应组成部分的序号。

代号：填写图样中相应组成部分的图样代号或标准编号。

名称：填写图样中相应组成部分的名称，必要时，也可写出其型式与尺寸。

数量：填写图样中相应组成部分在装配中所需的数量。

材料：填写图样中相应组成部分的材料标记。

重量：填写图样中相应组成部分单件和总件数的计算重量。以千克为计量单位时，允许不写出其计量单位。

分区：必要时应按照有关规定将分区代号填写在备注栏中。

备注：填写该项的附加说明或其他有关的内容。

在本实例中，要注意零件序号的注写和明细栏的绘制。另外，不同零件的剖面线应该有所区别。

下面介绍该蜗轮部件装配图的绘制步骤。

1 单击"新建"按钮，弹出"选择样板"对话框。通过"选择样板"对话框选择网盘资料"图形样板"文件夹中的"TSM_A2_横向.dwt"文件，单击"打开"按钮。本例使用"草图与注释"工作空间进行设计工作。

2 按〈Ctrl+S〉组合键执行"保存"命令，将其另存为"TSM_8_蜗轮部件装配图.dwg"。

3 在功能区"默认"选项卡的"图层"面板中，从"图层控制"下拉列表框中选择"中心线"层，并通过状态栏设置启用"正交"模式、"对象捕捉"模式和"对象追踪"模式。并可以通过"线宽显示切换"按钮设置"先不使用线宽"显示模式。

4 单击"直线"按钮，在图框内适当位置处绘制图 8-32 所示的中心线。

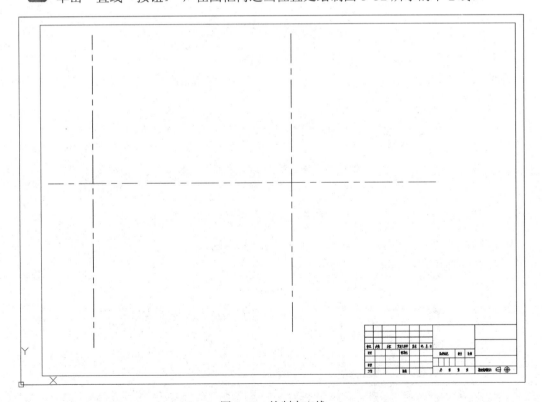

图 8-32　绘制中心线

5 单击"偏移"按钮，创建图 8-33 所示的辅助偏移线，图中给出了相关的偏移距离（供参考）。

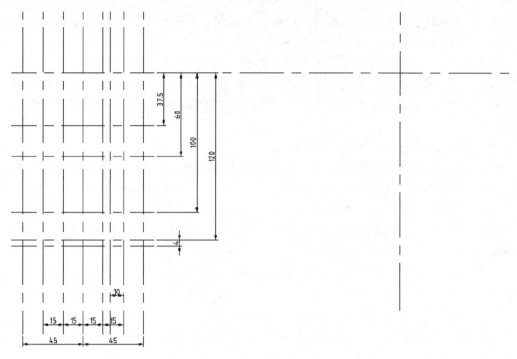

图 8-33　偏移操作

6️⃣ 在"图层"面板的"图层控制"下拉列表框中选择"粗实线"层。

7️⃣ 单击"直线"按钮，分别连接相关辅助偏移线间的交点。然后将不再需要的辅助偏移线删除，结果如图 8-34 所示。

图 8-34　绘制轮廓线

8️⃣ 选择图 8-35 所示的粗实线，单击"镜像"按钮，在水平中心线上分别指定两点定义镜像线，镜像结果如图 8-36 所示。

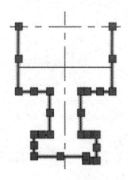

图 8-35　选择对象

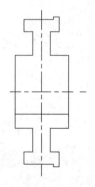

图 8-36　镜像结果

9 单击"偏移"按钮 🔄，根据命令行提示进行下列操作。

命令: _offset
当前设置: 删除源=否 图层=源 OFFSETGAPTYPE=0
指定偏移距离或 [通过(T)/删除(E)/图层(L)] <100.0000>: 79.9⏎
选择要偏移的对象，或 [退出(E)/放弃(U)] <退出>:   //选择图 8-37 所示的粗实线
指定要偏移的那一侧上的点，或 [退出(E)/多个(M)/放弃(U)] <退出>: //在所选直线上方区域单击
选择要偏移的对象，或 [退出(E)/放弃(U)] <退出>:⏎

偏移结果如图 8-38 所示。

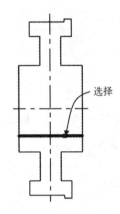

图 8-37 选择要偏移的对象

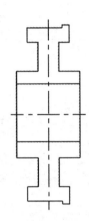

图 8-38 偏移结果

10 单击"偏移"按钮 🔄 进行偏移操作，偏移结果如图 8-39 所示。

11 单击"圆心，直径"按钮 ⊘，分别绘制图 8-40 所示的同心的 3 个圆。

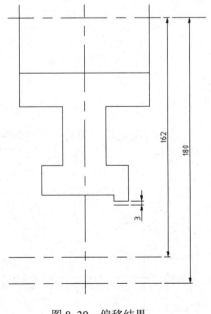

图 8-39 偏移结果

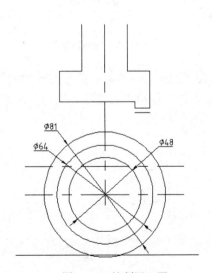

图 8-40 绘制同心圆

12 单击"直线"按钮 ✏，绘制图 8-41 所示的轮缘轮廓线。

13 单击"修改"面板中的"修剪"按钮 ⊬ ，将不需要的线段修剪掉，接着删除不再需要的辅助中心线，并调整过圆心的中心线的长度，结果如图 8-42 所示。

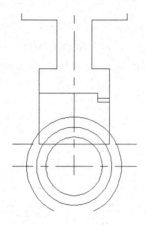

图 8-41　绘制直线

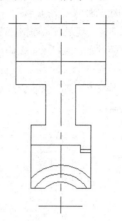

图 8-42　修改结果

14 选择图 8-43 所示的圆弧，在"图层"面板的"图层控制"下拉列表框中选择"中心线"层，然后按〈Esc〉键，效果如图 8-44 所示。

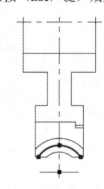

图 8-43　选择圆弧

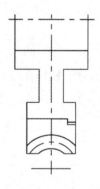

图 8-44　改变线型

15 绘制图 8-45 所示的带有键槽的轴孔。

16 结合使用"对象捕捉"和"对象捕捉追踪"功能，在主视图中补齐键槽对应的轮廓线，如图 8-46 所示。

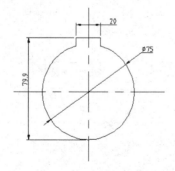

图 8-45　绘制带有键槽的轴孔

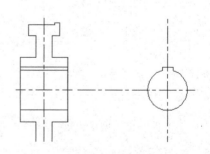

图 8-46　追踪绘制

17 单击"倒角"按钮，进行下列操作。

命令: _chamfer

("修剪"模式) 当前倒角距离 1 = 0.5000，距离 2 = 0.5000

选择第一条直线或 [放弃(U)/多段线(P)/距离(D)/角度(A)/修剪(T)/方式(E)/多个(M)]: D✓

指定第一个倒角距离 <0.5000>: 2✓

指定第二个倒角距离 <2.0000>: ✓

选择第一条直线或 [放弃(U)/多段线(P)/距离(D)/角度(A)/修剪(T)/方式(E)/多个(M)]:

//选择图 8-47 所示的直线

选择第二条直线，或按住〈Shift〉键选择直线以应用角点或 [距离(D)/角度(A)/方法(M)]:

 //选择图 8-48 所示的直线

执行该倒角操作的结果如图 8-49 所示。

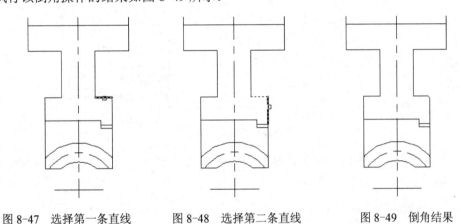

图 8-47　选择第一条直线　　　图 8-48　选择第二条直线　　　图 8-49　倒角结果

18 使用同样的方法，在主视图中绘制规格相同的其他倒角，绘制的结果如图 8-50 所示。

19 单击"直线"按钮，在主视图中添加倒角形成的轮廓线等，绘制的结果如图 8-51 所示。

20 使用"镜像"按钮，在主视图中进行镜像操作，基本完成轮缘的轮廓线，如图 8-52 所示。

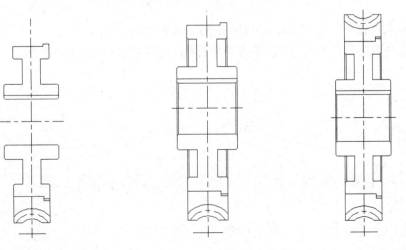

图 8-50　其他倒角结果　　　　图 8-51　添加轮廓线　　　　图 8-52　镜像结果

21 单击"圆心，半径"按钮，并结合"对象捕捉"和"对象捕捉追踪"功能，分别绘制图 8-53 所示的同心圆。

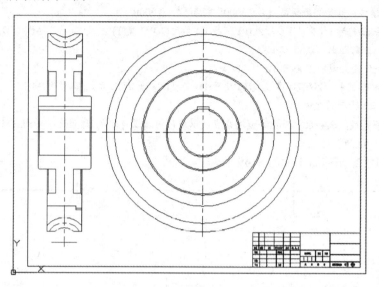

图 8-53　绘制同心的圆

22 单击"修改"面板中的"修剪"按钮，修剪多余的圆弧段。接着将蜗轮分度圆的线型改为中心线，如图 8-54 所示。

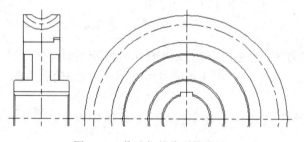

图 8-54　修改相关线型的结果

23 单击"偏移"按钮，绘制图 8-55 所示的线段。

24 将刚偏移操作得到的线段修改为中心线，然后稍微调整一下其长度，结果如图 8-56 所示。

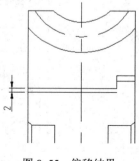

图 8-55　偏移结果

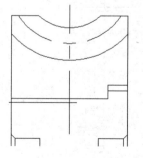

图 8-56　修改为中心线

㉕ 在图框外的适当位置处绘制图 8-57 所示的螺钉图形，图中给出了关键尺寸。该螺钉规格为"GB/T 71-1985 M12×25"。读者可以查阅相关的标准件数据来获得尺寸进行绘制。

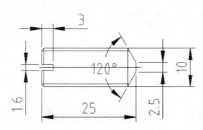

图 8-57　绘制螺钉图形

㉖ 框选螺钉图形，单击"移动"按钮✛，根据命令行提示进行下列操作。

令：_move 找到 19 个
指定基点或 [位移(D)] <位移>:　　　　　　　　　//选择图 8-58 所示的追踪线交点
指定第二个点或 <使用第一个点作为位移>：　<正交 关>　//选择图 8-59 所示的交点

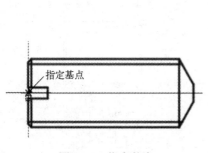

图 8-58　指定基点

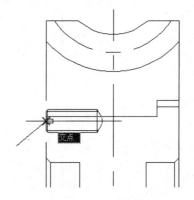

图 8-59　选择交点

㉗ 单击"偏移"按钮凸，创建图 8-60 所示的竖直线段（用于表示孔的螺纹末端终止线）。

㉘ 单击"直线"按钮／，分别绘制图 8-61 所示的线段。

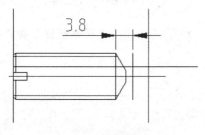

图 8-60　偏移结果

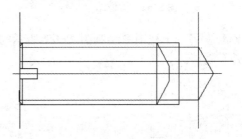

图 8-61　绘制直线

㉙ 选择图 8-62 所示的线段，将其修改为细实线。

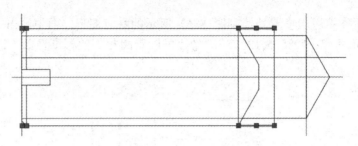

图 8-62   选择要修改的线段

30 框选螺钉和螺纹孔图形，单击"镜像"按钮，指定所需两点定义镜像线后使主视图如图 8-63 所示。

31 单击"修改"修剪中的"修剪"按钮，将被遮挡的轮廓线修剪掉，结果如图 8-64 所示。

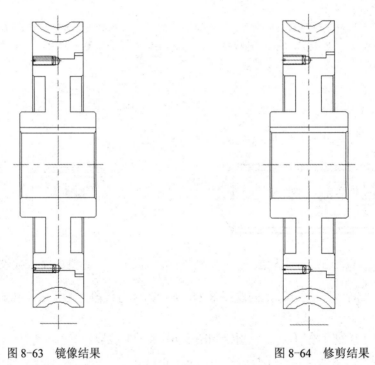

图 8-63   镜像结果   图 8-64   修剪结果

32 在另一个视图中绘制图 8-65 所示的图形，注意结合使用"对象捕捉"和"对象捕捉追踪"功能。

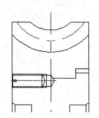
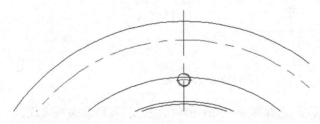

图 8-65   采用简化方式表示螺钉安装位置

33 单击"环形阵列"按钮 进行环形阵列操作，使阵列后的图形如图 8-66 所示。然后，单击"修剪"按钮 ，将不需要的圆弧段修剪掉。

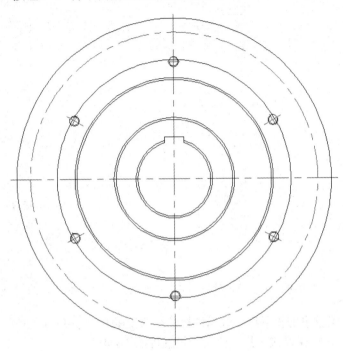

图 8-66　环形阵列的结果

34 单击"圆角"按钮 ，根据命令行提示进行下列操作。

命令: _fillet
当前设置: 模式 = 修剪，半径 = 2.0000
选择第一个对象或 [放弃(U)/多段线(P)/半径(R)/修剪(T)/多个(M)]:R✓
指定圆角半径 <2.0000>: 6✓
选择第一个对象或 [放弃(U)/多段线(P)/半径(R)/修剪(T)/多个(M)]:
选择第二个对象，或按住〈Shift〉键选择对象以应用角点或 [半径(R)]:
一共进行 8 次圆角操作，结果如图 8-67 所示。

35 在"图层"面板的"图层控制"下拉列表框中选择"标注及剖面线"层。

36 单击"图案填充"按钮 ，打开"图案填充创建"选项卡。在"图案填充创建"选项卡中，从"图案"面板的"图案"列表中选择"ANSI31"；在"特性"面板中，设置"角度"为"0"，"比例"为"2.5"。在"边界"面板中单击"拾取内部点"按钮 ，分别在要绘制剖面线的轮缘区域内单击，选择好区域后单击"关闭图案填充创建"按钮 ，效果如图 8-68 所示。

37 单击"图案填充"按钮 ，打开"图案填充创建"选项卡。在"图案填充"选项卡中，从"图案"面板的"图案"列表中选择"ANSI31"；在"特性"面板中，设置"角度"为"90"，"比例"为"2"。在"边界"面板中单击"拾取内部点"按钮 ，分别在要绘制剖面线的轮芯区域内单击，选择好区域后单击"关闭图案填充创建"按钮 ，效果如图 8-69 所示。

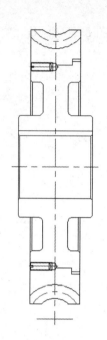

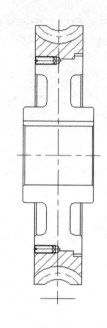

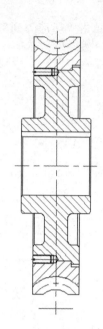

图 8-67　圆角　　　　图 8-68　给轮缘的剖切面画剖面线　　　图 8-69　给轮芯的剖切面画剖面线

38 根据该装配图的主要用途，适当地标注出关键的尺寸，并给一些尺寸设置合理的公差，如图 8-70 所示。标注样式选择之前已经设置好的 TSM-5。

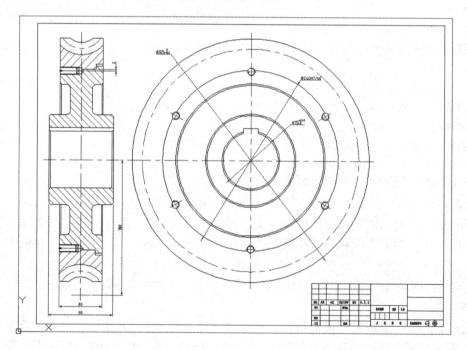

图 8-70　标注尺寸

39 在命令窗口的当前命令行中进行下列操作。

命令：**QLEADER**✓

指定第一个引线点或 [设置(S)] <设置>: S↙

// 弹出"引线设置"对话框，进行图 8-71 和图 8-72 所示的设置，设置好后单击"确定"按钮

指定第一个引线点或 [设置(S)] <设置>: 　<正交 关>

指定下一点：

指定下一点： 　<正交 开>

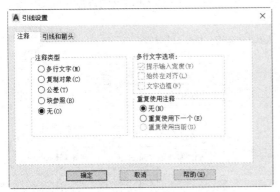

图 8-71　引线设置 1

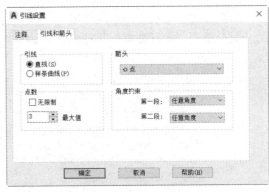

图 8-72　引线设置 2

在主视图中一共绘制 3 处指引线，如图 8-73 所示。

　　⑩ 单击"多行文字"按钮 A，分别在相应引出线的水平段上方添加零件序号，注意将字高设置为 7，添加好零件序号的效果如图 8-74 所示。

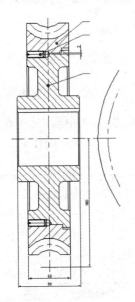

图 8-73　绘制指引线

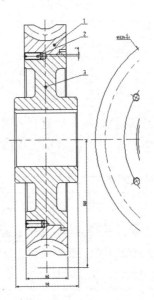

图 8-74　注写零件序号

　　知识点拨：在 AutoCAD 中，通常使用"QLEADER"命令来绘制指引线，指引线应自所指部分的可见轮廓内引出，并在其末端绘制一个圆点。在不便绘制圆点的情况下，也可以在指引线的末端绘制一个箭头，并且箭头指向所要表达部分的轮廓。在绘制指引线时，注

意指引线不能两两相交，在通过有剖面线的区域时，指引线不应与剖面线平行。

在本例中，也可以在"引线设置"对话框的"注释"选项卡上，选中"多行文字"选项，这样就可以在执行"QLEADER"命令操作的过程中，注写零件序号。

另外，也可以执行菜单栏中的"标注"→"多重引线"命令完成。可以在执行"多重引线"命令之前，执行"格式"→"多重引线样式"命令设置所需要的多重引线样式。

11 在图框的右上角绘制图 8-75 所示的表格。

12 单击"多行文字"按钮 **A**，在表格中填写图 8-76 所示的内容。

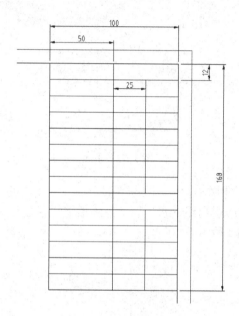

蜗杆型式		阿基米德
蜗杆轴向模数	m	8
蜗杆头数	Z_1	2
蜗杆导程角	γ	14°2'12"
蜗杆螺旋线方向		右旋
蜗杆轴向剖面齿形角	α	20°
蜗轮齿数	Z_2	37
变位系数	x	0
精度等级（GB10089）		8f
相啮合蜗杆图号		
齿圈径向跳动公差	F_r	0.080
齿距累积公差	F_p	0.125
齿距极限偏差	$\pm f_{pt}$	±0.032
齿形公差	f_{f2}	0.028

图 8-75 绘制表格　　　　　　　图 8-76 添加的内容

13 填写标题栏。双击标题栏，弹出"增强属性编辑器"对话框，从中设置各标记对应的值，然后单击对话框的"确定"按钮，填写好的标题栏如图 8-77 所示。

标记	处数	分区	更改文件号	签名	年、月、日				博创设计坊	
设计	钟日铭	20110513	标准化						蜗轮部件装配图	
						阶段标记	重量	比例		
审核								1:1	BC-0513A	
工艺			批准			共 1 张	第 1 张		投影规则标识	

图 8-77 填写标题栏

14 绘制明细栏。在标题栏的左侧绘制明细栏的表格，尺寸如图 8-78 所示。其中最左侧的边线采用粗实线，其水平边线及内部竖直框线采用细实线。

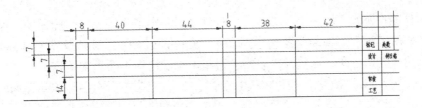

图 8-78　绘制明细栏表格

单击"多行文字"按钮**A**，填写明细栏，填写结果如图 8-79 所示。

3		轮芯	1	HT150	
2	GB/T71-1985 M10X25	螺钉	6		
1		轮缘	1	ZCuAl10Fe3	
序号	代　号	名　称	数量	材　料	备　注

图 8-79　填写标题栏

完成的装配图如图 8-80 所示（图中显示了线宽）。

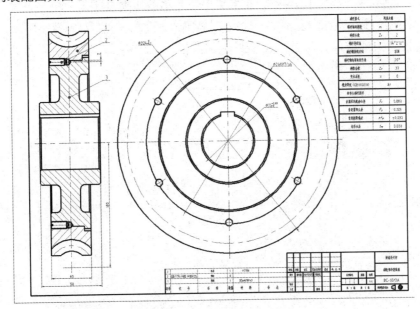

图 8-80　完成的装配图

保存文件。

8.3　本章点拨

　　装配图是用来表达机器、产品或者部件的技术图样，是设计部门提交给生产部门的重要技术图样。

　　本章通过两个实例，介绍如何利用 AutoCAD 2017 来绘制装配图。在绘制装配图时，读者应注意相关的规定画法和特殊画法。例如在本章的第 1 个实例中，主要介绍局部装配图中的螺纹紧固件的典型画法；而本章第 2 个实例，则介绍了一个完整装配图的绘制方法及步骤，让读者全面了解和掌握装配图的绘制方法。此外，读者还应该掌握齿轮副等相关结构在装配图中的图样表示方法，这些都需要在学习和工作应用中不断积累经验。

在装配图中，注意零件和部件的编号（序号）。装配图中所有零件和部件均应编号，装配图中一个零件和部件应只编写一个序号。同一装配图中相同的零件和部件用一个序号时，一般只标注一次，当多次出现相同的零件和部件时，必要时也可以重复进行标注。在同一装配图中编排序号的形式应该一致，序号应按照水平或竖直方向排列整齐。特别归纳一下，装配图中编写零部件序号表示方法主要有以下两种。

（1）在水平的基准（细实线）上或圆（细实线）内注写序号，字号比图中所注尺寸数字的字号要大一些，如要大一号或大两号。

（2）在指引线的非零件端的附近注写序号，字高比图中所注尺寸数字的字号大两号。

指引线应自所指部分的可见轮廓内引出，并在其末端绘制一个圆点。若所指部分内不便绘制圆点，那么可以在指引线的末端绘制出箭头，并指向所要表达部分的轮廓。指引线不能相交，当指引线通过有剖面线的区域时，不应与剖面线平行绘制。在一些应用场合，对于一组紧固件以及装配关系清楚的零件组，可以采用公共指引线来表达。

在本章的蜗轮部件装配图实例中，也可以采用如下的方法来注写零件序号。

1 通过"快速访问"工具栏设置显示菜单栏，从"格式"菜单中选择"多重引线样式"命令，打开图 8-81 所示的"多重引线样式管理器"对话框。

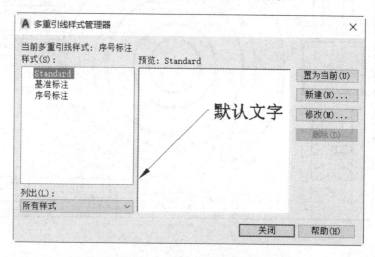

图 8-81 "多重引线样式管理器"对话框

2 在"多重引线样式管理器"对话框中单击"新建"按钮，弹出图 8-82 所示的"创建新多重引线样式"对话框。在"新样式名"文本框中输入新样式名，例如输入新样式名为"序号标注-1"，基础样式为"Standard"，然后单击"继续"按钮。

3 系统弹出"修改多重引线样式"对话框。在"引线格式"选项卡中分别设置常规选项和箭头符号

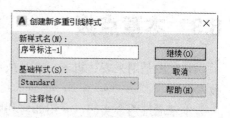

图 8-82 "创建新多重引线样式"对话框

等。设置的引线格式如图 8-83 所示。

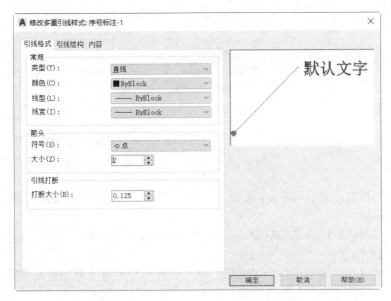

图 8-83　设置引线格式

4 切换到"引线结构"选项卡，设置图 8-84 所示的项目。

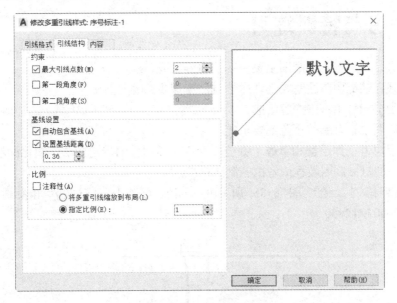

图 8-84　设置引线结构

5 切换到"内容"选项卡，从"多重引线类型"下拉列表框中选择"块"选项，接着在"块选项"选项组的"源块"下拉列表框中选择"圆"选项，如图 8-85 所示。

6 单击"确定"按钮。返回到"多重引线样式管理器"对话框，选择"序号标注-1"多重引线样式，单击"置为当前"按钮，然后单击"多重引线样式管理器"对话框中的"关闭"按钮。

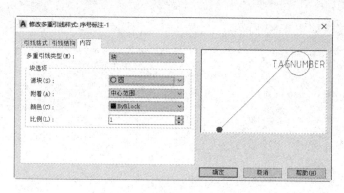

图 8-85　设置多重引线内容

从菜单栏的"标注"菜单中选择"多重引线"命令，根据命令行提示进行下列操作。

命令：_mleader

指定引线箭头的位置或 [引线基线优先(L)/内容优先(C)/选项(O)] <选项>：

指定引线基线的位置：

此时，系统弹出"编辑属性"对话框，输入标记编号的属性值为所需的零件序号，例如输入序号"1"，单击"确定"按钮，即可完成一个零件序号的注写。

使用同样的方法，继续通过"多重引线"的方式来注写其他的零件序号。

另外，在本章的学习中，还要注意明细栏的绘制方法等内容。

8.4　思考与特训练习

（1）什么是装配图？装配图主要由哪些内容组成？

（2）简述在装配图中注写零部件序号时，应该注意哪些要素？

（3）明细栏一般由哪些内容组成？

（4）绘制明细栏有哪些规范或要求？

（5）扩展思考：你了解和掌握了哪些标准件和通用件的规定画法、简化画法？建议可以参考查阅相关的机械制图教程或者机械制图标准。

（6）特训练习：绘制图 8-86 所示的局部装配图样，已知六角头螺栓的规格为 GB/T 5782-2000 M12×50。

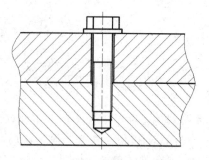

图 8-86　特训练习图

第9章 绘制轴测图

本章导读：

　　在机械设计以及工业生产中，轴测图（全称为轴测投影图）经常会被用来作为辅助图样。轴测投影属于单面平行投影，立体感较强，它能够同时反映三维物体的正面、侧面和水平面等的形状。

　　本章主要介绍使用 AutoCAD 2017 绘制轴测图的基础知识以及特训实例。

9.1　轴测图绘制基础

　　根据轴测投影线方向和轴测投影面的位置不同，可以将轴测图分为正轴测图和斜轴测图，如果投影线方向垂直于轴测投影面，则得到的便是正轴测图；如果投影线方向倾斜于轴测投影面，则得到的属于斜轴测图。在机械制图中，常使用的轴测图是正轴测图。而正等轴测图的立体感更强，绘图也最为方便，例如，平行于各坐标面的圆的轴测投影可以绘制为形状相同的椭圆。

　　下面介绍如何使用 AutoCAD 2017 来绘制等轴测图，在介绍具体的轴测图绘制实例之前，先介绍轴测图的绘制基础，包括如何启用"等轴测捕捉"模式、切换平面状态和绘制正等轴测图形的方法及技巧等。

9.1.1　启用"等轴测捕捉"模式

　　要绘制等轴测图，需要通过设置选项来启用"等轴测捕捉"模式。

　　启用"等轴测捕捉"模式的方法如下。

　　❶　使用"草图与注释"工作空间，通过"快速访问"工具栏设置显示菜单栏，然后在菜单栏中选择"工具"→"绘图设置"命令，弹出"草图设置"对话框。

　　❷　在"草图设置"对话框中切换到"捕捉和栅格"选项卡，如图 9-1 所示。可以勾选"启用捕捉"复选框，必要时，可以修改捕捉间距和栅格间距。

　　❸　在"捕捉类型"选项组中选择"等轴测捕捉"单选按钮。

　　❹　单击"草图设置"对话框中的"确定"按钮，系统启用"等轴测捕捉"模式，注意此时绘图区域中的光标如图 9-2 所示。

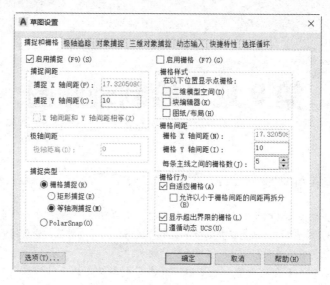

图 9-1 "草图设置"对话框

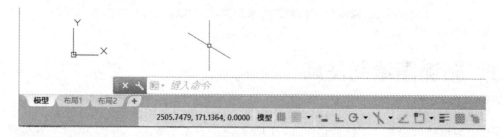

图 9-2 启用"等轴测捕捉"模式

如果读者觉得启用"捕捉"模式对当前制图有影响，那么可以在状态栏中单击"捕捉模式"按钮，将其临时关闭。在实际设计中，要根据具体制图需要，自行确定是否启用"捕捉"模式，以及是否启用其他模式，例如"栅格显示"模式和"对象捕捉"模式等。

9.1.2 平面状态切换

绘制等轴测图时，需要注意 3 个等轴测投影坐标平面（即 3 种平面状态），其分别为等轴测左视面（即"等轴测平面-左视"）、等轴测俯视面（即"等轴测平面-俯视"）和等轴测右视面（即"等轴测平面-右视"），根据制图情况可不断地在这 3 个等轴测平面之间切换。不同的等轴测平面所对应的光标的显示形状不同，如图 9-3 所示。

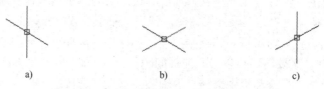

图 9-3 三种等轴测平面所对应的光标显示

a) "等轴测平面-左视" b) "等轴测平面-俯视" c) "等轴测平面-右视"

假设当前的等轴测平面为"右视"时，在键盘上按〈F5〉键或者使用〈Ctrl+E〉组合键，可以进行等轴测平面的切换，如依次切换到"左视""俯视"，所执行的切换操作都会记录在命令窗口的命令历史列表中，如图 9-4 所示，<等轴测平面 俯视>表示当前的等轴测平面为俯视面（顶面），此时若再按一次〈F5〉键，则又可以切换到右视面。用户也可以在 AutoCAD 2017 状态栏中单击等轴测平面工具相应的▼按钮，接着从等轴测平面工具列表中单击"左等轴测平面"按钮、"顶部等轴测平面（俯视）"按钮或"右等轴测平面"按钮来快速切换至所需的等轴测平面。

图 9-4　命令窗口的提示说明

9.1.3　绘制等轴测图形的方法

要绘制等轴测图形，需要启用"等轴测捕捉"模式。多数情况下，为了方便绘制等轴测图形，通常启用"正交"模式。

下面简单地讲解一下两个常用的绘制工具（命令）。

1. 直线工具

使用"直线"按钮在特定平面状态下绘制直线时，务必要根据实际情况考虑是否启用"捕捉""栅格""正交"等模式。切换到所需要的平面状态并使用合适的相对坐标，可以很方便地绘制直线。

2. "椭圆：轴、端点"椭圆工具

在"等轴测捕捉"模式下，绘制投影椭圆（等轴测圆）的方法及步骤如下。

① 如果在"草图与注释"工作空间，则在功能区"默认"选项卡的"绘图"面板中单击"椭圆：轴，端点"按钮。

② 根据命令行提示，进行如下操作。

命令: _ellipse
指定椭圆轴的端点或 [圆弧(A)/中心点(C)/等轴测圆(I)]: I↙
指定等轴测圆的圆心:
指定等轴测圆的半径或 [直径(D)]:

例如，进行如下操作，在左视面（左等轴测平面）上绘制一个等轴测圆，如图 9-5 所示。

图 9-5　绘制等轴测圆

命令：_ellipse   //单击"椭圆：轴，端点"按钮

指定椭圆轴的端点或 [圆弧(A)/中心点(C)/等轴测圆(I)]: I↙   //选择"等轴测圆"选项

指定等轴测圆的圆心: 80,50↙   //输入等轴测圆的圆心坐标

指定等轴测圆的半径或 [直径(D)]: 21.9↙   //输入等轴测圆的半径

9.2 绘制圆管等轴测图实例

本节以绘制一根圆管为例，介绍如何在"等轴测捕捉"模式下绘制其等轴测图。要完成的等轴测图如图 9-6 所示。

本实例的主要知识点包括启用"等轴测捕捉"模式、切换平面状态、绘制等轴测圆等。

本实例具体的操作过程如下。

1️⃣ 单击"新建"按钮，弹出"选择样板"对话框。通过"选择样板"对话框选择网盘资料的"图形样板"文件夹中的"TSM_制图样板.dwt"文件，单击"打开"按钮。

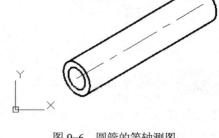

图 9-6 圆管的等轴测图

2️⃣ 确保使用"草图与注释"工作空间，在"图层"面板的"图层控制"下拉列表框中选择"中心线"层。

3️⃣ 在状态栏上右击"捕捉模式"按钮，接着从弹出的快捷菜单中选择"捕捉设置"命令，打开"草图设置"对话框并自动切换到"捕捉和栅格"选项卡，在"捕捉类型"选项组中选择"等轴测捕捉"单选按钮，如图 9-7 所示。指定捕捉类型选项后，单击"确定"按钮。

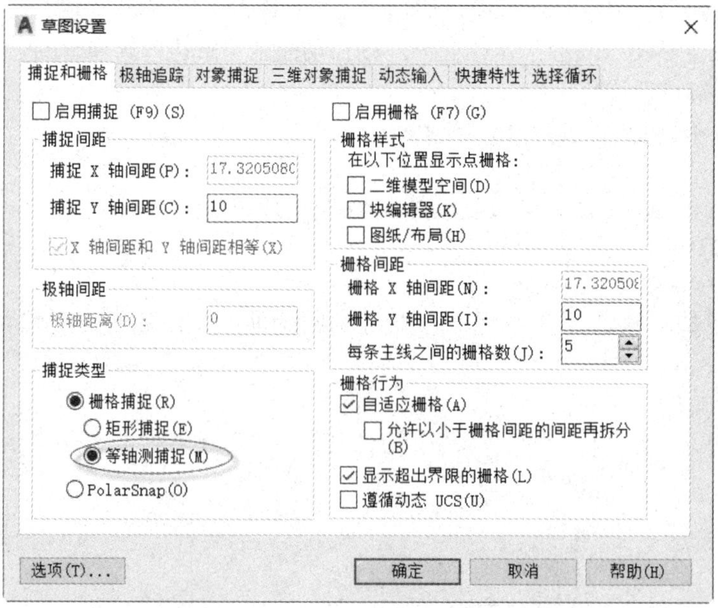

图 9-7 指定捕捉类型

此时，确保在"等轴测捕捉"模式下处于右视状态，其光标标识如图 9-8 所示。

④ 单击"绘图"面板中的"直线"按钮 ∕，在命令行中输入第 1 点的坐标为"50,25,0"，接着按〈F8〉键启用"正交"模式，将光标向右侧移动适当距离，在命令行中输入"120"并按〈Enter〉键确认，接着再按〈Enter〉键结束绘制直线的操作。以下是命令行提示和操作说明。

```
命令: _line
指定第一点: 50,25,0↙               //输入第 1 点的坐标
指定下一点或 [放弃(U)]: <正交 开> 120↙   //按〈F8〉键启用正交模式，将光标向右移动，输入距离值
指定下一点或 [放弃(U)]: ↙            //结束直线的绘制
```

绘制的中心线如图 9-9 所示。

图 9-8 等轴测平面-右面标识

图 9-9 绘制中心线

⑤ 在"图层"面板的"图层控制"下拉列表框中选择"粗实线"层。

⑥ 按〈F5〉键，将平面状态切换到左视等轴测平面。

⑦ 在"绘图"面板中单击"椭圆：轴，端点"按钮 ⬭，接着根据命令行提示进行如下操作。

```
命令: _ellipse
指定椭圆轴的端点或 [圆弧(A)/中心点(C)/等轴测圆(I)]: I↙   //选择"等轴测圆"选项
指定等轴测圆的圆心:                                //选择中心线的左端点
指定等轴测圆的半径或 [直径(D)]: D↙                 //选择"直径"选项
指定等轴测圆的直径: 25↙                           //输入直径
```

绘制的该等轴测圆 1 如图 9-10 所示。

⑧ 在"绘图"面板中单击"椭圆：轴，端点"按钮 ⬭，接着根据命令行提示进行如下操作。

```
命令: _ellipse
指定椭圆轴的端点或 [圆弧(A)/中心点(C)/等轴测圆(I)]: I↙   //选择"等轴测圆"选项
指定等轴测圆的圆心:                                //选择中心线的左端点
指定等轴测圆的半径或 [直径(D)]: D↙                 //选择"直径"选项
指定等轴测圆的直径: 16↙                           //输入直径
```

绘制的该等轴测圆 2 如图 9-11 所示。

⑨ 在"绘图"面板中单击"椭圆：轴、端点"按钮 ⬭，接着根据命令行的提示进行如下操作。

```
命令: _ellipse
指定椭圆轴的端点或 [圆弧(A)/中心点(C)/等轴测圆(I)]: I↙   //选择"等轴测圆"选项
指定等轴测圆的圆心:                                //选择中心线的右端点
指定等轴测圆的半径或 [直径(D)]: D↙                 //选择"直径"选项
```

指定等轴测圆的直径: 25✓   //输入直径为 25

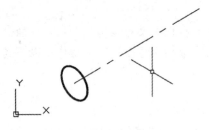

图 9-10 绘制的等轴测圆 1

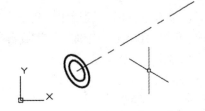

图 9-11 绘制等轴测圆 2

绘制的该等轴测圆 3 如图 9-12 所示。

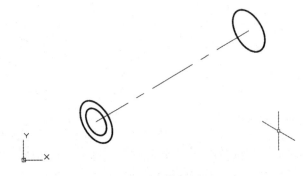

图 9-12 绘制等轴测圆 3

10 按〈F5〉键，将平面状态切换到俯视等轴测平面。

11 在状态栏中右击"对象捕捉"按钮 ，接着选择"对象捕捉设置"命令，打开"草图设置"对话框且自动切换到"对象捕捉"选项卡，确保勾选"象限点"复选框，并可取消勾选"切点"复选框等，如图 9-13 所示。然后单击"确定"按钮。

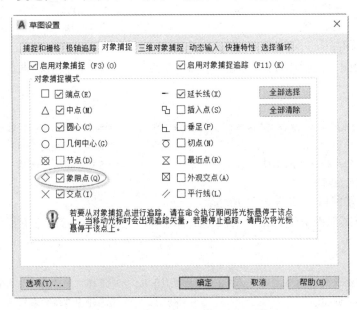

图 9-13 确保勾选"象限点"复选框

12 单击"直线"按钮 ✏，分别捕捉选择两等轴测圆的相应象限点来绘制一条直线，如图 9-14 所示。

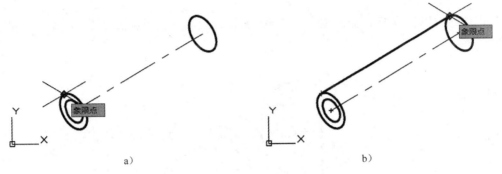

图 9-14 捕捉象限点来绘制轮廓线

a) 选择等轴测圆的一个象限点 b) 选择另一个等轴测圆相应的象限点

13 使用同样的方法，单击"直线"按钮 ✏，利用另外的一对象限点绘制一条直线，效果如图 9-15 所示。

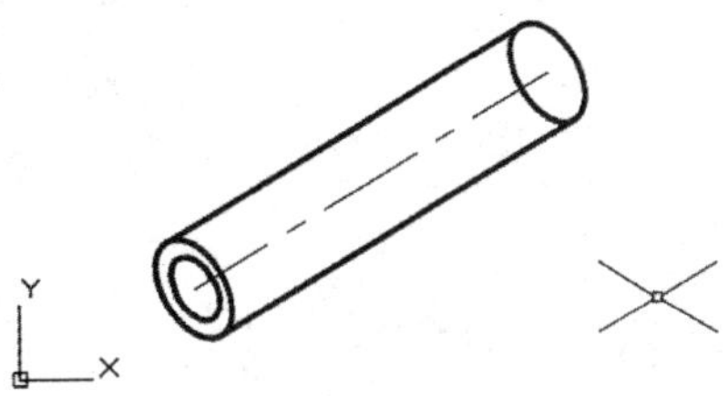

14 单击"修改"面板中的"修剪"按钮 ✂，根据命令行提示进行以下操作。

图 9-15 绘制直线

```
命令:_trim
当前设置:投影=UCS，边=延伸
选择剪切边...
选择对象或 <全部选择>: 找到 1 个        //单击其中的一条直线段（粗实线）
选择对象: 找到 1 个，总计 2 个          //单击另一条直线段（粗实线）
选择对象: ↙                            //按〈Enter〉键，确定修剪边
选择要修剪的对象，或按住〈Shift〉键选择要延伸的对象，或
[栏选(F)/窗交(C)/投影(P)/边(E)/删除(R)/放弃(U)]: //在图 9-16a 所示的位置单击一个等轴测圆
选择要修剪的对象，或按住〈Shift〉键选择要延伸的对象，或
[栏选(F)/窗交(C)/投影(P)/边(E)/删除(R)/放弃(U)]: ↙  //按〈Enter〉键
```

最后得到的等轴测图如图 9-16b 所示。

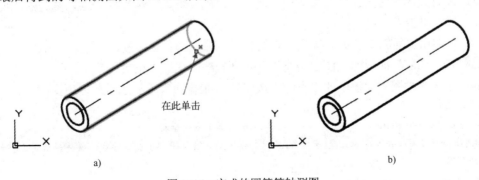

在此单击

图 9-16 完成的圆管等轴测图

a) 单击要修剪的对象 b) 修剪后的圆管等轴测圆

9.3 绘制支架等轴测实例

本节以支架零件为例，详细地介绍其等轴测图的绘制方法及步骤。要完成的等轴测图如图 9-17 所示。

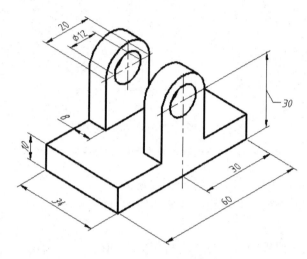

图 9-17　支架等轴测图

本实例的主要知识点包括启用"等轴测捕捉"模式、切换平面状态、绘制等轴测圆、标注等轴测图尺寸等。

本实例具体的操作过程如下。

1 单击"新建"按钮 ，弹出"选择样板"对话框。通过"选择样板"对话框来选择网盘资料"图形样板"文件夹中的"TSM_制图样板.dwt"文件，单击"打开"按钮。

2 使用"草图与注释"工作空间，并通过"快速访问"工具栏的"自定义快速访问工具栏"按钮设置显示菜单栏。接着在菜单栏中选择"工具"→"绘图设置"命令，打开"草图设置"对话框。切换到"捕捉和栅格"选项卡，在"捕捉类型"选项组中选择"等轴测捕捉"单选按钮；接着切换到"对象捕捉"选项卡，确保增加勾选"象限点"复选框。设置好相关选项后，单击"确定"按钮。

此时，启用"等轴测捕捉"模式，并使之处于等轴测右面状态。

3 在"图层"面板的"图层控制"下拉列表框中选择"粗实线"层。

4 单击"绘图"面板中的"直线"按钮 ，根据命令行提示进行以下操作。

命令: _line

指定第一点: 100,30,0↙　　　　　　　//输入第 1 点的坐标

指定下一点或 [放弃(U)]: <正交 开> 60↙　//按〈F8〉键启用"正交"模式，并将光标向右移动，输入沿轴向距离值

指定下一点或 [放弃(U)]: 10↙　　　　　//将光标向下移动，输入距离值

指定下一点或 [闭合(C)/放弃(U)]: 60↙　　//将光标向左移动，输入距离值

指定下一点或 [闭合(C)/放弃(U)]: C↙　　//选择"闭合"选项

绘制的右图（右视面）如图 9-18 所示。

图 9-18 绘制右图（右视面）

5 按〈F5〉键，将当前平面状态切换为左视等轴测平面（左面状态）。

6 单击"绘图"面板中的"直线"按钮 ✎，根据命令行提示进行如下操作。

命令: _line

指定第一点: //选择右图左上端点

指定下一点或 [放弃(U)]: 34✓   //向左移动光标，输入距离值

指定下一点或 [放弃(U)]: 10✓   //向下移动光标，输入距离值

指定下一点或 [闭合(C)/放弃(U)]: 34✓ //向右移动光标，输入距离值

指定下一点或 [闭合(C)/放弃(U)]: ✓   //结束直线绘制

此时，绘制的图形如图 9-19 所示。

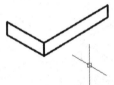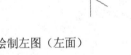

图 9-19 绘制左图（左面）

7 按〈F5〉键，将当前等轴测平面状态切换为俯视等轴测平面（顶面状态）。

8 单击"绘图"面板中的"直线"按钮 ✎，根据命令行提示进行如下操作。

命令: _line

指定第一点: //选择左图左上顶点

指定下一点或 [放弃(U)]: @60<30✓   //输入相对坐标

指定下一点或 [放弃(U)]: @34<330✓   //输入相对坐标

指定下一点或 [闭合(C)/放弃(U)]: ✓   //结束直线绘制命令

此时，绘制的图形如图 9-20 所示。

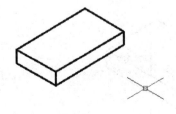

图 9-20 绘制顶面

9 选择图 9-21 所示的直线,单击"复制"按钮，接着选择图 9-22 所示的中点作为基点,再在当前命令行中输入复制移动的相对坐标为"@8<150",按〈Enter〉键。复制结果如图 9-23 所示。

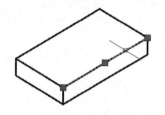

图 9-21 选择要复制的直线段

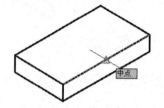

图 9-22 选择中点 1

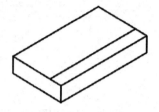

图 9-23 复制结果

10 按〈F5〉键,将当前等轴测平面状态切换为右视等轴测平面(右面状态)。

11 单击"绘图"面板中的"直线"按钮，根据命令行提示进行如下操作。

命令:_line
指定第一点: //选择图 9-24 所示的中点
指定下一点或 [放弃(U)]: @20<90↙   //输入相对坐标
指定下一点或 [放弃(U)]: ↙   //完成,此时图形如图 9-25 所示

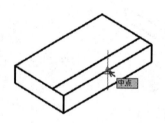

图 9-24 选择中点 2

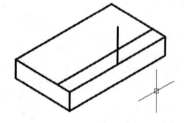

图 9-25 绘制直线

12 在"绘图"面板中单击"椭圆:轴、端点"按钮，接着根据命令行提示进行如下操作。

命令:_ellipse
指定椭圆轴的端点或 [圆弧(A)/中心点(C)/等轴测圆(I)]: I↙   //选择"等轴测圆"选项
指定等轴测圆的圆心: //选择图 9-26 所示的端点
指定等轴测圆的半径或 [直径(D)]: 10↙   //输入半径
绘制的该等轴测圆如图 9-27 所示。

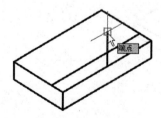

图 9-26 选择端点

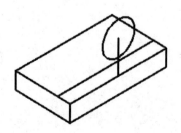

图 9-27 绘制等轴测圆

13 单击"绘图"面板中的"构造线"按钮↗，绘制图 9-28 所示的一条构造线，该构造线经过等轴测圆的圆心。

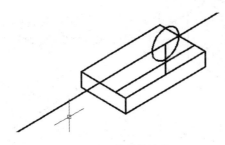

图 9-28 绘制构造线

14 单击"绘图"面板中的"直线"按钮/，根据如下命令行提示进行操作，绘制图 9-29 所示的一条直线。

命令: _line
指定第一点: //选择图 9-29 所示的 A 点（构造线与等轴测圆的交点）
指定下一点或 [放弃(U)]: @20<270↙   //输入相对坐标
指定下一点或 [放弃(U)]: ↙

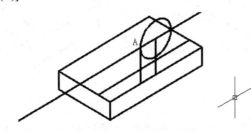

图 9-29 绘制直线

15 使用同样的方法，单击"绘图"面板中的"直线"按钮/，绘制相应的另一条直线，如图 9-30 所示。

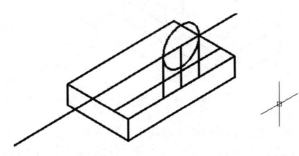

图 9-30 绘制直线

16 选择图形中的构造线，按〈Delete〉键将其删除。

17 单击"修改"面板中的"修剪"按钮/--，修剪不需要的等轴测圆部分，结果如图 9-31 所示。

18 两次按〈F5〉键，将等轴测平面切换到俯视等轴测平面。

⑲ 选择图 9-32 所示的图形，单击"复制"按钮。

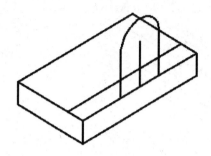

图 9-31　修剪

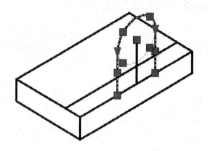

图 9-32　选择对象

选择图 9-33 所示的端点作为基点，然后移动鼠标选择图 9-34 所示的中点。

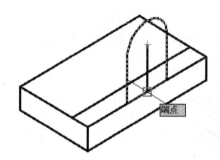

图 9-33　指定基点

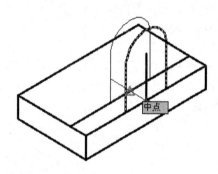

图 9-34　选择中点

⑳ 单击"绘图"面板中的"直线"按钮，绘制图 9-35 所示的直线 1 和直线 2。

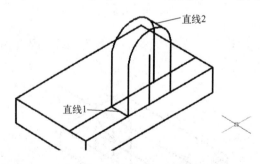

图 9-35　绘制直线

㉑ 按〈F5〉键，将等轴测平面切换到右视等轴测平面（右面）。在"绘图"面板中单击"椭圆：轴，端点"按钮，绘制图 9-36 所示的一个等轴测圆。其命令历史记录如下。

命令: _ellipse
指定椭圆轴的端点或 [圆弧(A)/中心点(C)/等轴测圆(I)]:I✓
指定等轴测圆的圆心:
指定等轴测圆的半径或 [直径(D)]: 6✓

㉒ 两次按〈F5〉键，将等轴测平面切换到俯视等轴测平面。

23 单击"复制"按钮 ，进行复制等轴测圆的操作，效果如图 9-37 所示。

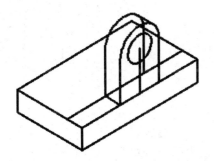

图 9-36 绘制等轴测圆

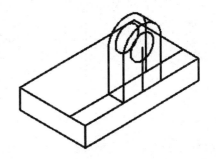

图 9-37 复制等轴测圆

24 选择图 9-38 所示的图形，单击"复制"按钮 ，选择图 9-39 所示的直线中点作为基点。

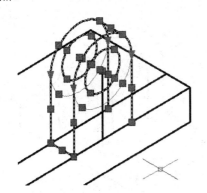

图 9-38 选择要复制的对象

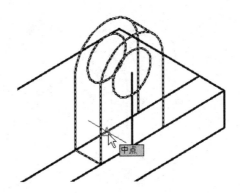

图 9-39 指定基点

选择图 9-40 所示的中点，按〈Enter〉键，复制结果如图 9-41 所示。

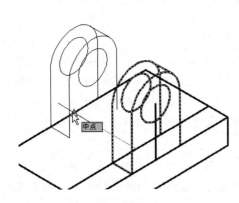

图 9-40 选择中点

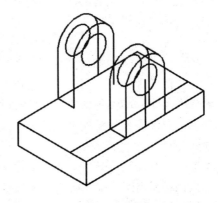

图 9-41 复制结果

25 单击"绘图"面板中的"直线"按钮 ╱，绘制图 9-42 所示的直线。

26 单击"修改"面板中的"修剪"按钮 ╱，并按〈Delete〉键，将不需要的线段修剪删除，结果如图 9-43 所示。

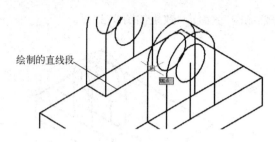

绘制的直线段

图 9-42　绘制直线

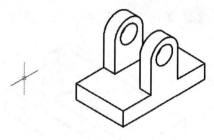

图 9-43　修剪结果

27 按〈F5〉键，将等轴测平面切换到右视等轴测平面状态。

28 在"图层"面板的"图层控制"下拉列表框中选择"中心线"层。

29 单击"绘图"面板中的"构造线"按钮，绘制图 9-44 所示的 4 条构造线。

30 单击"修改"面板中的"打断于点"按钮，分别在合适的地方将相应构造线打断，然后将不需要的部分删除，结果如图 9-45 所示。可以适当修改中心线的线型比例。

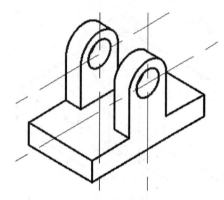

图 9-44　绘制构造线

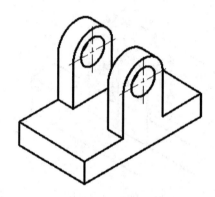

图 9-45　修改构造线

31 在"图层"面板的"图层控制"下拉列表框中选择"标注及剖面线"层，即设置当前图层为"标注及剖面线"层。

知识点拨： 下面的操作步骤是标注轴测图尺寸。在机械制图中，标注轴测图尺寸需要遵守一些规范或者标准。例如，轴测图上的线性尺寸一般应沿轴测轴方向标注，尺寸数字为机件的基本尺寸；标注等轴测圆的直径时，尺寸线和尺寸界线应分别平行于圆所在的平面内的轴测轴，标注圆弧半径或较小圆时，尺寸线可从（或通过）圆心引出标注，但注写尺寸数字的横线必须平行于轴测轴。

在具体的轴测图标注时，至少需要准备两类标注文本，一类文本的倾斜角度为 30º，另一类文本的倾斜角为-30º。因此，建议根据设计实际，设置符合轴测图标注的这两类文字样式及相应的标注样式。

32 设置文字样式。从菜单栏中选择"格式"→"文字样式"命令，打开"文字样式"对话框。在该对话框中单击"新建"按钮，弹出"新建文字样式"对话框，输入样式名为"LEFT"，如图 9-46 所示，单击"确定"按钮。

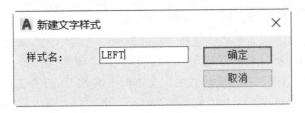

图 9-46　输入样式名

在"文字样式"对话框中，设置图 9-47 所示的字体与效果，单击"应用"按钮。

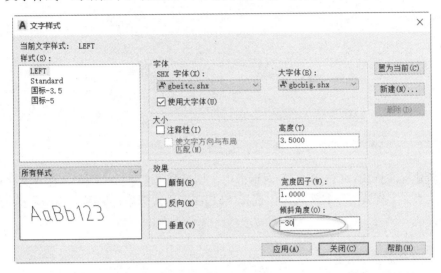

图 9-47　设置文字样式 1

⑪ 使用同样的方法，定义一个样式名为"RIGHT"的文字样式，倾斜角度为 30°，"字体"选项组中的设置和"LEFT"文字样式的设置是一样的，如图 9-48 所示，单击"应用"按钮。

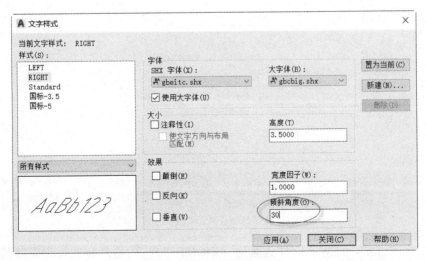

图 9-48　设置文字样式 2

设置了这两个文字样式后，单击"关闭"按钮。

34 设置标注样式。在菜单栏中选择"格式"→"标注样式"命令，打开"标注样式管理器"对话框。单击"标注样式管理器"对话框中的"新建"按钮，打开图 9-49 所示的"创建新标注样式"对话框。在"新样式名"文本框中输入"LEFT-3.5"，在"基础样式"下拉列表框中选择"TSM-3.5"标注样式，在"用于"下拉列表框中选择"所有标注"选项，单击"继续"按钮。

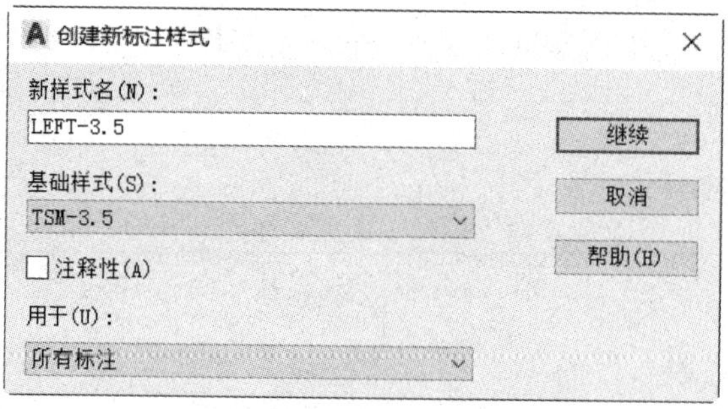

图 9-49 "创建新标注样式"对话框

在"新建标注样式：LEFT-3.5"对话框中，切换到"文字"选项卡，在"文字外观"选项组中，从"文字样式"下拉列表框中选择"LEFT"样式选项，如图 9-50 所示，单击"确定"按钮。

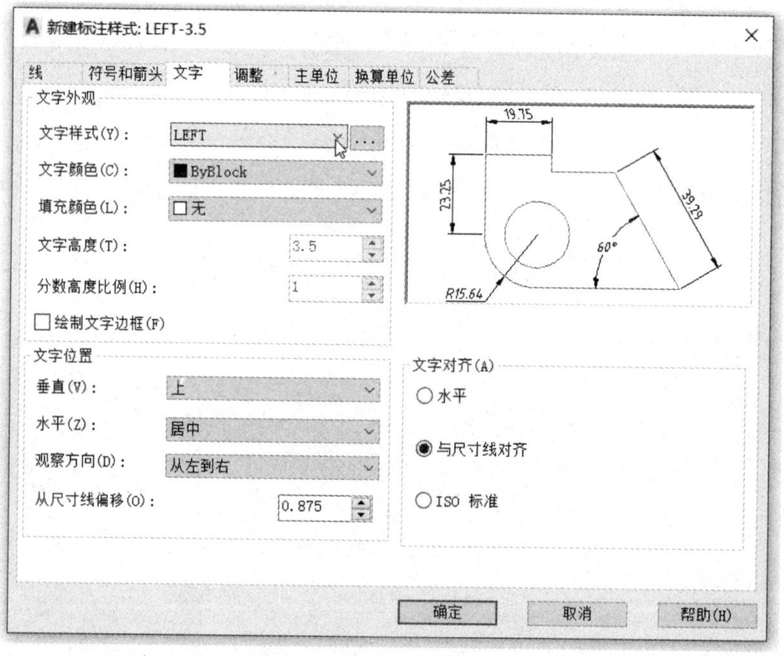

图 9-50 "新建标注样式：LEFT-3.5"对话框

使用同样的方法，设置一个样式名为"RIGHT-3.5"的标注样式，设置其基础样式为 TSM-3.5，文字样式为"RIGHT"，其他默认。

在"标注样式管理器"对话框中单击"关闭"按钮，结束基本标注样式的设置。

㉟ 在功能区中切换至"注释"选项卡，在"标注"面板中将当前标注样式设置为"RIGHT-3.5"，如图 9-51 所示。

图 9-51 指定当前标注样式

㊱ 注意此时等轴测平面处于右视等轴测平面状态。在"标注"面板中单击"对齐标注"按钮（即"已对齐"按钮），分别选择两点来定义尺寸界线的原点，接着选定尺寸线的位置，如图 9-52 所示。

㊲ 选择刚创建的对齐尺寸，接着从菜单栏中选择"标注"→"倾斜"命令，在命令行中输入倾斜角度为 30°，以下是命令行提示。

命令：_dimedit
输入标注编辑类型 [默认(H)/新建(N)/旋转(R)/倾斜(O)] <默认>：_o 找到 1 个
输入倾斜角度 (按 ENTER 表示无)：30✓

得到的标注效果如图 9-53 所示。

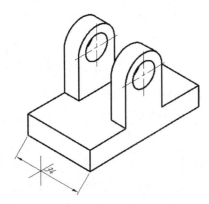

图 9-52 标注对齐尺寸

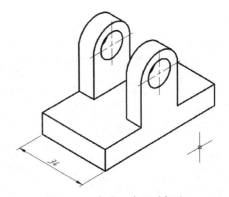

图 9-53 完成一个尺寸标注

㊳ 使用同样的方法，标注其余尺寸。在标注过程中，注意应该考虑在哪个等轴测平面内标注，并且要考虑尺寸线、尺寸界线和尺寸文本的放置文字等因素，初步完成的标注效果如图 9-54 所示。图中有些尺寸文本需要调整，例如，当在图形中出现数字字头向下时，应使用引出线引出标注，并将数字按水平方向位置注写。

㊴ 选择要修改的尺寸，如图 9-55 所示，在"修改"面板中单击"分解"按钮，将该尺寸分解打散，接着选择分解后的数字"30"，单击"修改"面板中的"删除"按钮将其删除，此时标注效果如图 9-56 所示。

㊵ 设置当前标注样式为"TSM-3.5"，接着在命令窗口的当前命令行的"输入命令"提示下输入"QLEADER"，操作说明如下。

命令: QLEADER↙

指定第一个引线点或 [设置(S)] <设置>: S↙　　　　//选择"设置"选项，以设置引出线格式

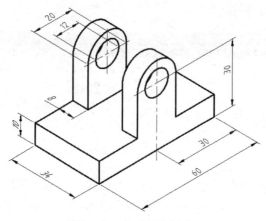

图 9-54　初步标注尺寸

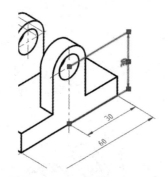

图 9-55　选择要修改的尺寸

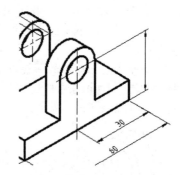

图 9-56　删除一处尺寸文本

此时，弹出"引线设置"对话框。切换到"引线和箭头"选项卡，在"箭头"选项组中，从"箭头"下拉列表框中选择"无"选项，如图 9-57a 所示；切换到"注释"选项卡，设置图 9-57b 所示的注释参数和选项，单击"确定"按钮。

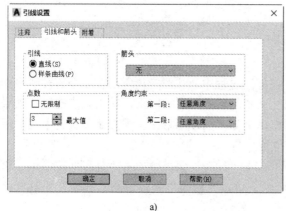

a)

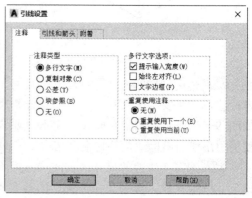

b)

图 9-57　设置箭头

a)"引线和箭头"设置　b)"注释"设置

41 选择图 9-58 所示的尺寸线中点作为引出点，这时候注意按〈F8〉键关闭正交模式，指定引出线的其他点，并接受默认的文字高度，输入文本值"30"，最后得到的引出标注如图 9-59 所示。

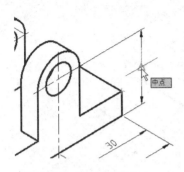

图 9-58　指定引出点

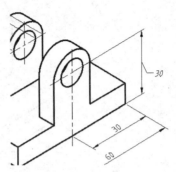

图 9-59　引出标注

42 选择图中数值为 12 的一处尺寸，在命令行中输入"TEXTEDIT"并按〈Enter〉键，弹出"文字编辑器"选项卡（功能区处于活动状态），在该尺寸数字之前添加直径符号"Φ"，方法是在"文字编辑器"选项卡中单击"符号"按钮@，打开下拉选项菜单，从中选择"直径"选项，如图 9-60 所示。

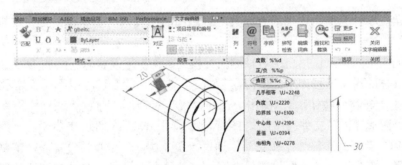

图 9-60　添加符号

技识点拨： 也可以采用快捷方式，在原尺寸数字之前输入"%%c"。

添加的符号如图 9-61 所示，在"文字编辑器"选项卡中单击"关闭文字编辑器"按钮 X。

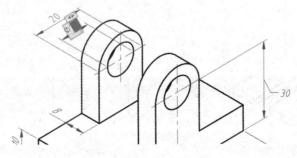

图 9-61　完成符号的添加

最后完成的标注效果如图 9-62 所示。

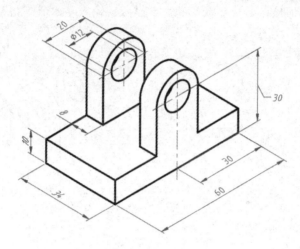

图 9-62　标注效果

9.4　绘制角码等轴测实例

本节以角码零件为例，详细地介绍其等轴测图的绘制方法及步骤。要完成的等轴测图如图 9-63 所示。

本实例的主要知识点包括启用等轴测捕捉模式、切换平面状态、绘制等轴测圆等。

本范例具体的操作过程如下。值得注意的是，本例在绘制过程中不设置显示线宽。

1️⃣ 单击"新建"按钮，弹出"选择样板"对话框。通过"选择样板"对话框来选择网盘资料"图形样板"文件夹中的"TSM_制图样板.dwt"文件，单击"打开"按钮。

2️⃣ 使用"草图与注释"工作空间，通过"快速访问"工具栏设置显示菜单栏，接着在菜单栏中选择"工具"→"绘图设置"命令，打开"草图设置"对话框。切换到"捕捉和栅格"选项卡，在"捕捉类型"选项组中选择"等轴测捕捉"单选按钮；接着切换到"对象捕捉"选项卡，确保增加勾选"象限点"复选框等。设置好选项后，单击"确定"按钮。

此时，启用等轴测捕捉模式，并按〈F5〉键使等轴测平面切换到左视等轴测平面状态，如图 9-64 所示。

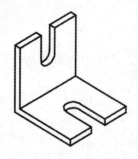

图 9-63　角码等轴测图

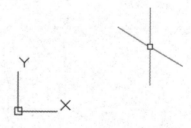

图 9-64　切换到左视状态

在"图层"面板的"图层控制"下拉列表框中选择"粗实线"层。

单击"绘图"面板中的"直线"按钮，根据命令行提示进行以下操作。

命令: _line

指定第一点: 200,100,0↙

指定下一点或 [放弃(U)]: @60<150↙

指定下一点或 [放弃(U)]: @60<90↙

指定下一点或 [闭合(C)/放弃(U)]: @6<150↙

指定下一点或 [闭合(C)/放弃(U)]: @66<270↙

指定下一点或 [闭合(C)/放弃(U)]: @66<330↙

指定下一点或 [闭合(C)/放弃(U)]: C↙

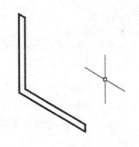

图 9-65 绘制的闭合图形

绘制的图形如图 9-65 所示。

两次按〈F5〉键，使等轴测平面切换到右视等轴测平面状态。

单击"绘图"面板中的"直线"按钮，根据命令行提示进行以下操作，在创建过程中注意按〈F5〉键获得所需的等轴测平面。

命令: _line 指定第一点: //选择图 9-66 所示的端点

指定下一点或 [放弃(U)]: @25<30↙

指定下一点或 [放弃(U)]: @6<90↙

指定下一点或 [闭合(C)/放弃(U)]: <等轴测平面 左视> <等轴测平面 俯视> @30<150↙

指定下一点或 [闭合(C)/放弃(U)]: @16<30↙

指定下一点或 [闭合(C)/放弃(U)]: @30<330↙

指定下一点或 [闭合(C)/放弃(U)]: <等轴测平面 右视> @6<270↙

指定下一点或 [闭合(C)/放弃(U)]: @25<30↙

指定下一点或 [闭合(C)/放弃(U)]: @6<90↙

指定下一点或 [闭合(C)/放弃(U)]: <等轴测平面 左视> @60<150↙

指定下一点或 [闭合(C)/放弃(U)]: @60<90↙

指定下一点或 [闭合(C)/放弃(U)]:   <等轴测平面 俯视> @25<210↙

指定下一点或 [闭合(C)/放弃(U)]: <等轴测平面 右视> @25<270↙

指定下一点或 [闭合(C)/放弃(U)]: @16<210↙

指定下一点或 [闭合(C)/放弃(U)]: @25<90↙

指定下一点或 [闭合(C)/放弃(U)]:   //选择图 9-67 所示的端点

指定下一点或 [闭合(C)/放弃(U)]: ↙

单击"绘图"面板中的"直线"按钮绘制所需的直线，在绘制相关直线时注意切换合适的等轴测平面。绘制好相关直线的图形如图 9-68 所示。

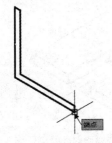

图 9-66 指定直线的第 1 点

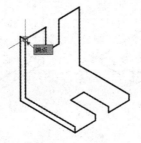

图 9-67 选择端点

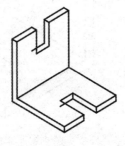

图 9-68 绘制相关直线

按〈F5〉键直到切换至等轴测顶面状态（俯视）。

在"绘图"面板中单击"椭圆：轴，端点"按钮◯，接着根据命令行提示进行如下操作。

```
命令: _ellipse
指定椭圆轴的端点或 [圆弧(A)/中心点(C)/等轴测圆(I)]:I↙    //选择"等轴测圆"选项
指定等轴测圆的圆心:                                    //选择图 9-69 所示的中点
指定等轴测圆的半径或 [直径(D)]: D↙                     //选择"直径"选项
指定等轴测圆的直径: 16↙                                //输入等轴测圆的直径
```

绘制的等轴测圆的如图 9-70 所示。

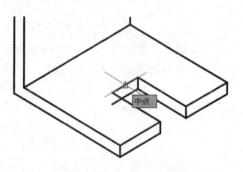

图 9-69　指定等轴测圆的圆心

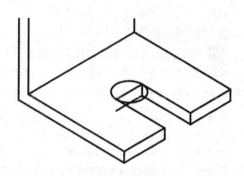

图 9-70　绘制等轴测圆

单击"修剪"按钮 ⸌，根据命令行的提示进行如下操作。

```
命令: _trim
当前设置:投影=UCS，边=延伸
选择剪切边...
选择对象或 <全部选择>:  找到 1 个                      //选择图 9-71 所示的边 1
选择对象: 找到 1 个，总计 2 个                          //选择图 9-71 所示的边 2
选择对象: ↙
选择要修剪的对象，或按住〈Shift〉键选择要延伸的对象，或
[栏选(F)/窗交(C)/投影(P)/边(E)/删除(R)/放弃(U)]:       //在图 9-72 所示的等轴测圆上单击
选择要修剪的对象，或按住〈Shift〉键选择要延伸的对象，或
[栏选(F)/窗交(C)/投影(P)/边(E)/删除(R)/放弃(U)]: ↙
```

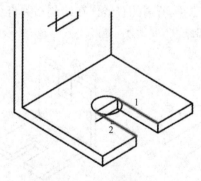

图 9-71　制定剪切边

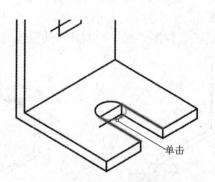

图 9-72　选择要修剪的对象

⓫ 在"绘图"面板中单击"椭圆：轴、端点"按钮◯，接着根据命令行提示进行如下操作。

```
命令: _ellipse
指定椭圆轴的端点或 [圆弧(A)/中心点(C)/等轴测圆(I)]: I✓    //选择"等轴测圆"选项
指定等轴测圆的圆心:                                    //选择图 9-73 所示的中点
指定等轴测圆的半径或 [直径(D)]: 8✓                     //输入等轴测圆的半径
```

创建的等轴测图如图 9-74 所示。

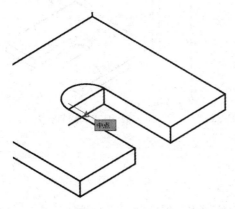

图 9-73 指定等轴测圆的圆心

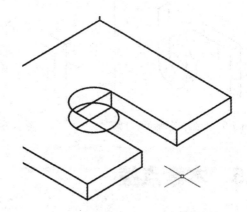

图 9-74 创建等轴测图

⓬ 分别单击"修剪"按钮✂和"删除"按钮✐，处理局部图形，完成效果如图 9-75 所示。

⓭ 按〈F5〉键将等轴测平面切换到右视面状态（即"等轴测平面 右视"状态）。

⓮ 在"绘图"面板中单击"椭圆：轴、端点"按钮◯，分别绘制图 9-76 所示的两个等轴测圆，其圆心位于相应的线段中点。

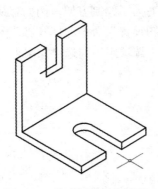

图 9-75 处理好的局部图形

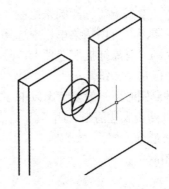

图 9-76 绘制两个等轴测图

⓯ 单击"删除"按钮✐，根据命令行的提示进行如下操作。

```
命令: _erase
选择对象: 找到 1 个                //选择图 9-77 所示的直线段 1
选择对象: 找到 1 个，总计 2 个      //选择图 9-77 所示的直线段 2
选择对象: ✓                       //按〈Enter〉键
```

删除结果如图 9-78 所示。

16 单击 "修剪" 按钮 ⊷ ，对图形进行修剪操作，修剪结果如图 9-79 所示。

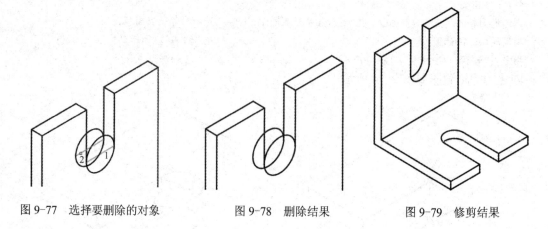

图 9-77　选择要删除的对象　　　　　图 9-78　删除结果　　　　　图 9-79　修剪结果

9.5　本章点拨

　　轴测图之所以常被称为立体图，原因在于它立体感强，能够同时反映物体的正面、侧面和水平面的形状。轴测图只是一种应用二维技术的投影图，不是真正意义上的三维模型，不能够通过调整视角等方式直接获得其他方位的三维视图。

　　本章介绍了轴测图的绘制基础知识，以及介绍了两个典型的等轴测绘制实例。通过本章的学习，读者应基本上掌握使用 AutoCAD 2017 绘制轴测图的基本方法、步骤、绘制技巧以及标注尺寸等。在绘制等轴测的过程中，一定要熟练掌握如何启用等轴测捕捉模式、如何切换等轴测平面状态、如何绘制等轴测圆及其他线条等内容。

　　有时候，要根据等轴测圆来绘制需要的轮廓线，此时为了绘制方便，例如容易捕捉到等轴测圆的象限点，可以从菜单栏中选择 "工具" → "草图设置" 命令，打开 "草图设置" 对话框，切换到 "对象捕捉" 选项卡，从 "对象捕捉模式" 选项组中勾选 "象限点" 复选框，然后单击 "确定" 按钮。

　　选择轴测图时，一般要考虑以下三方面的要求。

● 机件结构表达清晰、明了。

● 立体感强。

● 作图简单。

9.6　思考与特训练习

　　（1）根据轴测投影线方向和轴测投影面的位置不同，可以将轴测图分为哪种类型？

　　（2）在 AutoCAD 2017 中，如何启用 "等轴测捕捉" 模式？如何设置 "对象捕捉" 模式？

　　（3）在 AutoCAD 2017 中，如何在启用 "等轴测捕捉" 模式下，进行等轴测平面的切换？

（4）在 AutoCAD 2017 中，如何绘制等轴测圆？请举例进行说明。

（5）在 AutoCAD 2017 中，如何进行用于轴测图标注的文字样式和标注样式？

（6）绘制图 9-80 所示的轴测图，具体的尺寸由读者自行确定。本书附赠网盘资料提供了练习参考文件"TSM_9_6.dwg"，位于网盘资料的"CH9"文件夹中。

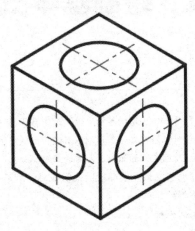

图 9-80　练习轴测图

（7）为上题所绘制的轴测图标注尺寸。

（8）自行设计一个组合体，以轴测图的方式表达出来，要求在图中标注出尺寸。

第 10 章　绘制基本三维图形

本章导读：

　　在机械制图中，除了二维图形的绘制之外，还需要掌握三维机械模型的绘制方法。这是现代机械设计工程师必须掌握的基本技能。使用 AutoCAD 2017 可以很方便地建立相关的三维线条、曲面以及零件的三维模型。

　　在本章中，首先介绍三维制图环境的设置基础，然后分别通过典型实例介绍绘制基本三维图形的知识。

　　本章涉及的典型实例如下。

- 绘制三维线条。
- 绘制三维曲面。
- 绘制基本三维实体。
- 由二维图形创建三维实体。
- 三维操作实例。

　　本章的学习将有助于读者打下扎实的三维建模基础。

10.1　三维建模环境设置与三维建模概述

　　三维建模与二维制图是有所不同的。在三维建模工作中，需要利用到三维坐标系，即需要建立正确的三维空间观念。在介绍具体的三维制图实例之前，本节先简单地介绍如何进入三维制图的工作空间、如何建立合适的坐标系、如何调整观察视点的位置和角度等基础知识。

10.1.1　进入三维制图的工作空间

　　工作空间是经过分组和组织的菜单、工具栏和选项板的集合，使设计者可以在自定义的、面向任务的绘图环境中工作。在 AutoCAD 2017 系统中，已经定义了 3 个基于任务的工作空间，即 "三维基础" "三维建模" 和 "草图与注释"。例如，在创建三维模型时，可以使用 "三维建模" 工作空间，其中仅包含与三维相关的工具栏、菜单和选项板；而三维建模不需要的界面项会被隐藏，这样可使得工作屏幕区域最大化。

　　当需要处理不同任务时，可以随时切换到另一个工作空间。另外，读者可以根据实际情况或个人习惯，创建自己喜欢的工作空间，并可以修改默认的工作空间。

下面通过图文并茂的方式简单地介绍如何进入适合进行三维建模的设计环境。

用户可以使用三维制图的图形样板来创建新图形文件。例如，单击"新建"按钮，弹出图 10-1 所示的"选择样板"对话框，从样板列表中选择"acadiso3D.dwt"样板，单击"打开"按钮，则使用该三维图形样板创建一个新图形文件，其工作界面如图 10-2 所示。

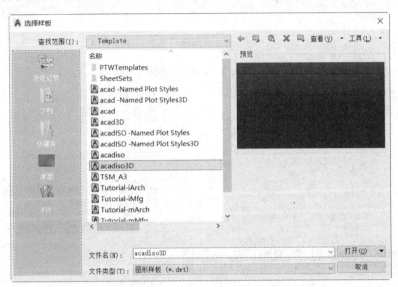

图 10-1 "选择样板"对话框

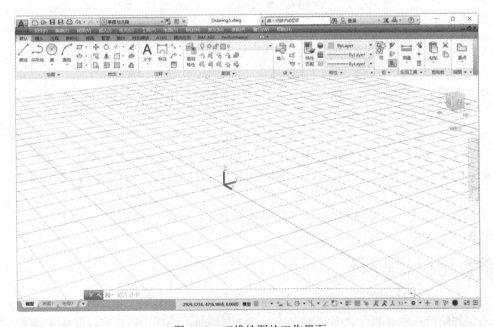

图 10-2 三维绘图的工作界面

假如在"草图与注释"工作空间（二维制图模式）中，那么从"快速访问"工具栏的"工作空间"下拉列表框中选择"三维建模"或"三维基础"工作空间选项，同样可以很方便地切换到三维绘图的工作空间。

图 10-3 拟由二维制图转化为三维建模

在这里，有必要讲解一下修改工作空间设置的操作步骤。

1 在"快速访问"工具栏的"工作空间"下拉列表框中选择"工作空间设置"命令，或者从图 10-4 所示的菜单栏中选择"工具"→"工作空间"→"工作空间设置"命令，打开图 10-5 所示的"工作空间设置"对话框。

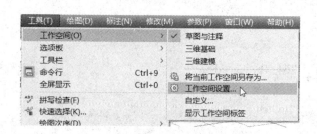

图 10-4 选择菜单命令

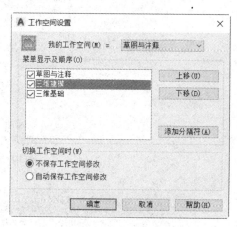

图 10-5 "工作空间设置"对话框

- "我的工作空间"列表框：显示工作空间列表，从中可以选择要指定给"我的工作空间"工具栏按钮的工作空间。
- "菜单显示及顺序"选项组：控制要显示在"工作空间"工具栏和菜单中的工作空间名称，那些工作空间名称的顺序，以及是否在工作空间名称之间添加分隔线。
- "切换工作空间时"选项组：该选项组用来设定当切换工作空间时，是否保存对工作空间所做的更改。

2 在"工作空间设置"对话框中，根据需要修改工作空间设置。

3 单击"确定"按钮。

10.1:2 三维坐标系基础

在使用 AutoCAD 2017 绘制二维图形时，通常使用的是忽略了第 3 个坐标（Z 坐标，此时 Z=0）的绝对或相对的直角坐标系。而在三维制图时，需要采用合适的三维坐标系。在三维空间中，同样可以在任意位置定义和定向用户坐标系（UCS），可以根据设计情况随时定义、保存和重复利用多个用户坐标系来辅助制图。

在绘制三维图形时，可以使用的坐标系通常有直角坐标（笛卡儿坐标）或极坐标，另外也可以使用下面介绍的柱坐标或球坐标。

● 柱坐标

柱坐标可以理解为使用极坐标加上 Z 高度值的形式来表示，即三维柱坐标通过 XY 平面中与 UCS 原点之间的距离、XY 平面中与 X 轴的角度以及 Z 值来描述精确的位置。

其表示格式为：

绝对坐标：XY 平面距离< XY 平面角度,Z 坐标。或者描述成"X<[在 XY 平面中与 X 轴所成的角度],Z"。

相对坐标：@XY 平面距离< XY 平面角度,Z 坐标。

● 球坐标

三维球坐标通过指定某个位置距当前 UCS 原点的距离、在 XY 平面中与 X 轴所成的角度以及与 XY 平面所成的角度来指定该位置。

三维中的球坐标输入与二维中的极坐标输入类似。通过指定某点距当前 UCS 原点的距离、与 X 轴所成的角度（在 XY 平面中）以及与 XY 平面所成的角度来定位点，每个角度前面加了一个左尖括号"<"，其格式所示为：

X<与 X 轴所成的角度<与 XY 平面所成的角度

相对坐标：@X<与 X 轴之间的角度<与 XY 平面之间的角度

例如，"@12<60<30"表示距上一个测量点 12 个单位、在 XY 平面中与 X 轴正方向成 60°角以及与 XY 平面成 30°角的位置。

在命令行中输入"UCSMAN"命令并按〈Enter〉键，打开图 10-6 所示的"UCS"对话框。利用该对话框，可以进行命名 UCS、正交 UCS 和设置 UCS 图标等操作。

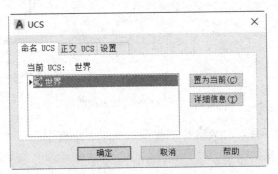

图 10-6 "UCS"对话框

在"三维建模"工作空间中，读者可以在功能区"常用"选项卡的"坐标"面板中找到常用的坐标工具，如图 10-7 所示。"三维基础"工作空间也类似。

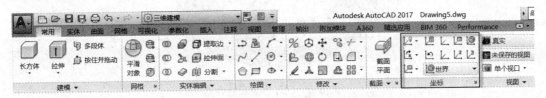

图 10-7 在功能区中可以找到"坐标"面板

10.1.3 三维视图与设置视点

在 AutoCAD 2017 中，提供了多种预定义的三维视图来观察三维模型效果。这些预定义的视图选项包括"俯视""仰视""左视""右视""前视""后视""西南等轴测""东南等轴测""东北等轴测""西北等轴测"等。读者可以在"三维建模"工作空间功能区"常用"选项卡的"视图"面板中查找到视图选项命令，也可以在菜单栏的"视图"→"三维视图"级联菜单中查找到相应的视图选项命令，如图 10-8 所示。

图 10-8 "视图"面板和"视图"菜单

例如，绘制一个圆环体，如果选择"视图"→"三维视图"→"西北等轴测"命令，则观察到的圆环体模型效果如图 10-9 所示。

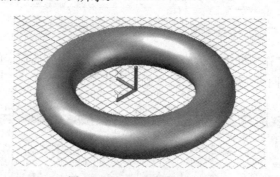

图 10-9 圆环体的观察效果

AutoCAD 2017 允许读者设置所需要的视角或者视点，下面介绍 4 种主要方法：使用"视点预设"命令、使用"视点"命令、使用三维动态观察模式和使用 ViewCube 工具。

1．使用"视点预设"命令

在菜单栏中选择"视图"→"三维视图"→"视点预设"命令，或者直接在当前命令行中输入"DDVPOINT"命令，打开图10-10所示的"视点预设"对话框。在该对话框中，可以使用"绝对于WCS"或"相对于UCS"的方式来设置观察角度。可以在对话框的相关图中直接拾取角度区域值为当前视口设置视点，在图中拾取时，黑针指示新角度，灰针指示当前角度；也可以在相应的"X轴""XY平面"文本框中输入所需要的值来设置视点。如果在对话框中单击"设置为平面视图"按钮，则将视点设置为平面视图的形式。

2．使用"视点"命令

菜单栏中的"视图"→"三维视图"→"视点"命令也是一个实用的命令。使用该"视点"命令，可以在模型空间中显示定义观察方向的坐标球指南针和三轴架（见图10-11），并通过相关操作为当前视口设置相对于WCS坐标系的视点等。在模型空间显示坐标球指南针和三轴架时，当移动鼠标以指定小十字光标在坐标球范围内移动时，可以调整三轴架的X、Y和Z轴的相对方位，从而确定视点。

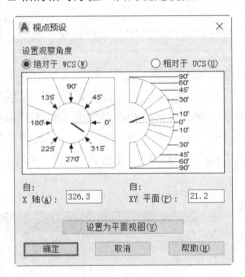

图10-10 "视点预设"对话框

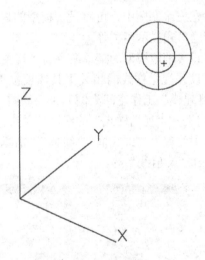

图10-11 定义视点

3．使用三维动态观察模式

三维动态观察器操作起来更直观。在菜单栏中选择"视图"→"动态观察"命令，展开"动态观察"级联菜单，可以从中选择"受约束的动态观察""自由动态观察"或"连续动态观察"选项。例如，在"动态观察"级联菜单中选择"自由动态观察"选项，此时绘图区域如图10-12所示。

4．使用ViewCube工具

ViewCube工具是在二维模型空间或三维视觉样式中处理图形时显示的导航工具，使用此工具可以在标准视图和等轴测视图之间切换，可以很直观地调整模型的视点。

ViewCube工具是一种可单击、可拖动的常驻界面（它位于图形区域的右上角），如图10-13所示。ViewCube工具以不活动状态或活动状态显示。当ViewCube工具处于不活动状态时，默认情况下它显示为半透明状态，这样便不会遮挡模型的视图；当ViewCube工具处于活动状态时，它显示为不透明状态，并且可能会遮挡模型当前视图中对象的视图。

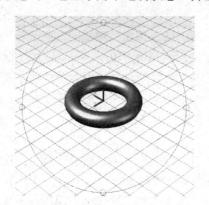

图 10-12　自由动态观察模式

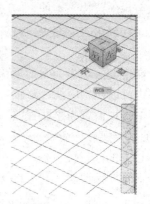

图 10-13　ViewCube 工具

10.1.4　消隐与视觉样式

在三维制图中，可以设置模型的显示效果，如可以设置以真实视觉样式显示模型，设置以消隐形式显示模型等。

设置消隐模型的菜单命令为"视图"→"消隐"，其工具按钮为⬡。

设置视觉样式的相关工具选项位于功能区"可视化"选项卡的"视觉样式"面板（以"三维建模"工作空间为例）中，如图 10-14 所示；视觉样式的相关菜单命令位于菜单栏的"视图"→"视觉样式"的级联菜单中，如图 10-15 所示。在三维制图中，可以设置的视觉样式主要有"二维线框""线框""消隐""真实""概念""着色""带边缘着色""灰度""勾画"和"X 射线"等。

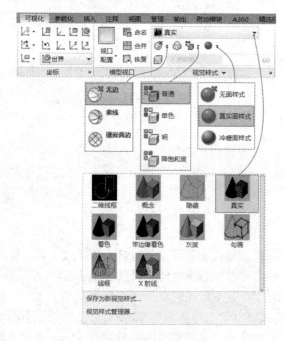

图 10-14　"视觉样式"面板

图 10-15　"视觉样式"级联菜单

10.1.5　三维建模概述

在 AutoCAD 中，用户可以使用实体、曲面和网格对象创建图形。在三维中建模的优点见表 10-1。

表 10-1　三维建模的优点

序　号	优　点
1	从任何有利位置查看模型
2	通过创建好的三维模型来自动生成可靠的标准二维视图或辅助二维视图
3	创建截面和二维图形
4	消隐并进行真实感着色
5	检查干涉和执行工程分析
6	添加光源和创建真实渲染
7	浏览模型
8	使用模型创建动画
9	提取加工数据

下面简要地介绍如下 3 种建模的特点。

- 实体建模：实体模型是具有质量、体积、重心和惯性矩特性的封闭三维体。要进行实体建模，读者可以从图元实体（如长方体、圆柱体、球体、圆锥体等）开始绘制，然后进行修改并将其重新组合以创建成新的形状；或者基于二维曲线和直线来通过拉伸、扫掠、旋转等方式来创建实体。
- 网格建模：网格模型由使用多边形（包括三角形和四边形）来定义三维形状的顶点、边和面组成。网格模型和实体模型本质上的不同之处在于，网格模型没有质量特性。对网格模型而言，读者可以通过不适用于三维实体或曲面的方法来修改网格模型，例如，可以应用锐化、分割以及增加平滑度来修改网格模型。通常要获得更细致的效果，可以在修改网格之前优化特定区域的网格。另外，使用网格模型可提供消隐、着色和渲染模型的功能，而无须使用质量和惯性矩等物理特性。
- 曲面建模：曲面模型是不具有质量或体积的"薄抽壳"。在 AutoCAD 中，可以有两种类型的曲面，一种是程序曲面，另一种是 NURBS 曲面，使用程序曲面可利用关联建模功能，而使用 NURBS 曲面则可以利用控制点造型功能。典型的曲面建模工作流是使用网格、实体和程序曲面创建基本模型，然后将它们转换为 NURBS 曲面。可以使用某些用于实体模型的相同工具来创建曲面模型。

10.2　绘制三维线条实例

在 AutoCAD 2017 中，可以绘制各种三维线条。下面讲解这方面的绘制实例，如没有特别说明，均表示已经进入"三维建模"工作空间。

10.2.1　在三维空间绘制直线

本实例要求在空间点 1（0,9,20）和空间点 2（-100,-96,37）之间绘制一条直线。

具体的绘制步骤如下。

命令：LINE✓

指定第一个点：0,9,20✓

指定下一点或 [放弃(U)]：-100,-96,37✓

指定下一点或 [放弃(U)]： ✓

在三维空间绘制的直线如图 10-16 所示。

10.2.2　绘制三维样条曲线

在"三维建模"工作空间中，使用功能区"常用"选项卡的"绘图"面板中的"样条曲线"按钮$\sim$，可以在三维空间中绘制出复杂的样条曲线（即创建通过或接近指定点的平滑曲线）。绘制实例的操作步骤如下。

命令：_spline　　　　　　　　　　　　　//在"绘图"面板中单击"样条曲线"按钮$\sim$

当前设置：方式=拟合　节点=弦

指定第一个点或 [方式(M)/节点(K)/对象(O)]：M✓

输入样条曲线创建方式 [拟合(F)/控制点(CV)] <拟合>：F✓

当前设置：方式=拟合　节点=弦

指定第一个点或 [方式(M)/节点(K)/对象(O)]：0,0,0✓

输入下一个点或 [起点切向(T)/公差(L)]：180,-30,0.5✓

输入下一个点或 [端点相切(T)/公差(L)/放弃(U)]：237,-20,49✓

输入下一个点或 [端点相切(T)/公差(L)/放弃(U)/闭合(C)]：300,0,-55.5✓

输入下一个点或 [端点相切(T)/公差(L)/放弃(U)/闭合(C)]：508,-34,56✓

输入下一个点或 [端点相切(T)/公差(L)/放弃(U)/闭合(C)]： ✓

绘制的三维样条曲线如图 10-17 所示。

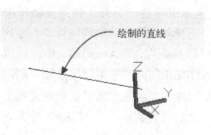

图 10-16　在三维空间绘制直线

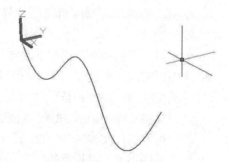

图 10-17　绘制三维样条曲线

10.2.3　绘制三维多段线

在功能区"常用"选项卡的"绘图"面板中单击"三维多段线"按钮，或者从菜单栏中选择"绘图"→"三维多段线"命令，或者在命令行中输入"3DPOLY"命令，可以在三维空间建立三维多段线。绘制实例如下。

命令：_3dpoly　　　　　　　　　　　　　　　//单击"三维多段线"按钮

指定多段线的起点：0,0,0✓

指定直线的端点或 [放弃(U)]：20,180,5.7✓

指定直线的端点或 [放弃(U)]：149,120,108✓

指定直线的端点或 [闭合(C)/放弃(U)]：50,-27,30✓

指定直线的端点或 [闭合(C)/放弃(U)]：C✓

完成绘制的闭合三维多段线如图 10-18 所示。

多段线的修改比较特殊。修改多段线的按钮为 🖉，其菜单命令为"修改"→"对象"→"多段线"。下面介绍如何将刚创建的三维多段线修改为样条曲线。

🔳 单击"编辑多段线"按钮 🖉，或者从菜单栏中选择"修改"→"对象"→"多段线"命令。

🔳 根据命令行提示进行下列操作。

命令：_pedit

选择多段线或 [多条(M)]：　　　　　　　　　//选择刚绘制的多段线

输入选项 [打开(O)/合并(J)/编辑顶点(E)/样条曲线(S)/非曲线化(D)/反转(R)/放弃(U)]：S✓

//选择"样条曲线"选项

输入选项 [打开(O)/合并(J)/编辑顶点(E)/样条曲线(S)/非曲线化(D)/反转(R)/放弃(U)]：✓

修改结果如图 10-19 所示。

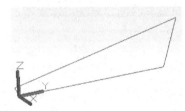　　　　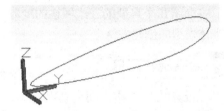

图 10-18　绘制闭合的三维多段线　　　　　图 10-19　修改为样条曲线

10.2.4　绘制螺旋线

通过实例的方式说明创建螺旋线的一般方法及步骤。

🔳 在功能区"常用"选项卡的"绘图"面板中单击"螺旋"按钮 🖉，在菜单栏中选择"绘图"→"螺旋"命令。

🔳 根据命令行提示进行下列操作。

命令：_Helix

圈数 = 3.0000　　　扭曲=CCW

指定底面的中心点：100,100,0✓

指定底面半径或 [直径(D)] <1.0000>：D✓

指定直径 <2.0000>：13.8✓

指定顶面半径或 [直径(D)] <6.9000>：6.6✓

指定螺旋高度或 [轴端点(A)/圈数(T)/圈高(H)/扭曲(W)] <1.0000>：T✓

输入圈数 <3.0000>：11✓

指定螺旋高度或 [轴端点(A)/圈数(T)/圈高(H)/扭曲(W)] <1.0000>: 52.8↙

完成的螺旋线如图 10-20 所示。

图 10-20　完成的螺旋线

10.3　绘制网格实例

基本网格形式（称为网格图元）是三维实体图元的等效形式。可以通过对面进行平滑处理、锐化、优化和拆分来重塑网格对象的形状。创建基本预定义网格图元的工具命令包括"网格长方体" 🔲、"网格圆锥体" △、"网格圆柱体" 🗍、"网格棱锥体" △、"网格球体" 🌐、"网格楔体" ◣ 和"网格圆环体" 🔘 等，另外，读者还可以绘制旋转网格、平移网格、直纹网格和边界网格。

本节将介绍几个典型的三维网格的绘制实例，而曲面模型的创建方法可以参考后面章节介绍的实体模型的创建方法。

10.3.1　绘制旋转网格

在"三维建模"工作空间的功能区"网格"选项卡中单击"图元"面板中的"旋转网格"按钮 ✿，或者在菜单栏中选择"绘图"→"建模"→"网格"→"旋转网格"命令，可以将指定的旋转对象绕着旋转轴旋转设定的角度，从而形成旋转网格。在以下的一个实例中，需要绘制将作为旋转对象的一段二维多段线，以及一条将作为旋转轴的直线。

1 绘制直线。

绘制直线的命令操作如下。

命令: LINE↙

指定第一点: 0,0,0↙

指定下一点或 [放弃(U)]: 100,0,0↙

指定下一点或 [放弃(U)]: ↙

2 绘制二维多段线。

确保处于"三维建模"工作空间，在功能区"常用"选项卡的"绘图"面板中单击"多段线"按钮 ⤵，执行下列操作。

命令: _pline

指定起点: 0,0↙

当前线宽为 0.0000

指定下一个点或 [圆弧(A)/半宽(H)/长度(L)/放弃(U)/宽度(W)]: 30,31↙

指定下一点或 [圆弧(A)/闭合(C)/半宽(H)/长度(L)/放弃(U)/宽度(W)]: A✓

指定圆弧的端点(按住〈Ctrl〉键以切换方向)或 [角度(A)/圆心(CE)/闭合(CL)/方向(D)/半宽(H)/直线(L)/半径(R)/第二个点(S)/放弃(U)/宽度(W)]: 60,31✓

指定圆弧的端点(按住〈Ctrl〉键以切换方向)或 [角度(A)/圆心(CE)/闭合(CL)/方向(D)/半宽(H)/直线(L)/半径(R)/第二个点(S)/放弃(U)/宽度(W)]: 102,38✓

指定圆弧的端点(按住〈Ctrl〉键以切换方向)或 [角度(A)/圆心(CE)/闭合(CL)/方向(D)/半宽(H)/直线(L)/半径(R)/第二个点(S)/放弃(U)/宽度(W)]: @50<15✓

指定圆弧的端点(按住〈Ctrl〉键以切换方向)或 [角度(A)/圆心(CE)/闭合(CL)/方向(D)/半宽(H)/直线(L)/半径(R)/第二个点(S)/放弃(U)/宽度(W)]: ✓

完成的多段线如图 10-21 所示。

③ 创建旋转网格。

在功能区"网格"选项卡的"图元"面板中单击"旋转网格"按钮，或者在菜单栏中选择"绘图"→"建模"→"网格"→"旋转网格"命令，进行如下操作。

命令: _revsurf

当前线框密度: SURFTAB1=6 SURFTAB2=6

选择要旋转的对象: //选择步骤2绘制的二维多段

选择定义旋转轴的对象: //选择步骤1绘制的直线

指定起点角度 <0>:✓

指定包含角 (+=逆时针, -=顺时针) <360>:✓

创建的旋转网格如图 10-22 所示。

图 10-21 绘制多段线

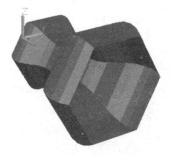

图 10-22 创建的旋转网格

此时，所看到的旋转网格模型不够圆滑。如果要获得较为圆滑的网格模型，则通常需在创建旋转网格之前，设置合适的线框密度，即设置较大的"SURFTAB1""SURFTAB2"的参数值来获得满意的网格模型效果。倘若在本例中，在创建旋转网格之前，先按照下列操作设置变量"SURFTAB1"和"SURFTAB2"的参数值，那么最终得到的旋转网格显示效果如图 10-23 所示。

命令: SURFTAB1✓

输入 SURFTAB1 的新值 <6>: 24✓

命令: SURFTAB2✓

输入 SURFTAB2 的新值 <6>: 24✓

图 10-23 旋转网格的显示效果

10.3.2 绘制平移网格

绘制平移网格的操作实例如下。

1 绘制直线。

命令: LINE✓

指定第一个点: 0,0,0✓

指定下一点或 [放弃(U)]: 100,30,0✓

指定下一点或 [放弃(U)]: ✓

2 绘制样条曲线。

命令: SPLINE✓

当前设置: 方式=拟合　节点=弦

指定第一个点或 [方式(M)/节点(K)/对象(O)]: -10,0,0✓

输入下一个点或 [起点切向(T)/公差(L)]: -10,-10,20✓

输入下一个点或 [端点相切(T)/公差(L)/放弃(U)]: -12,20,36✓

输入下一个点或 [端点相切(T)/公差(L)/放弃(U)/闭合(C)]: -10,5,50✓

输入下一个点或 [端点相切(T)/公差(L)/放弃(U)/闭合(C)]: ✓

绘制的直线和样条曲线如图 10-24 所示。

3 确保处于"三维建模"工作空间,在功能区"网格"选项卡的"图元"面板中单击"平移网格"按钮,或者在菜单栏中选择"绘图"→"建模"→"网格"→"平移网格"命令,进行如下操作。

命令: _tabsurf

当前线框密度: SURFTAB1=6

选择用作轮廓曲线的对象:　　　　//选择样条曲线

选择用作方向矢量的对象:　　　　//选择直线

创建的平移网格如图 10-25 所示。

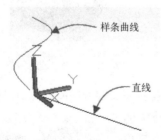

图 10-24　绘制的直线和样条曲线

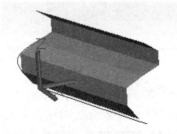

图 10-25　创建平移网格

10.3.3 绘制直纹网格

绘制直纹网格的操作实例如下。

1 绘制圆。

命令: CIRCLE✓

指定圆的圆心或 [三点(3P)/两点(2P)/切点、切点、半径(T)]: 0,0,0✓

指定圆的半径或 [直径(D)]: D✓

指定圆的直径: 20✓

命令: CIRCLE✓

指定圆的圆心或 [三点(3P)/两点(2P)/切点、切点、半径(T)]: 5,2,25✓

指定圆的半径或 [直径(D)] <10.0000>: D✓

指定圆的直径 <20.0000>: 36✓

绘制的两个圆如图 10-26 所示。

2 创建直纹网格。

确保处于"三维建模"工作空间,在功能区"网格"选项卡的"图元"面板中单击"直纹网格"按钮，或者在菜单栏中选择"绘图"→"建模"→"网格"→"直纹网格"命令,进行如下操作。

命令: _rulesurf

当前线框密度: SURFTAB1=6

选择第一条定义曲线:　　　　　　　　　　　　　　//选择小圆

选择第二条定义曲线:　　　　　　　　　　　　　　//选择大圆

绘制的直纹网格如图 10-27 所示。

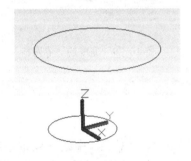

图 10-26　绘制两个圆　　　　　　　　　图 10-27　绘制直纹网格

10.3.4　绘制边界网格

确保处于"三维建模"工作空间,在功能区"网格"选项卡的"图元"面板中单击"边界网格"按钮，或者在菜单栏中选择"绘图"→"建模"→"网格"→"边界网格"命令,可以在四条彼此相连的边或曲线之间创建网格,所述的边可以为直线、样条曲线、圆弧或开放的多段线,这些边必须在端点处相交以形成一个闭合路径。

绘制边界网格的操作实例如下。

1 单击"打开"按钮，打开"TSM_10_边界曲面.DWG"文件,文件中存在着图 10-28 所示的封闭图形。

2 定义网格密度。在命令窗口的命令行中进行以下操作。

命令: SURFTAB1✓

输入 SURFTAB1 的新值 <24>: 56✓

命令: SURFTAB2✓

输入 SURFTAB2 的新值 <24>: 56✓

3 确保处于"三维建模"工作空间,在功能区"网格"选项卡的"图元"面板中单击

"边界网格"按钮，进行下列操作。

命令:_edgesurf

当前线框密度: SURFTAB1=56   SURFTAB2=56

选择用作曲面边界的对象 1:

选择用作曲面边界的对象 2:

选择用作曲面边界的对象 3:

选择用作曲面边界的对象 4::

创建的边界网格如图 10-29 所示。

图 10-28   原始图形

图 10-29   完成的边界网格

10.4   绘制基本三维实体实例

在现代机械制图中，绘制三维实体已经被视为机械零件造型设计中的一项重要组成部分。在 AutoCAD 2017 中，创建基本三维实体的命令位于菜单栏的 "绘图"→"建模"级联菜单中（见图 10-30），而创建基本实体的工具按钮则位于 "三维建模"工作空间的功能区的"实体"选项卡中（如图 10-31 所示，也可以在相应的工具栏中查找到）。

图 10-30   三维建模的菜单命令

图 10-31   实体建模工具

在本节中，将结合操作实例详细地介绍绘制基本三维实体的操作方法。在本节中如果没有特别说明，均默认在"三维建模"工作空间中进行设计工作。

10.4.1 绘制正方体和长方体

绘制立方体和长方体的实例操作步骤如下。

1 在功能区"实体"选项卡的"图元"面板中单击"长方体"按钮□。

2 根据命令行提示进行如下操作。

命令: _box
指定第一个角点或 [中心(C)]: C✓
指定中心: 0,0,0✓
指定角点或 [立方体(C)/长度(L)]: C✓
指定长度: 35✓
绘制的立方体如图 10-32 所示。

3 单击"长方体"按钮□。

4 根据命令行提示进行如下操作。

命令: _box
指定第一个角点或 [中心(C)]: C✓
指定中心: 100,100,0✓
指定角点或 [立方体(C)/长度(L)]: L✓
指定长度 <35.0000>: 50✓
指定宽度: 30✓
指定高度或 [两点(2P)] <35.0000>: 100✓
绘制的长方体如图 10-33 所示。

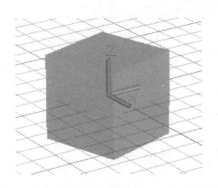

图 10-32　绘制立方体

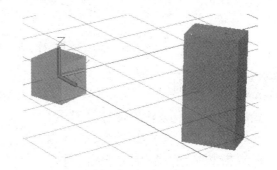

图 10-33　绘制长方体

10.4.2 绘制多段体

绘制多段体实例的操作步骤如下。

1 在功能区"实体"选项卡的"图元"面板中单击"多段体"按钮□。

2 根据命令行提示进行下列操作。

命令: _Polysolid 高度 = 80.0000, 宽度 = 5.0000, 对正 = 居中
指定起点或 [对象(O)/高度(H)/宽度(W)/对正(J)] <对象>: H✓

指定高度 <80.0000>: 50↙

高度 = 50.0000, 宽度 = 5.0000, 对正 = 居中

指定起点或 [对象(O)/高度(H)/宽度(W)/对正(J)] <对象>: W↙

指定宽度 <5.0000>: 4.8↙

高度 = 50.0000, 宽度 = 4.8000, 对正 = 居中

指定起点或 [对象(O)/高度(H)/宽度(W)/对正(J)] <对象>: 0,0↙

指定下一个点或 [圆弧(A)/放弃(U)]: 60,60↙

指定下一个点或 [圆弧(A)/放弃(U)]: 60,100↙

指定下一个点或 [圆弧(A)/闭合(C)/放弃(U)]: A↙

指定圆弧的端点或 [闭合(C)/方向(D)/直线(L)/第二个点(S)/放弃(U)]: 0,180↙

指定下一个点或 [圆弧(A)/闭合(C)/放弃(U)]: 指定圆弧的端点或 [闭合(C)/方向(D)/直线(L)/第二个点(S)/放弃(U)]: -60,100↙

指定下一个点或 [圆弧(A)/闭合(C)/放弃(U)]: 指定圆弧的端点或 [闭合(C)/方向(D)/直线(L)/第二个点(S)/放弃(U)]: L↙

指定下一个点或 [圆弧(A)/闭合(C)/放弃(U)]: -80,30↙

指定下一个点或 [圆弧(A)/闭合(C)/放弃(U)]: C↙

完成的多段体如图 10-34 所示。

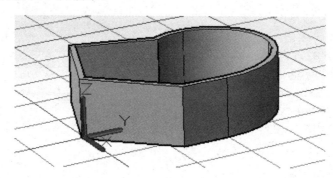

图 10-34 完成的多段体

10.4.3 绘制楔体

绘制楔体的实例操作步骤如下。

① 在功能区"实体"选项卡的"图元"面板中单击"楔体"按钮 。

② 根据命令行提示进行下列操作。

命令: _wedge

指定第一个角点或 [中心(C)]: C↙

指定中心: 0,0,0↙

指定角点或 [立方体(C)/长度(L)]: C↙

指定长度: 65↙

绘制的第 1 个楔体模型如图 10-35 所示。

③ 单击"楔体"按钮 ，根据命令行提示进行下列操作。

命令: _wedge

指定第一个角点或 [中心(C)]: C↙

指定中心: 80,30,0↙

指定角点或 [立方体(C)/长度(L)]: L↙

指定长度 <65.0000>: 30↙

指定宽度: 20↙

指定高度或 [两点(2P)] <65.0000>: 100↙

绘制的第2个楔体模型如图10-36所示。

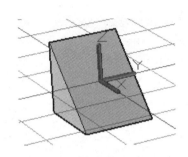

图 10-35 绘制的楔体1

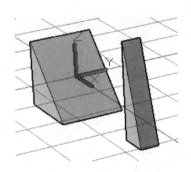

图 10-36 完成的两个楔体

10.4.4 绘制球体

在 AutoCAD 2017 中，创建球体模型需要直接或间接地定义球体的球心位置和球体的半径或直径。

绘制球体的实例操作步骤如下。

1 在命令行中进行下列操作。

命令: ISOLINES↙

输入 ISOLINES 的新值 <4>: 24↙

知识点拨: "ISOLINES"参数控制着当前线框密度，该值设置大些，则曲面便显示地更光滑逼真，即曲面造型的精细程度就越高。读者可以在本实例中分别给"ISOLINES"设置若干个有效值（其有效范围为 0~2047），注意观察球体的显示效果。

2 在功能区"实体"选项卡的"图元"面板中单击"球体"按钮⊙。

3 根据命令行提示执行下列操作。

命令: _sphere

指定中心点或 [三点(3P)/两点(2P)/切点、切点、半径(T)]: 0,0,0↙

指定半径或 [直径(D)]: D↙

指定直径: 82.5↙

绘制的球体如图10-37所示。

图 10-37 绘制的球体

10.4.5 绘制圆柱体与椭圆柱

绘制圆柱体与椭圆柱的实例操作步骤如下。

1️⃣ 在功能区"实体"选项卡的"图元"面板中单击"圆柱体"按钮 🔘。

2️⃣ 根据命令行提示进行下列操作。

命令: _cylinder

指定底面的中心点或 [三点(3P)/两点(2P)/切点、切点、半径(T)/椭圆(E)]: 0,0,0✓

指定底面半径或 [直径(D)] <41.2500>: D✓

指定直径 <82.5000>: 50✓

指定高度或 [两点(2P)/轴端点(A)] <100.0000>: 120✓

绘制的圆柱体如图 10-38 所示。

3️⃣ 单击"圆柱体"按钮 🔘，根据命令行提示进行下列操作。

命令: _cylinder

指定底面的中心点或 [三点(3P)/两点(2P)/切点、切点、半径(T)/椭圆(E)]: E✓

指定第一个轴的端点或 [中心(C)]: C✓

指定中心点: 200,120✓

指定到第一个轴的距离 <25.0000>: 30✓

指定第二个轴的端点: 100,60✓

指定高度或 [两点(2P)/轴端点(A)] <120.0000>: 65✓

绘制的椭圆柱体如图 10-39 所示。

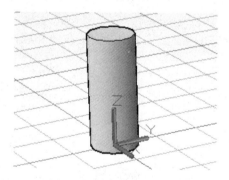

图 10-38　绘制圆柱体

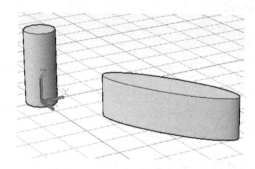

图 10-39　绘制椭圆柱

10.4.6　绘制圆环体

绘制圆环体的实例操作步骤如下。

1️⃣ 在功能区"实体"选项卡的"图元"面板中单击"圆环体"按钮 ◎。

2️⃣ 根据命令行的提示进行下列操作。

命令: _torus

指定中心点或 [三点(3P)/两点(2P)/切点、切点、半径(T)]: 0,0,0✓

指定半径或 [直径(D)] <25.0000>: D✓

指定圆环体的直径 <50.0000>: 98✓

指定圆管半径或 [两点(2P)/直径(D)]: D✓

指定圆管直径 <0.0000>: 18✓

绘制的圆环体如图 10-40 所示。

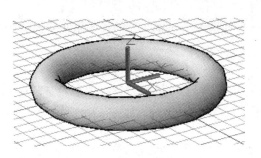

图 10-40　绘制的圆环体

10.4.7　绘制棱锥面体

绘制棱锥面体的实例操作步骤如下。

1 在功能区"实体"选项卡的"图元"面板中单击"棱锥体"按钮 ◇。

2 根据命令行的提示进行下列操作。

命令: _pyramid
　4 个侧面　外切
指定底面的中心点或 [边(E)/侧面(S)]: 0,0,0✓
指定底面半径或 [内接(I)] <49.0000>: 36✓
指定高度或 [两点(2P)/轴端点(A)/顶面半径(T)] <65.0000>: 50✓

绘制的棱锥体如图 10-41 所示。

3 单击"棱锥体"按钮 ◇，根据命令行的提示进行下列操作。

命令: _pyramid
　4 个侧面　外切
指定底面的中心点或 [边(E)/侧面(S)]: S✓
输入侧面数 <4>: 6✓
指定底面的中心点或 [边(E)/侧面(S)]: 80,80,0✓
指定底面半径或 [内接(I)] <50.9117>: 50✓
指定高度或 [两点(2P)/轴端点(A)/顶面半径(T)] <50.0000>: 30✓

绘制的具有 6 个侧面的棱锥体如图 10-42 所示。

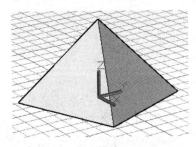

图 10-41　绘制的棱锥体

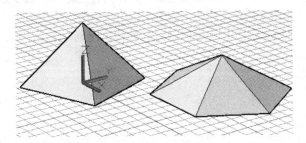

图 10-42　完成的模型效果

10.4.8　绘制圆锥体

绘制圆锥体的实例操作步骤如下。

① 在功能区"实体"选项卡的"图元"面板中单击"圆锥体"按钮⚪。

② 根据命令行的提示进行下列操作。

命令: _cone

指定底面的中心点或 [三点(3P)/两点(2P)/切点、切点、半径(T)/椭圆(E)]: 0,0✓

指定底面半径或 [直径(D)] <57.7350>: D✓

指定直径 <115.4701>: 39✓

指定高度或 [两点(2P)/轴端点(A)/顶面半径(T)] <30.0000>: 88✓

绘制的该圆锥体如图 10-43 所示。

③ 单击"圆锥体"按钮⚪，进行下列操作。

命令: _cone

指定底面的中心点或 [三点(3P)/两点(2P)/切点、切点、半径(T)/椭圆(E)]: 60,60✓

指定底面半径或 [直径(D)] <19.5000>: D✓

指定直径 <39.0000>: 49✓

指定高度或 [两点(2P)/轴端点(A)/顶面半径(T)] <88.0000>: T✓

指定顶面半径 <0.0000>: 12.5✓

指定高度或 [两点(2P)/轴端点(A)] <88.0000>: 60✓

完成绘制的三维实体如图 10-44 所示。

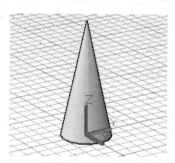

图 10-43 绘制的圆锥体

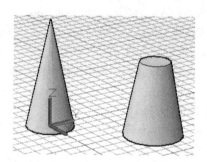

图 10-44 绘制的三维实体

10.5 由二维图形创建实体的实例

本节实例的重点知识包括拉伸、旋转、扫掠和放样工具的应用。

10.5.1 拉伸

在功能区"实体"选项卡的"实体"面板中单击"拉伸"按钮🔼，或者选择菜单栏中的"绘图"→"建模"→"拉伸"命令，可以将指定的有效二维图形沿着 Z 轴或某条方向轨迹拉伸而形成实体或曲面。倘若二维图形由多种图元组成，那么可以将这些图元生成一个面域，该面域作为有效的拉伸对象，从而创建拉伸实体。下面介绍一个关于拉伸操作的实例，其具体的操作步骤说明如下。

① 新建一个使用"Acadiso.dwt"预定义图形样板的图形文件，在图形区域中绘制图 10-45 所示的二维图形。

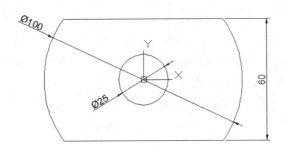

图 10-45   绘制二维图形

2 切换到"三维建模"工作空间，在功能区"常用"选项卡的"绘图"面板中单击"面域"按钮 ，根据命令行提示进行下列操作。

命令：_region
选择对象：指定对角点：找到 5 个   //以窗口选择的方式框选整个二维图形
选择对象：✓   //按〈Enter〉键
已提取 2 个环。
已创建 2 个面域。

3 在功能区"常用"选项卡的"实体编辑"面板中单击"差集"按钮 ，根据命令行提示进行下列操作。

命令：_subtract
选择要从中减去的实体、曲面和面域...
选择对象：找到 1 个   //选择图 10-46 所示的大面域
选择对象：✓
选择要减去的实体、曲面和面域...
选择对象：找到 1 个   //选择图 10-47 所示的小面域
选择对象：✓

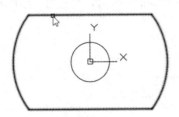

图 10-46   选择大面域   图 10-47   选择小面域

4 在功能区"常用"选项卡的"建模"面板中单击"拉伸"按钮 ，或者在功能区"实体"选项卡的"实体"面板中单击"拉伸"按钮 ，进行下列操作。

命令：_extrude
当前线框密度： ISOLINES=4，闭合轮廓创建模式 = 实体
选择要拉伸的对象或 [模式(MO)]：_MO 闭合轮廓创建模式 [实体(SO)/曲面(SU)] <实体>：_SO
选择要拉伸的对象或 [模式(MO)]：找到 1 个   //选择面域
选择要拉伸的对象或 [模式(MO)]：✓
指定拉伸的高度或 [方向(D)/路径(P)/倾斜角(T)/表达式(E)]：25✓

知识点拨： 默认拉伸方向沿着 Z 轴正方向。当然，也可以指定拉伸的方向、路径和倾斜角。例如，可以沿着某条方向轨迹拉伸二维图形，但拉伸的方向轨迹不能与被拉伸的对象共面，而且尽量不使用带尖角的曲线。

① 在功能区打开"常用"选项卡，接着在"视图"面板的"三维导航"下拉列表框中选择"东南等轴测"，此时模型的显示效果如图 10-48 所示。

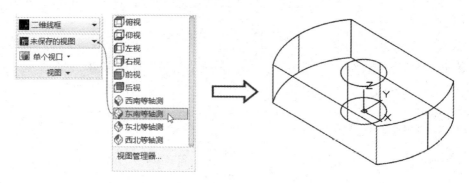

图 10-48　东南等轴测显示效果

10.5.2　旋转

在功能区"实体"选项卡的"实体"面板中单击"旋转"按钮，或者选择菜单栏中的"绘图"→"建模"→"旋转"命令，可以将有效的闭合二维对象绕指定的轴线旋转，从而生成旋转实体。

请看下面的一个操作实例。

① 新建一个使用"TSM_制图样板.dwt"预定义图形样板（该图形样板位于网盘资料的"图形样板"文件夹里）的图形文件，在图形区域中绘制图 10-49 所示的二维图形，图中未注倒角为 C1.5（1.5×45°）。

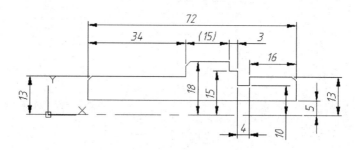

图 10-49　绘制二维图形

② 切换到"三维建模"工作空间，在功能区"实体"选项卡的"实体"面板中单击"旋转"按钮，接着根据命令行提示进行如下操作。

命令: _revolve
当前线框密度:　ISOLINES=4，闭合轮廓创建模式 = 实体
选择要旋转的对象或 [模式(MO)]: _MO 闭合轮廓创建模式 [实体(SO)/曲面(SU)] <实体>: _SO

选择要旋转的对象或 [模式(MO)]: 指定对角点: 找到 15 个　　　 //框选图 10-50 所示的图形

选择要旋转的对象或 [模式(MO)]: ✓

指定轴起点或根据以下选项之一定义轴 [对象(O)/X/Y/Z] <对象>: <打开对象捕捉>

　　　　　　　　　　　　　　　　　　　　　 //选择中心线的左端点

指定轴端点:　　　　　　　　　　　　　　　 //选择中心线的右端点

指定旋转角度或 [起点角度(ST)/反转(R)/表达式(EX)] <360>: ✓

创建的旋转体（模型）如图 10-51 所示。

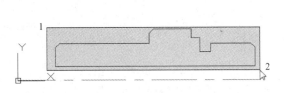

图 10-50　框选要旋转的对象

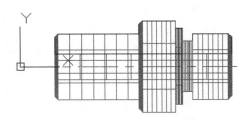

图 10-51　创建的旋转模型

　　　3 在功能区打开"常用"选项卡，接着在"视图"面板的"三维导航"下拉列表框中选择"西南等轴测"，此时模型的显示效果如图 10-52 所示。

　　　4 在功能区中打开"可视化"选项卡，接着在"视觉样式"面板中单击"消隐"按钮👄，则三维模型效果如图 10-53 所示。

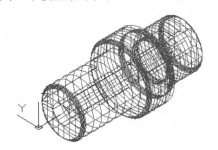

图 10-52　三维模型效果

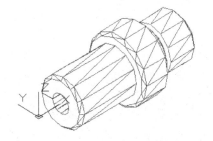

图 10-53　消隐效果

10.5.3　扫掠

　　　使用"扫掠"（SWEEP）命令，可以通过沿着路径扫掠二维对象、三维对象或子对象来创建三维实体或曲面。在该操作中，可以扫掠多个对象，但是这些对象必须位于同一平面中。需要注意的是，开放的曲线创建曲面，闭合的曲线创建实体或曲面（具体取决于指定的模式）。

　　　下面以一个操作实例来辅助介绍扫掠的操作步骤。

　　　1 新建一个使用"Acadiso.dwt"预定义图形样板的图形文件。切换到"三维建模"工作空间，在功能区"常用"选项卡的"视图"面板中，从"三维导航"下拉列表框中选择"西南等轴测"选项。

　　　2 在功能区"常用"选项卡的"绘图"面板中单击"螺旋"按钮🗑，进行下列操作。

命令: _Helix

圈数 = 3.0000　　　扭曲=CCW

指定底面的中心点: 0,0↙

指定底面半径或 [直径(D)] <1.0000>: D↙

指定直径 <2.0000>: 25↙

指定顶面半径或 [直径(D)] <12.5000>: ↙

指定螺旋高度或 [轴端点(A)/圈数(T)/圈高(H)/扭曲(W)] <1.0000>: T↙

输入圈数 <3.0000>: 12↙

指定螺旋高度或 [轴端点(A)/圈数(T)/圈高(H)/扭曲(W)] <1.0000>: 100↙

创建的螺旋线如图 10-54 所示。

③ 绘制图 10-55 所示的小圆，其命令操作如下。

命令: CIRCLE↙

指定圆的圆心或 [三点(3P)/两点(2P)/切点、切点、半径(T)]: 50,0↙

指定圆的半径或 [直径(D)] <50.0000>: D↙

指定圆的直径 <100.0000>: 3↙

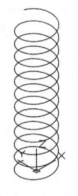
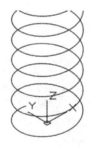

图 10-54　创建螺旋线　　　　　图 10-55　在 XY 平面上绘制小圆

④ 在功能区切换到"实体"选项卡，从"实体"面板中单击"扫掠"按钮🌀，根据命令行提示进行下列操作。

命令: _sweep

当前线框密度: ISOLINES=4，闭合轮廓创建模式 = 实体

选择要扫掠的对象或 [模式(MO)]: _MO 闭合轮廓创建模式 [实体(SO)/曲面(SU)] <实体>: _SO

选择要扫掠的对象或 [模式(MO)]: 找到 1 个　　　　　　　　　//选择绘制的小圆

选择要扫掠的对象或 [模式(MO)]: ↙

选择扫掠路径或 [对齐(A)/基点(B)/比例(S)/扭曲(T)]:　　　　　//选择螺旋线

通过扫掠而成的三维模型如图 10-56 所示（图中显示的为消隐状态下的三维模型）。

知识点拨: 在进行扫掠操作的过程中，可以根据需要选择"对齐""基点""比例"或"扭曲"等选项。这几个选项的功能含义如下。

● "对齐"选项: 用于指定是否对齐轮廓以使其作为扫掠路径切向的法向。默认情况下，轮廓是对齐的。值得注意的是，如果轮廓曲线不垂直于（法线指向）路径曲线起点的切向，则轮廓曲线将自动对齐；出现对齐提示时输入"No"以避免该情况的发生。

- "基点"选项：指定要扫掠对象的基点。如果指定的点不在选定对象所在的平面上，则该点将被投影到该平面上。
- "比例"选项：指定比例因子以进行扫掠操作。从扫掠路径的开始到结束，比例因子将统一应用到扫掠的对象。
- "扭曲"选项：设置正被扫掠的对象的扭曲角度。扭曲角度指定沿扫掠路径全部长度的旋转量。

■ 在功能区中切换到"可视化"选项卡，接着在该选项卡的"视觉样式"面板中的视觉样式列表框中选择"概念"，则三维模型的显示效果如图 10-57 所示。

图 10-56　扫掠模型　　　　　　图 10-57　"概念"显示

10.5.4　放样

使用"放样"（LOFT）命令，可以通过指定一系列横截面来创建新的实体或曲面，所述的横截面用于定义结果实体或曲面的截面轮廓（形状）。值得注意的是，横截面（通常为曲线或直线）可以是开放的（如圆弧），也可以是闭合的（如圆）。"放样"命令用于在横截面之间的空间内绘制实体或曲面。使用"放样"命令时必须指定至少两个横截面。

下面介绍一个放样操作实例。

■ 新建一个使用"acadiso3d.dwt"图形样板的图形文件，并使用"三维建模"工作空间进行设计工作。

■ 绘制第 1 个圆。

在功能区"常用"选项卡的"绘图"面板中单击"圆：圆心、半径"按钮，接着根据命令行提示进行如下操作。

命令: _circle
指定圆的圆心或 [三点(3P)/两点(2P)/切点、切点、半径(T)]: 0,0✓
指定圆的半径或 [直径(D)]: D✓
指定圆的直径: 16✓

■ 新建用户坐标。

在命令窗口的命令行中进行下列操作。

命令: UCS✓
当前 UCS 名称: *世界*
指定 UCS 的原点或 [面(F)/命名(NA)/对象(OB)/上一个(P)/视图(V)/世界(W)/X/Y/Z/Z 轴(ZA)] <世界>:
0,0,10✓

指定 X 轴上的点或 <接受>:↙

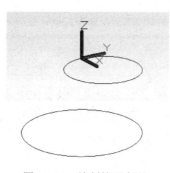 绘制第 2 个圆。

在功能区"常用"选项卡的"绘图"面板中单击"圆：圆心、半径"按钮◎，根据命令行的提示进行下列操作。

命令: _circle

指定圆的圆心或 [三点(3P)/两点(2P)/切点、切点、半径(T)]: 5,0↙

指定圆的半径或 [直径(D)] <8.0000>: 5↙

至此，绘制的两个圆如图 10-58 所示。

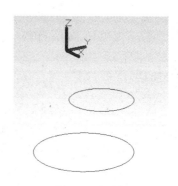 新建用户坐标。

在命令窗口的命令行中进行下列操作。

命令: UCS↙

当前 UCS 名称: *没有名称*

指定 UCS 的原点或 [面(F)/命名(NA)/对象(OB)/上一个(P)/视图(V)/世界(W)/X/Y/Z/Z 轴(ZA)] <世界>: -5,0,5↙

指定 X 轴上的点或 <接受>:↙

新 UCS 坐标如图 10-59 所示。

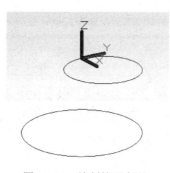

图 10-58　绘制的两个圆

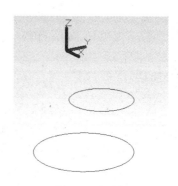

图 10-59　新 UCS

绘制第 3 个圆。

在功能区"常用"选项卡的"绘图"面板中单击"圆：圆心、半径"按钮◎，接着根据命令行提示进行如下操作。

命令: _circle

指定圆的圆心或 [三点(3P)/两点(2P)/切点、切点、半径(T)]: 0,0↙

指定圆的半径或 [直径(D)] <5.0000>: 3↙

绘制的第 3 个圆如图 10-60 所示。

放样操作。

在功能区打开"实体"选项卡，在"实体"选项卡的"实体"面板中单击"放样"按钮◎，根据命令行提示进行如下操作。

命令: _loft

当前线框密度: ISOLINES=4，闭合轮廓创建模式 = 实体

按放样次序选择横截面或 [点(PO)/合并多条边(J)/模式(MO)]: _MO 闭合轮廓创建模式 [实体(SO)/曲面(SU)] <实体>: _SO

按放样次序选择横截面或 [点(PO)/合并多条边(J)/模式(MO)]: 找到 1 个

//选择第 1 个圆（半径最大的）

按放样次序选择横截面或 [点(PO)/合并多条边(J)/模式(MO)]: 找到 1 个，总计 2 个

//选择第 2 个圆

按放样次序选择横截面或 [点(PO)/合并多条边(J)/模式(MO)]: 找到 1 个，总计 3 个

//选择第 3 个圆（半径最小的）

按放样次序选择横截面或 [点(PO)/合并多条边(J)/模式(MO)]: ✓

选中了 3 个横截面

输入选项 [导向(G)/路径(P)/仅横截面(C)/设置(S)] <仅横截面>: S✓ //选择"设置"选项

系统弹出"放样设置"对话框，设置图 10-61 所示的选项。

图 10-60　绘制第 3 个圆

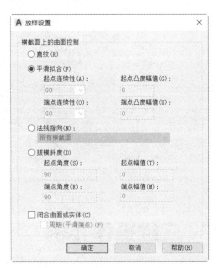

图 10-61　"放样设置"对话框

在"放样设置"对话框中单击"确定"按钮，完成的放样效果如图 10-62 所示。

知识点拨： 对于选定的这 3 个横截面，可以通过在"放样设置"对话框上设置不同的曲面控制选项，获得不同的放样效果。例如在该对话框的"横截面上的曲面控制"选项组中选择"直纹"单选按钮时，最终得到的模型效果如图 10-63 所示。读者可以尝试设置不同的选项，预览其对应的模型效果。

图 10-62　放样效果

图 10-63　直纹放样效果

另外，要修改已经建立好的三维实体，可以采用的方法是先选中要修改的三维对象，接着单击"特性"按钮或按〈Ctrl+1〉组合键，打开图 10-64 所示的"特性"选项板，从中修改相关的选项或参数等即可。

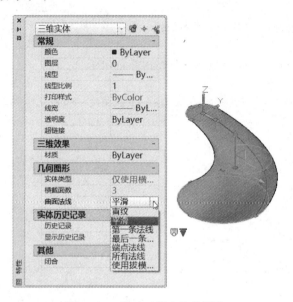

图 10-64　修改三维实体的属性

10.6　三维操作实例

在 AutoCAD 2017 中，三维操作主要包括三维移动、三维旋转、三维对齐、三维镜像、三维阵列等操作。这些三维操作的命令位于菜单栏的"修改"→"三维操作"的级联菜单中，读者也可以从功能区的"修改"面板中找到三维操作的工具按钮，如图 10-65 所示。

图 10-65　三维操作的相关工具按钮

10.6.1　三维移动

可以在三维视图中显示三维移动小控件，以便将三维对象在指定方向上移动指定的距离。使用三维移动小控件可以自由移动选定的对象和子对象，或将移动约束到轴或平面。

三维移动实例如下。

1 打开网盘资料中"CH10"文件夹中的"TSM_10_三维移动.dwg"文件，文件中存在的三维模型如图 10-66a 所示。

2 切换到"三维建模"工作空间，从功能区"常用"选项卡的"修改"面板中单击"三维移动"按钮，接着根据命令行提示进行下列操作。

命令: _3dmove

选择对象: 找到 1 个 //选择圆环体

选择对象: ✓

指定基点或 [位移(D)] <位移>: 0,0✓

指定第二个点或 <使用第一个点作为位移>: 100,100✓

进行三维移动操作的结果如图 10-66b 所示。

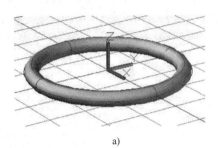
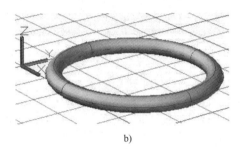

a)   b)

图 10-66 三维移动操作实例

a) 原始模型 b) 通过指定基点和第二个点移动三维模型

知识点拨: 在执行三维移动的过程中选中要移动的三维对象后，系统将显示小控件，此时可以通过单击小控件上的相应位置之一来进行约束移动，见表 10-2。例如在上述实例中单击"三维移动"按钮，选择圆环体并按〈Enter〉键完成对象选择后，系统将显示一个小控件，此时使用鼠标光标单击小控件轴之间的区域便可将移动约束到该平面上，移动鼠标光标指定移动点即可按照约束移动所选圆环体，如图 10-67 所示。

表 10-2 三维移动小控件的应用技巧

序号	约束移动	操作说明	小控件图例
1	沿轴移动	单击轴以将移动约束到该轴上	
2	沿平面移动	单击轴之间的区域以将移动约束到该平面上	

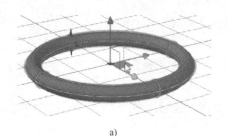
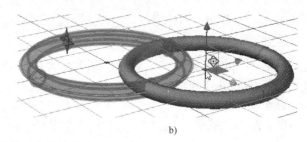

a)   b)

图 10-67   使用三维移动小控件移动三维对象的示例

a) 单击轴之间的区域以将移动约束到该平面上   b) 指定移动点沿平面移动

10.6.2   三维旋转

切换到"三维建模"工作空间，从功能区"常用"选项卡的"修改"面板中单击"三维旋转"按钮⬡，可以将选定的三维对象进行旋转操作，例如绕指定轴（X、Y 或 Z 轴）、视图等进行旋转操作。执行"三维旋转"命令，在三维视图中也将显示三维旋转小控件以协助绕基点旋转三维对象。

三维旋转的操作实例如下。

① 打开网盘资料中"CH10"文件夹中的"TSM_10_三维旋转.dwg"文件，文件中存在的三维模型如图 10-68 所示。

② 切换到"三维建模"工作空间，从功能区"常用"选项卡的"修改"面板中单击"三维旋转"按钮⬡，根据命令行提示进行下列操作。

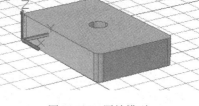

图 10-68   原始模型

```
命令: _3drotate
UCS 当前的正角方向:  ANGDIR=逆时针  ANGBASE=0
选择对象: 找到 1 个              //选择三维模型
选择对象: ↙
指定基点:                        //选择图 10-69 所示的轮廓边线的中点作为基点
拾取旋转轴:                      //通过三维旋转小控件选择 Y 轴
指定角的起点或键入角度: 90↙     //输入角度为 90°
```

此三维旋转操作的图解及结果如图 10-70 所示。

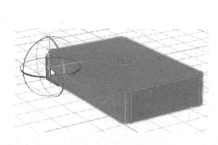

图 10-69   指定基点

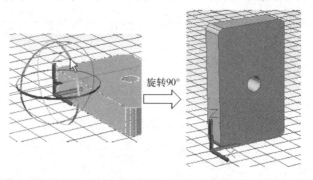

旋转90°

图 10-70   三维旋转操作及结果

10.6.3 对齐与三维对齐

切换到"三维建模"工作空间，其功能区"常用"选项卡的"修改"面板中包含有"三维对齐"按钮🖪和"对齐"按钮🖫（如果使用"AutoCAD 经典"工作空间，则可在菜单栏的"修改"→"三维操作"级联菜单中找到"三维对齐"和"对齐"这两个命令）。这两个命令可用来在二维和三维空间中将对象与其他对象对齐，不同之处在于："三维对齐"命令可以为源对象指定一个、两个或三个点，然后可为目标指定相应的一个、两个或三个点来完成三维对齐操作；"对齐"命令则可以指定一对、两对或三对点（每一对点包括一个源点和一个目标定义点）以移动、旋转或倾斜选定对象，从而将它们与其他对象上的点对齐。

下面介绍一个典型的操作实例，具体步骤如下。

🔳 打开网盘资料中"CH10"文件夹中的"TSM_10_对齐操作.dwg"文件，文件中已存在的三维模型如图 10-71 所示。

🔳 设置显示菜单栏，接着从菜单栏中选择"工具"→"绘图设置"命令，弹出"草图设置"对话框。在"对象捕捉"选项卡中设置图 10-72 所示的对象捕捉模式，然后单击"确定"按钮。

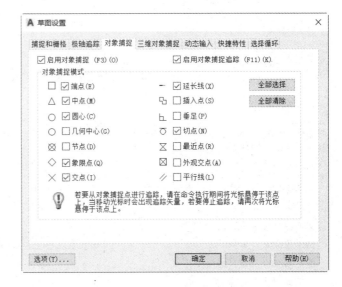

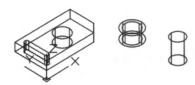

图 10-71 原始模型   图 10-72 "草图设置"对话框

🔳 切换到"三维建模"工作空间，在功能区"常用"选项卡的"修改"面板中单击"对齐"按钮🖫，根据命令行提示进行如下操作。

命令：_align
选择对象：找到 1 个   //选择图 10-73 所示的对象
选择对象：↙
指定第一个源点：   //选择图 10-74 所示的圆心 1
指定第一个目标点：   //选择图 10-74 所示的圆心 2
指定第二个源点：↙

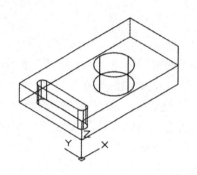

图 10-73　选择对象

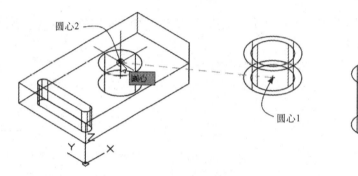

图 10-74　指定第一对源点与目标点

对齐结果如图 10-75 所示。

④ 在功能区"常用"选项卡的"修改"面板中单击"三维对齐"按钮，根据命令行提示进行下列操作。

```
命令: _3dalign
选择对象: 指定对角点: 找到 1 个          //选择小圆柱体
选择对象: ↙
指定源平面和方向 ...
指定基点或 [复制(C)]:                    //在圆柱体上选择图 10-76 所示的圆心/三维中心点
指定第二个点或 [继续(C)] <C>:↙
指定目标平面和方向 ...
指定第一个目标点:                        //圆柱体依附着光标，选择图 10-77 所示的圆心
指定第二个目标点或 [退出(X)] <X>:↙
```

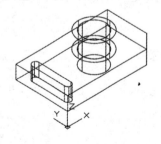
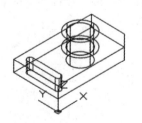

图 10-75　对齐结果

图 10-76　指定基点

在功能区中选择"可视化"选项卡，接着在"可视化"选项卡的"视觉样式"面板中单击"消隐"按钮，则得到的模型效果如图 10-78 所示。

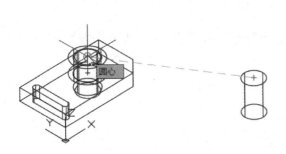

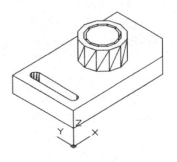

图 10-77　指定第一目标点　　　　　　　　　　图 10-78　消隐结果

10.6.4　三维镜像

三维镜像操作就是创建相对于某一个平面的镜像对象。请看下面的操作实例，在该实例中还介绍了如何合并两个独立的实体模型。

打开网盘资料"CH10"文件夹中的"TSM_10_三维镜像.dwg"文件，文件中已存在的三维模型如图 10-79 所示。在状态栏中通过单击"对象捕捉"按钮来取消选中该按钮，进而取消启用"对象捕捉"模式，接着右击"三维对象捕捉"按钮（如果状态栏中没有显示此按钮，那么需要通过单击"自定义"按钮来设置在状态栏中显示此按钮）并从弹出的快捷菜单中选择"对象捕捉设置"命令，打开"草图设置"对话框，自动切换至"三维对象捕捉"选项卡，确保勾选"启用三维对象捕捉"复选框，从"对象捕捉模式"选项组中勾选"顶点""边中点""面中心"和"节点"复选框，如图 10-80 所示，然后单击"确定"按钮。

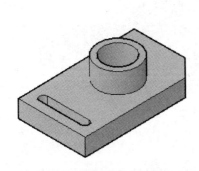

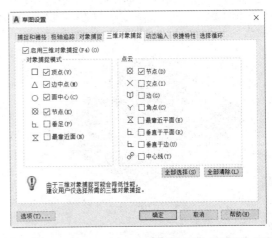

图 10-79　原始的三维模型　　　　　　图 10-80　设置三维对象捕捉模式

切换到"三维建模"工作空间，在功能区"常用"选项卡的"修改"面板中单击"三维镜像"按钮，接着根据命令行提示进行下列操作。

命令: _mirror3d

选择对象: 找到 1 个   //选择原始的三维模型

选择对象: ↙

指定镜像平面 (三点) 的第一个点或

    [对象(O)/最近的(L)/Z 轴(Z)/视图(V)/XY 平面(XY)/YZ 平面(YZ)/ZX 平面(ZX)/三点(3)] <三点>:

                                           //选择图 10-81 所示的顶点 1

在镜像平面上指定第二点: //选择图 10-81 所示的顶点 2

在镜像平面上指定第三点: //选择图 10-81 所示的顶点 3

是否删除源对象? [是(Y)/否(N)] <否>:↙

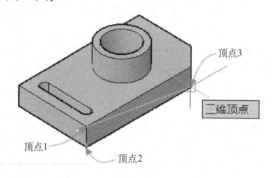

图 10-81   指定镜像平面的三点

三维镜像操作的结果如图 10-82 所示。

    ❸ 在功能区 "常用" 选项卡的 "实体编辑" 面板中单击 "并集" 按钮⬤, 根据命令行提示进行下列操作。

命令: _union

选择对象: 找到 1 个   //选择镜像操作得到的模型

选择对象: 找到 1 个, 总计 2 个   //选择原始模型

选择对象: ↙

合并结果如图 10-83 所示。

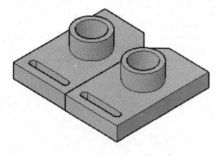

图 10-82   三维镜像的结果

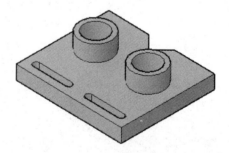

图 10-83   求并集

10.6.5   三维阵列

    使用 "三维阵列" 命令, 可以按照矩形或极轴排列方式创建对象的三维矩阵。在下面的操作实例中, 使用了三维阵列操作。在 AutoCAD 2017 中, 也可以使用 "环形阵列" ⬚、

"矩形阵列" ▦▦和"路径阵列" ⌇⌇来进行三维模型阵列设计。

1️⃣ 打开网盘资料"CH10"文件夹中的"TSM_10_阵列.dwg"文件，文件中已存在的三维模型如图 10-84 所示，一共有 3 个实体模型。

2️⃣ 切换到"三维建模"工作空间，设置显示菜单栏，接着在菜单栏中选择"修改"→"三维操作"→"三维阵列"命令，根据命令行提示进行下列操作。

命令: _3darray
选择对象: 找到 1 个　　　　　　　　　　//选择长方体
选择对象: ✓
输入阵列类型 [矩形(R)/环形(P)] <矩形>:R✓
输入行数 (---) <1>: 2✓
输入列数 (|||) <1>: 2✓
输入层数 (...) <1>:✓
指定行间距 (---): -60✓
指定列间距 (|||): 85✓
阵列操作后的模型效果如图 10-85 所示。

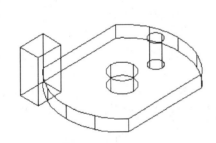
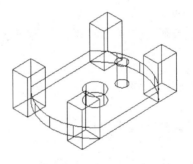

图 10-84　文件中的模型　　　　　　　　图 10-85　矩形阵列

知识点拨: 如果使用"三维基础"工作空间，那么可以在功能区"常用"选项卡的"修改"面板中单击"三维阵列"按钮▦。

3️⃣ 在菜单栏中选择"修改"→"实体编辑"→"差集"命令，根据命令行提示进行下列操作。

命令: _subtract 选择要从中减去的实体、曲面和面域...
选择对象: 找到 1 个　　　　　　　　　　//选择图 10-86 所示的三维实体
选择对象: ✓
选择要减去的实体、曲面和面域...
选择对象: 找到 1 个　　　　　　　　　　//选择第 1 个长方体
选择对象: 找到 1 个，总计 2 个　　　　　//选择第 2 个长方体
选择对象: 找到 1 个，总计 3 个　　　　　//选择第 3 个长方体
选择对象: 找到 1 个，总计 4 个　　　　　//选择第 4 个长方体
选择对象: ✓
求差集的结果如图 10-87 所示。

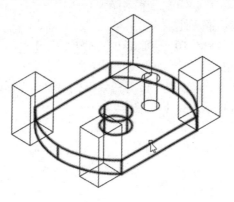

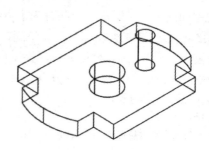

图 10-86　选择对象　　　　　　　　　　　图 10-87　求差集的结果

在菜单栏中选择"修改"→"三维操作"→"三维阵列"命令，根据命令行提示进行下列操作。注意启用"对象捕捉"模式和"三维对象捕捉"模式。

命令: _3darray
选择对象: 找到 1 个　　　　　　　　　　　//选择小圆柱体
选择对象: ↙
输入阵列类型 [矩形(R)/环形(P)] <矩形>:P↙
输入阵列中的项目数目: 6↙
指定要填充的角度 (+=逆时针, -=顺时针) <360>:↙
旋转阵列对象?　[是(Y)/否(N)] <Y>:↙
指定阵列的中心点:　　　　　　　　　//选择（捕捉到）图 10-88 所示的圆心/三维中心点
指定旋转轴上的第二点:　　　　　　　//选择（捕捉到）图 10-89 所示的圆心

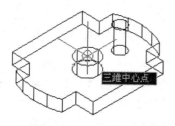

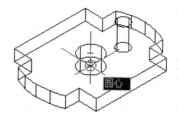

图 10-88　选择阵列的中心点　　　　　　　图 10-89　指定旋转轴上的第 2 点

环形阵列操作后，得到的模型效果如图 10-90 所示。

在菜单栏中选择"修改"→"实体编辑"→"差集"命令，根据命令行提示进行下列操作。

命令: _subtract 选择要从中减去的实体、曲面和面域…
选择对象: 找到 1 个　　　　　　　　　//选择体积大的"扁平"模型
选择对象: ↙
选择要减去的实体、曲面和面域…
选择对象: 找到 1 个　　　　　　　　　//选择第 1 个小圆柱体
选择对象: 找到 1 个，总计 2 个　　　　//选择第 2 个小圆柱体
选择对象: 找到 1 个，总计 3 个　　　　//选择第 3 个小圆柱体
选择对象: 找到 1 个，总计 4 个　　　　//选择第 4 个小圆柱体

选择对象: 找到 1 个, 总计 5 个 　　//选择第 5 个小圆柱体
选择对象: 找到 1 个, 总计 6 个 　　//选择第 6 个小圆柱体
选择对象: ✓

求差集的结果如图 10-91 所示。

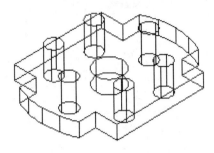

图 10-90　环形阵列

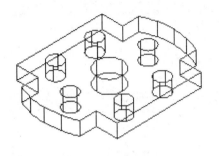

图 10-91　求差集的结果

6 在菜单栏中选择"视图"→"消隐"命令, 模型效果如图 10-92 所示。

7 在菜单栏中选择"视图"→"视觉样式"→"概念"命令, 得到的模型效果如图 10-93 所示。

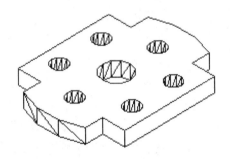

图 10-92　消隐的模型效果

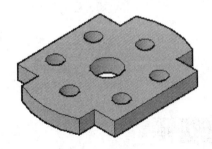

图 10-93　概念视觉样式

10.7　实体编辑实例

在 AutoCAD 2017 中, 实体编辑主要包括"并集""差集""交集""压印边""圆角边""倒角边""着色边""复制边""拉伸面""移动面""偏移面""删除面""旋转面""倾斜面""着色面""复制面""清除""分割""抽壳"和"检查"。这些实体编辑的工具按钮位于功能区"常用"选项卡的"实体编辑"面板中(以"三维建模"工作空间为例), 如图 10-94a 所示; 实体编辑的菜单命令位于菜单栏的"修改"→"实体编辑"的级联菜单中, 如图 10-94b 所示。在本节中, 主要通过实例的形式介绍"抽壳""并集""差集"和"交集"的实体编辑操作。对于其他实体编辑操作, 希望读者参考软件帮助文件等资料辅助学习。

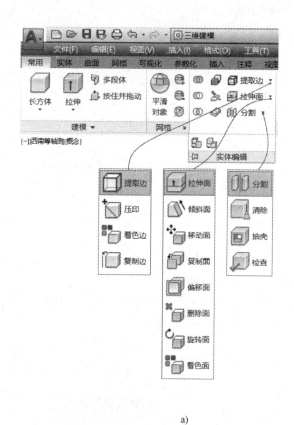

a)   b)

图 10-94　实体编辑的工具按钮及菜单命令

a) 实体编辑的工具按钮　b) 实体编辑的菜单命令

10.7.1　抽壳

抽壳是用指定的厚度创建的一个空的薄层（薄壁），可以为所有面指定一个固定的薄层（薄壁）厚度。通过选择面可以将这些指定的面排除在壳外。值得注意的是，一个三维实体只能有一个壳。

抽壳的典型操作实例如下。

1 打开网盘资料中"CH10"文件夹中的"TSM_10_抽壳.dwg"文件，文件中存在的三维模型如图 10-95 所示。

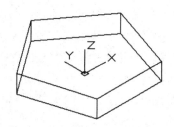

图 10-95　文件中已有的三维实体

② 切换到"三维建模"工作空间，从功能区"常用"选项卡的"实体编辑"面板中单击"抽壳"按钮▣，接着根据命令提示进行以下操作。

命令: _solidedit

实体编辑自动检查: SOLIDCHECK=1

输入实体编辑选项 [面(F)/边(E)/体(B)/放弃(U)/退出(X)] <退出>: _body

输入体编辑选项

[压印(I)/分割实体(P)/抽壳(S)/清除(L)/检查(C)/放弃(U)/退出(X)] <退出>: _shell

选择三维实体: //选择三维实体

删除面或 [放弃(U)/添加(A)/全部(ALL)]: 找到一个面, 已删除 1 个。//在图 10-96 所示的顶面单击

删除面或 [放弃(U)/添加(A)/全部(ALL)]: ✓   //按〈Enter〉键

输入抽壳偏移距离: 2.5✓

已开始实体校验。

已完成实体校验。

输入体编辑选项

[压印(I)/分割实体(P)/抽壳(S)/清除(L)/检查(C)/放弃(U)/退出(X)] <退出>: ✓

实体编辑自动检查: SOLIDCHECK=1

输入实体编辑选项 [面(F)/边(E)/体(B)/放弃(U)/退出(X)] <退出>: ✓

抽壳效果如图 10-97 所示。

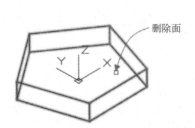
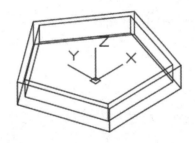

图 10-96　指定要删除的面　　　　　　图 10-97　抽壳效果

③ 在功能区中打开"可视化"选项卡，接着在该选项卡的"视觉样式"面板中单击"消隐"按钮▣，模型效果如图 10-98 所示。

④ 在功能区"可视化"选项卡的"视觉样式"面板中，从视觉样式列表框中选择"灰度"，则得到的模型视觉显示效果如图 10-99 所示。

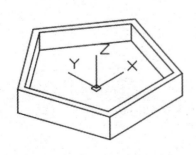

图 10-98　消隐效果　　　　　　图 10-99　使用"灰度"视觉样式

10.7.2 并集

　　并集是指通过加法操作来合并选定的三维实体或二维面域。下面通过实例的形式介绍并集的典型操作方法。

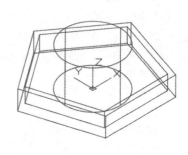

图 10-100　存在的两个实体模型

　　1 打开网盘资料中"CH10"文件夹中的"TSM_10_并集.dwg"文件，文件中存在的两个三维实体模型如图 10-100 所示。

　　2 切换到"三维建模"工作空间，在功能区"常用"选项卡的"实体编辑"面板中单击"并集"按钮⑩，接着根据命令提示进行以下操作。

> 命令: _union
>
> 选择对象: 找到 1 个　　　　　　　　//选择图 10-101 所示的圆柱体
>
> 选择对象: 找到 1 个，总计 2 个　　　//选择另一个实体
>
> 选择对象: ↙

　　合并后的模型消隐效果如图 10-102 所示。

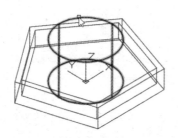

图 10-101　选择圆柱体

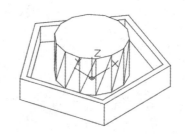

图 10-102　合并成一个实体

10.7.3 差集

　　差集是通过减法操作来处理选定的三维实体或二维面域。

　　典型的差集操作实例如下。

　　1 打开网盘资料中"CH10"文件夹中的"TSM_10_差集.dwg"文件，文件中存在的两个三维实体模型如图 10-103 所示。

　　2 切换到"三维建模"工作空间，在功能区"常用"选项卡的"实体编辑"面板中单击"差集"按钮⑩，接着根据命令提示进行以下操作。

> 命令: _subtract
>
> 选择要从中减去的实体、曲面和面域...
>
> 选择对象: 找到 1 个　　　　　　　　//选择图 10-104 所示的三维实体
>
> 选择对象: ↙
>
> 选择要减去的实体、曲面和面域...
>
> 选择对象: 找到 1 个　　　　　　　　//选择图 10-105 所示的小圆柱体
>
> 选择对象: ↙

　　求差集的结果如图 10-106 所示（消隐显示效果）。

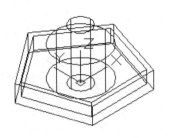

图 10-103 存在的两个三维实体

图 10-104 选择要从中减去体积的实体

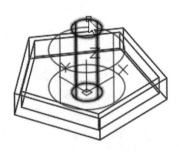

图 10-105 选择要减去的实体

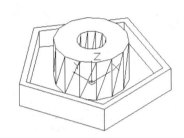

图 10-106 求差集的结果

10.7.4 交集

交集是从重叠部分或区域创建三维实体或二维面域。

典型的交集操作实例如下。

1 打开网盘资料中"CH10"文件夹中的"TSM_10_交集.dwg"文件，文件中存在的三维实体模型如图 10-107 所示。

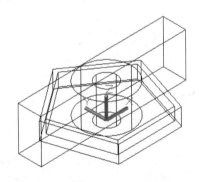

图 10-107 已有三维实体

2 切换到"三维建模"工作空间，在功能区"常用"选项卡的"实体编辑"面板中单击"交集"按钮 ⑩，接着根据命令提示进行以下操作。

命令:_intersect
选择对象: 找到 1 个   //选择图 10-108 所示的对象 1
选择对象: 找到 1 个, 总计 2 个   //选择图 10-109 所示的对象 2
选择对象: ↙

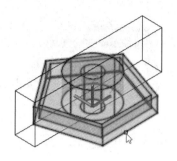

图 10-108　选择对象 1

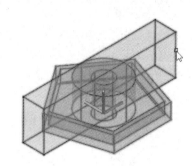

图 10-109　选择对象 2

求交集的结果如图 10-110 所示。

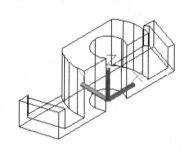

a)

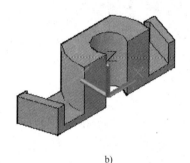

b)

图 10-110　求交集的结果

a)"线框"视觉样式显示　b)"概念"视觉样式显示

10.8　本章点拨

在机械设计领域,三维模型的应用越来越广泛了。AutoCAD 在二维制图方面优势明显,而其在三维机械设计方面也具有一定的特点。设计者应该对 AutoCAD 的三维造型功能有所了解并掌握相关知识。

本章首先介绍了三维制图环境设置,让读者懂得如何进入三维制图的工作空间,然后扼要地介绍了三维坐标系的基本知识、三维视图与设置视点的知识、消隐与视觉样式的基础知识等。

本章通过相关的操作实例,循序渐进地介绍如何绘制三维线条、三维曲面(网格)、基本三维实体等知识。读者应掌握菜单栏中的"绘图"→"建模"级联菜单、"修改"→"三维操作"级联菜单以及"修改"→"实体编辑"级联菜单中的相关命令,并要注意这些命令对应的工具按钮在功能区中的位置。读者也可以通过软件自身的帮助文件来深入了解和进一步掌握其他命令的使用方法。在本章的一些实例中,应用到了求并集和求差集,这是实体编辑的重点内容。

一般情况下,当绘制的二维图形具有多图元时,往往将其生成所需的单个面域,然后才通过拉伸、旋转等方式创建三维实体。

其实,一个机械零件可以看作是由若干个基本体(如球体、圆柱体、长方体和圆锥体等）组成的，因此，一般有这样的设计思路：先设计各个基本体的三维模型，然后通过相关的编辑命令（工具）将这些基本体组合起来，例如求交集、求差集和求并集等。

10.9 思考与特训练习

（1）如何进入三维制图的工作空间？在二维制图模式下可以进行三维制图吗？如何使用 UCS 用户坐标系辅助制图？

（2）坐标（6<60,5）表示什么意思？坐标（@19<65<23）表示什么意思？

（3）在 AutoCAD 2017 中，如何设置所需要的视角或者视点？

（4）请绘制一个边长为 49 的正方体，然后设置其消隐状态，并应用不同的视觉样式，观察正方体模型的显示效果。

（5）先绘制图 10-111 所示的螺旋线和小圆，具体尺寸参数自行确定；然后通过扫掠的方式创建图 10-112 所示的弹簧。

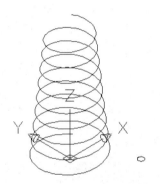

图 10-111 绘制螺旋线和圆

图 10-112 弹簧的三维造型

（6）绘制图 10-113 所示的三维模型。

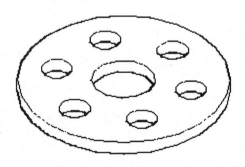

图 10-113 要完成的三维模型

第11章 绘制三维机械零件实例

本章导读:

　　设计三维机械零件是现代机械设计工程师需要掌握的一项重要技能。在本章中，通过几个典型实例深入详细地讲解如何使用 AutoCAD 2017 来创建三维机械零件。本章所介绍的实例包括联轴器、凸轮、支架和普通轴。

11.1 联轴器

本实例要完成的联轴器如图 11-1 所示。

图 11-1 联轴器三维模型

本范例设计方法及步骤如下。

🌑 新建一个图形文件，该文件采用位于网盘资料"图形样板"文件夹中的"TSM_制图样板.dwt"样板。

🌑 按〈Ctrl+S〉组合键，系统弹出"图形另存为"对话框，指定要保存到的目录路径，并将该新图形文件另存为"TSM_联轴器.dwg"。确保使用"三维建模"工作空间。

🌑 绘制图 11-2 所示的二维图形，不必标注尺寸，图中未注的两处倒角的规格尺寸为 C1.5（即 1.5×45°）。

🌑 在功能区"常用"选项卡的"绘图"面板中单击"面域"按钮 🔲 ，根据命令行提示进行以下操作。

命令:_region
选择对象: 指定对角点: 找到 14 个　　　　　//框选所有二维图形
选择对象: ↙
已提取 2 个环。

已创建 2 个面域。

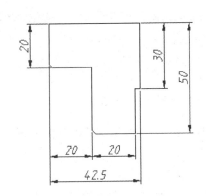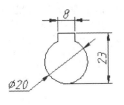

图 11-2　绘制二维图形

在功能区"常用"选项卡的"建模"面板中单击"旋转"按钮，接着根据命令行提示，进行下列操作。

命令: _revolve
当前线框密度: ISOLINES=4，闭合轮廓创建模式 = 实体
选择要旋转的对象或 [模式(MO)]: _MO 闭合轮廓创建模式 [实体(SO)/曲面(SU)] <实体>: _SO
选择要旋转的对象或 [模式(MO)]: 找到 1 个　　　　　　//选择图 11-3 所示的面域
选择要旋转的对象或 [模式(MO)]: ✓
指定轴起点或根据以下选项之一定义轴 [对象(O)/X/Y/Z] <对象>:　//选择图 11-4 所示的端点 1
指定轴端点:　　　　　　　　　　　　　　　　　//选择图 11-4 所示的端点 2
指定旋转角度或 [起点角度(ST)/反转(R)/表达式(EX)] <360>:✓

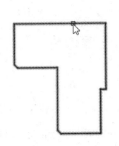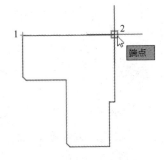

图 11-3　选择要旋转的对象　　　　　　　　图 11-4　定义轴

在功能区"常用"选项卡的"建模"面板中单击"拉伸"按钮，接着根据命令行提示进行下列操作。

命令: _extrude
当前线框密度: ISOLINES=4，闭合轮廓创建模式 = 实体
选择要拉伸的对象或 [模式(MO)]: _MO 闭合轮廓创建模式 [实体(SO)/曲面(SU)] <实体>: _SO
选择要拉伸的对象或 [模式(MO)]: 找到 1 个　　　　　　　//选择键槽形状的面域
选择要拉伸的对象或 [模式(MO)]: ✓
指定拉伸的高度或 [方向(D)/路径(P)/倾斜角(T)/表达式(E)]: 52✓

在功能区"常用"选项卡的"视图"面板中，从其上的"三维导航"下拉列表框中

选择"西南等轴测"命令，如图 11-5 所示。

图 11-5　选择"西南等轴测"三维导航选项

在功能区"常用"选项卡的"修改"面板中单击"对齐"按钮，接着根据命令行提示进行下列操作。

```
命令: _align
选择对象: 找到 1 个                     //选择键槽形状的拉伸体
选择对象: ↙
指定第一个源点:                         //选择图 11-6 所示的圆心 1
指定第一个目标点:                       //选择图 11-6 所示的圆心 2/三维中心点
指定第二个源点:                         //选择图 11-7 所示的圆心 3/三维中心点
指定第二个目标点:                       //选择图 11-7 所示的圆心 4
指定第三个源点或 <继续>:↙
是否基于对齐点缩放对象？[是(Y)/否(N)] <否>:↙
```

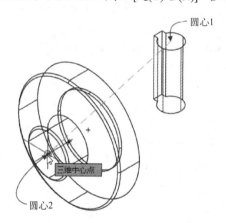

图 11-6　指定第一源点和第二目标点

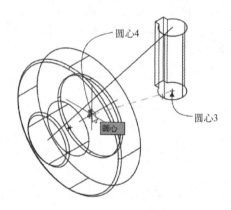

图 11-7　指定第二源点和第二目标点

对齐结果如图 11-8 所示。

在功能区"常用"选项卡的"实体编辑"面板中单击"差集"按钮，根据命令行提示进行下列操作。

```
命令: _subtract
选择要从中减去的实体、曲面和面域...
选择对象: 找到 1 个          //选择图 11-9a 所示的实体
选择对象: ↙
选择要减去的实体、曲面和面域...
选择对象: 找到 1 个          //选择图 11-9b 所示的实体
选择对象: ↙
```

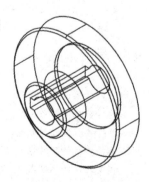

图 11-8　对齐结果

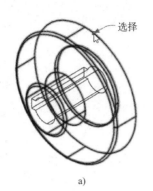 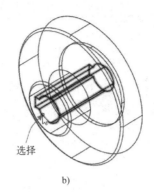

图 11-9　求差集操作

a）选择要从中减去的实体 1　b）选择要减去的实体 2

10 在功能区"常用"选项卡的"视图"面板中，从"三维导航"下拉列表框中选择"左视"选项，此时，模型显示如图 11-10 所示。

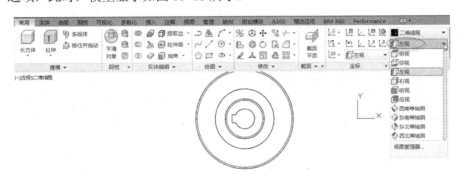

图 11-10　左视效果

11 在功能区"常用"选项卡的"坐标"面板中，单击"原点"按钮，选择图 11-11 所示的圆心作为 UCS 新原点。注意该圆心位于当前视图最前面的。

12 在功能区"常用"选项卡的"绘图"面板中单击"圆：圆心、半径"按钮，根据命令行提示进行如下操作。

命令: _circle
指定圆的圆心或 [三点(3P)/两点(2P)/切点、切点、半径(T)]: 0,40✓
指定圆的半径或 [直径(D)] <10.0000>: D✓
指定圆的直径 <20.0000>: 11✓
创建的小圆如图 11-12 所示。

13 在功能区"常用"选项卡的"建模"面板中单击"拉伸"按钮，接着根据命令行的提示进行下列操作。

命令: _extrude
当前线框密度: ISOLINES=4，闭合轮廓创建模式 = 实体
选择要拉伸的对象或 [模式(MO)]: _MO 闭合轮廓创建模式 [实体(SO)/曲面(SU)] <实体>: _SO
选择要拉伸的对象或 [模式(MO)]: 找到 1 个　　　　　　//选择刚绘制的小圆
选择要拉伸的对象或 [模式(MO)]: ✓
指定拉伸的高度或 [方向(D)/路径(P)/倾斜角(T)/表达式(E)] <52.0000>: -50✓

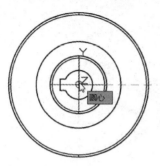

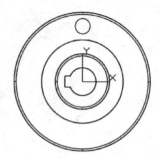

图 11-11　指定 UCS 新原点　　　　　　　　图 11-12　绘制圆

　在功能区"常用"选项卡的"视图"面板中，从"三维导航"下拉列表框中选择"西南等轴测"命令，此时，模型显示如图 11-13 所示。

　在功能区"常用"选项卡的"修改"面板中单击"环形阵列"按钮，根据命令行提示信息进行下列操作。

命令: _arraypolar

选择对象: 找到 1 个　　　　　　　　　　　//选择刚拉伸而成的小圆柱体

选择对象: ✓

类型 = 极轴　关联 = 否

指定阵列的中心点或 [基点(B)/旋转轴(A)]: A✓

指定旋转轴上的第一个点: 0,0,0✓

指定旋转轴上的第二个点: 0,0,-1✓

选择夹点以编辑阵列或 [关联(AS)/基点(B)/项目(I)/项目间角度(A)/填充角度(F)/行(ROW)/层(L)/旋转项目(ROT)/退出(X)] <退出>: I✓

输入阵列中的项目数或 [表达式(E)] <6>: 6✓

选择夹点以编辑阵列或 [关联(AS)/基点(B)/项目(I)/项目间角度(A)/填充角度(F)/行(ROW)/层(L)/旋转项目(ROT)/退出(X)] <退出>: F✓

指定填充角度(+=逆时针、-=顺时针)或 [表达式(EX)] <360>: ✓

选择夹点以编辑阵列或 [关联(AS)/基点(B)/项目(I)/项目间角度(A)/填充角度(F)/行(ROW)/层(L)/旋转项目(ROT)/退出(X)] <退出>: AS✓

创建关联阵列 [是(Y)/否(N)] <否>: N✓

选择夹点以编辑阵列或 [关联(AS)/基点(B)/项目(I)/项目间角度(A)/填充角度(F)/行(ROW)/层(L)/旋转项目(ROT)/退出(X)] <退出>: ✓

环形阵列的结果如图 11-14 所示。

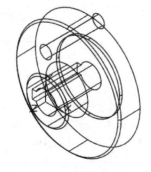

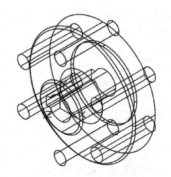

图 11-13　西南等轴测视图效果　　　　　　图 11-14　环形阵列结果

16 在功能区"常用"选项卡的"实体编辑"面板中单击"差集"按钮，根据命令行提示进行下列操作。

命令: _subtract

选择要从中减去的实体、曲面和面域...

选择对象: 找到 1 个 　　　　　　　//选择主（大）实体

选择对象: ↙

选择要减去的实体、曲面和面域...

选择对象: 找到 1 个 　　　　　　　//选择其中的一个小圆柱体

选择对象: 找到 1 个, 总计 2 个 　　//选择第 2 个小圆柱体

选择对象: 找到 1 个, 总计 3 个 　　//选择第 3 个小圆柱体

选择对象: 找到 1 个, 总计 4 个 　　//选择第 4 个小圆柱体

选择对象: 找到 1 个, 总计 5 个 　　//选择第 5 个小圆柱体

选择对象: 找到 1 个, 总计 6 个 　　//选择第 6 个小圆柱体

选择对象: ↙

求差集的结果如图 11-15 所示。

17 在功能区中打开"可视化"选项卡，接着在该选项卡的"视觉样式"面板中单击"消隐"按钮，得到的联轴器三维实体模型效果如图 11-16 所示。

至此，完成了联轴器三维造型的创建。可以在功能区"可视化"选项卡的"视觉样式"面板中，从"视觉样式"下拉列表框中选择"灰度"选项，得到的模型显示效果如图 11-17 所示。

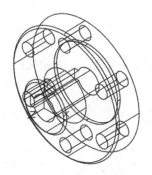
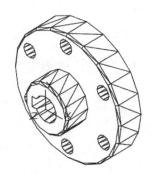

图 11-15　求差集的结果　　　　图 11-16　消隐效果　　　　图 11-17　联轴器

18 按〈Ctrl+S〉组合键来保存文件。

11.2　凸轮

本实例要完成的凸轮如图 11-18 所示。

本范例具体的设计方法及步骤如下。

1 新建一个图形文件，该文件采用网盘资料"图形样板"文件夹中的"TSM_制图样板.dwt"样板。使用"三维建模"工作空间进行本范例操作。

2 按〈Ctrl+S〉组合键，系统弹出"图形另存为"对话框，指定要保存到的目录路径，并将该新图形文件另存为"TSM_11_凸轮.dwg"。

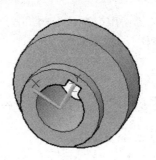

图 11-18　凸轮三维模型

绘制图 11-19 所示的二维图形。

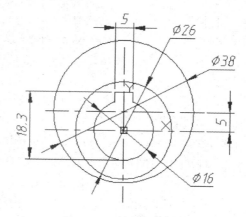

图 11-19　绘制二维图形

在功能区"常用"选项卡的"绘图"面板中单击"面域"按钮，根据命令行提示进行下列操作。

命令: _region
选择对象: 指定对角点: 找到 9 个　　　　　　　　//框选所有的二维图形
选择对象: ✓
已提取 3 个环。
已创建 3 个面域。

在功能区"常用"选项卡的"建模"面板中单击"拉伸"按钮，接着根据命令行提示进行下列操作。

命令: _extrude
当前线框密度: ISOLINES=4, 闭合轮廓创建模式 = 实体
选择要拉伸的对象或 [模式(MO)]: _MO 闭合轮廓创建模式 [实体(SO)/曲面(SU)] <实体>: _SO
选择要拉伸的对象或 [模式(MO)]: 找到 1 个　　　　　//选择图 11-20 所示的对象
选择要拉伸的对象或 [模式(MO)]: ✓
指定拉伸的高度或 [方向(D)/路径(P)/倾斜角(T)/表达式(E)] <-50.0000>: 22✓

在功能区"常用"选项卡的"建模"面板中单击"拉伸"按钮，接着根据命令行提示进行下列操作。

命令: _extrude
当前线框密度: ISOLINES=4, 闭合轮廓创建模式 = 实体

选择要拉伸的对象或 [模式(MO)]：_MO 闭合轮廓创建模式 [实体(SO)/曲面(SU)] <实体>：_SO

选择要拉伸的对象或 [模式(MO)]：找到 1 个   //选择图 11-21 所示的对象

选择要拉伸的对象或 [模式(MO)]：✓

指定拉伸的高度或 [方向(D)/路径(P)/倾斜角(T)/表达式(E)] <22.0000>：✓

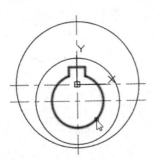

图 11-20　选择要拉伸的对象 1

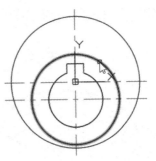

图 11-21　选择要拉伸的对象 2

7 在功能区"常用"选项卡的"建模"面板中单击"拉伸"按钮，接着根据命令行提示进行下列操作。

命令：_extrude

当前线框密度：ISOLINES=4，闭合轮廓创建模式 = 实体

选择要拉伸的对象或 [模式(MO)]：_MO 闭合轮廓创建模式 [实体(SO)/曲面(SU)] <实体>：_SO

选择要拉伸的对象或 [模式(MO)]：找到 1 个   //选择最大的圆（面域）

选择要拉伸的对象或 [模式(MO)]：✓

指定拉伸的高度或 [方向(D)/路径(P)/倾斜角(T)/表达式(E)] <22.0000>：10✓

8 在功能区"常用"选项卡的"可视化"面板中，从"视图"面板的"三维导航"下拉列表框中选择"西南等轴测"等选项来获得所需的立体视图。例如，将模型设置显示为如图 11-22 所示。

9 在功能区"常用"选项卡的"修改"面板中单击"三维移动"按钮，根据命令行提示进行下列操作。

命令：_3dmove

选择对象：找到 1 个   //选择图 11-23 所示的大圆柱体

选择对象：✓

指定基点或 [位移(D)] <位移>：0,0,4✓

指定第二个点或 <使用第一个点作为位移>：✓

正在重生成模型。

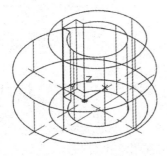

图 11-22　模型效果

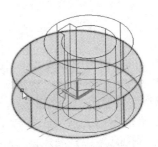

图 11-23　选择对象

⑩ 在功能区"常用"选项卡的"实体编辑"面板中单击"并集"按钮⑩，根据命令行提示进行下列操作。

命令: _union

选择对象: 找到 1 个　　　　　　　　//选择图 11-24 所示的对象

选择对象: 找到 1 个, 总计 2 个　　//选择图 11-25 所示的对象

选择对象: ✓

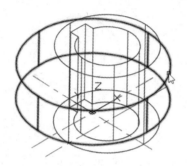

图 11-24　选择对象 1

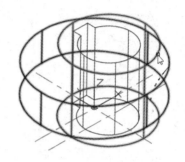

图 11-25　选择对象 2

⑪ 在功能区"常用"选项卡的"实体编辑"面板中单击"差集"按钮⑩，根据命令行提示进行下列操作。

命令: _subtract

选择要从中减去的实体、曲面或面域...

选择对象: 找到 1 个　　　　　　　　//选择图 11-26 所示的对象

选择对象: ✓

选择要减去的实体、曲面或面域 ..

选择对象: 找到 1 个　　　　　　　　//选择图 11-27 所示的对象

选择对象: ✓

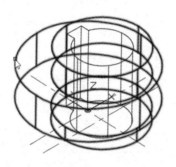

图 11-26　选择要减去的对象 1

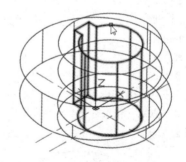

图 11-27　选择要减去的实体 2

⑫ 选择图形中的中心线，按〈Delete〉键将其删除。

⑬ 在功能区"可视化"选项卡的"视觉样式"面板中单击"消隐"按钮⊚，得到的凸轮三维模型效果如图 11-28 所示。

⑭ 在图形窗口右部，在悬浮着的导航栏中选择"自由动态观察"选项⊘，调整视角，如图 11-29 所示，按〈Enter〉键结束自由动态观察操作。

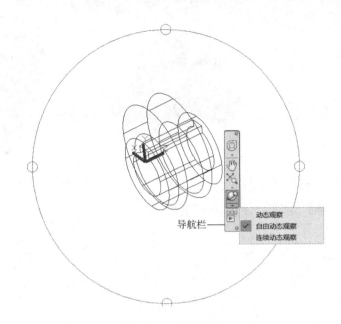

导航栏

图 11-28 消隐效果   图 11-29 调整视角

15 在功能区"可视化"选项卡的"视觉样式"面板中单击"消隐"按钮 ◎，效果如图 11-30 所示。

16 在功能区"可视化"选项卡的"视觉样式"面板中，选择"视觉样式"下拉列表框中的"概念"视觉样式选项，则凸轮的模型效果如图 11-31 所示。

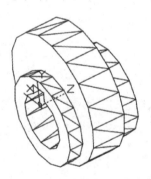 

图 11-30 消隐效果   图 11-31 凸轮的三维模型

17 按〈Ctrl+S〉组合键保存文件。

11.3 支架

本实例要完成的支架模型如图 11-32 所示。

本范例具体的设计方法及步骤如下。

1 新建一个图形文件，该文件采用网盘资料"图形样板"文件夹中的"TSM_制图样板.dwt"样板。本例使用"三维建模"工作空间。

2 将该新图形文件另存为"TSM_11_支架.dwg"。

图 11-32 完成的支架三维模型

3 绘制图 11-33 所示的二维图形。

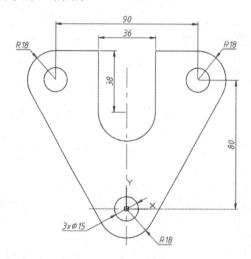

图 11-33 绘制二维图形

技术点拨： 在绘制此二维图形中倾斜的相切直线时，可以分别使用"对象捕捉"替代的"切点"功能来捕捉到递延切点 1 和递延切点 2 来绘制相切直线。下面给出绘制其中一条相切直线的操作说明。

命令: LINE↙

指定第一点: _tan 到   //将鼠标指针置于图形窗口中，按〈Shift〉键的同时单击鼠标右键，接着从弹出的快捷菜单中选择"切点"命令，如图 11-34 所示，然后用鼠标指针在图形中捕捉到递延切点 1

指定下一点或 [放弃(U)]: _tan 到   //同样地，按〈Shift〉键的同时单击鼠标右键，接着从弹出的快捷菜单中选择"切点"命令，然后捕捉递延切点 2

指定下一点或 [放弃(U)]: ↙

4 在功能区"常用"选项卡的"绘图"面板中单击单击"面域"按钮 ◎ ，根据命令行提示进行下列操作。

命令: _region

选择对象: 指定对角点: 找到 15 个   //框选绘制的所有二维图形

选择对象: ↙

已提取 4 个环。

已创建 4 个面域。

图 11-34　对象捕捉替代功能

在功能区"常用"选项卡的"实体编辑"面板中单击"差集"按钮，根据命令行的提示进行下列操作。

命令: _subtract
选择要从中减去的实体、曲面和面域...
选择对象: 找到 1 个　　　　　　　　//选择图 11-35a 所示的对象
选择对象: ↙
选择要减去的实体、曲面和面域...
选择对象: 找到 1 个　　　　　　　　//选择图 11-35b 所示的小面域 1（即小圆 1）
选择对象: 找到 1 个，总计 2 个　　//选择图 11-35b 所示的小面域 2（即小圆 2）
选择对象: 找到 1 个，总计 3 个　　//选择图 11-35b 所示的小面域 3（即小圆 3）
选择对象: ↙

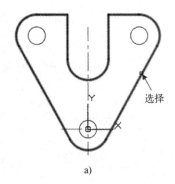
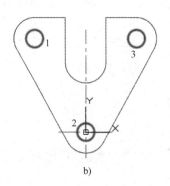

图 11-35　选择对象

a) 选择要从中减去的面域　b) 选择要减去的面域

6 在功能区"常用"选项卡的"建模"面板中单击"拉伸"按钮，接着根据命令行提示进行下列操作。

命令: _extrude

当前线框密度: ISOLINES=4，闭合轮廓创建模式 = 实体

选择要拉伸的对象或 [模式(MO)]: _MO 闭合轮廓创建模式 [实体(SO)/曲面(SU)] <实体>: _SO

选择要拉伸的对象或 [模式(MO)]: 找到 1 个　　　　　　　　　　//选择面域

选择要拉伸的对象或 [模式(MO)]: ↙

指定拉伸的高度或 [方向(D)/路径(P)/倾斜角(T)/表达式(E)]: 15↙

7 在功能区"常用"选项卡的"视图"面板中，从"三维导航"下拉列表框中选择"西南等轴测"选项，此时，模型显示如图 11-36 所示。

8 在命令行中执行如下操作。

命令: UCS↙

当前 UCS 名称: *世界*

指定 UCS 的原点或 [面(F)/命名(NA)/对象(OB)/上一个(P)/视图(V)/世界(W)/X/Y/Z/Z 轴(ZA)] <世界>:

　　//选择图 11-37 所示的三维顶点

指定 X 轴上的点或 <接受>: 0,10,0↙

指定 XY 平面上的点或 <接受>: 0,0,10↙

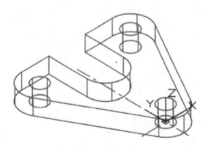

图 11-36　西南等轴测

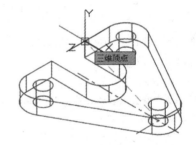

图 11-37　选择实体面

9 绘制图 11-38a 所示的平面草图，图 11-38b 所示为当前 UCS 的平面视图，其中提供了相应的尺寸以供读者绘制此平面剖面，可以通过指定关键点坐标的方式辅助绘制圆和部分直线段。一定要注意所绘制的闭合草图必须位于同一个平面内（即当前 UCS 的 XY 平面内），否则无法在稍后的面域创建中获得两个独立面域。

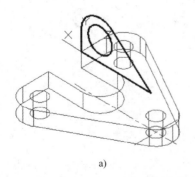

a)

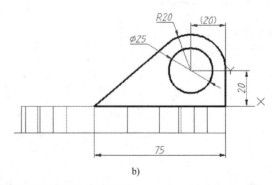

b)

图 11-38　在 UCS 的 XY 平面中绘制草图

a) 完成绘制的平面草图　　b) 剖面的相关尺寸

知识点拨：要显示当前 UCS 的平面视图，则可在菜单栏中选择"视图"→"三维视图"→"平面视图"→"当前 UCS"命令。

⑩ 在"绘图"面板中单击"面域"按钮 ◎，根据命令行提示进行下列操作。

```
命令: _region
选择对象: 找到 1 个
选择对象: 找到 1 个, 总计 2 个
选择对象: 找到 1 个, 总计 3 个
选择对象: 找到 1 个, 总计 4 个
选择对象: 找到 1 个, 总计 5 个
选择对象: ↙
已提取 2 个环。
已创建 2 个面域。
```

在该操作过程中，需要分别选择图 11-39 所示的对象。

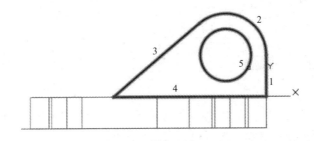

图 11-39 选择对象

⑪ 在"视图"面板的"三维导航"下拉列表框中选择"西南等轴测"命令。

⑫ 在"建模"面板中单击"拉伸"按钮 ⬆，接着根据命令行提示进行下列操作。

```
命令: _extrude
当前线框密度: ISOLINES=4, 闭合轮廓创建模式 = 实体
选择要拉伸的对象或 [模式(MO)]: _MO 闭合轮廓创建模式 [实体(SO)/曲面(SU)] <实体>: _SO
选择要拉伸的对象或 [模式(MO)]: 找到 1 个        //选择图 11-40 所示的大面域
选择要拉伸的对象或 [模式(MO)]: ↙
指定拉伸的高度或 [方向(D)/路径(P)/倾斜角(T)/表达式(E)] <15.0000>: 12↙
```

创建的拉伸实体如图 11-41 所示。

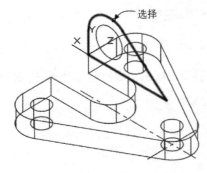

图 11-40 选择大面域

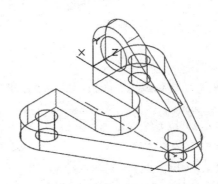

图 11-41 创建拉伸实体

13 在"建模"面板中单击"拉伸"按钮 ⧉，接着根据命令行提示进行下列操作。

命令: _extrude

当前线框密度: ISOLINES=4，闭合轮廓创建模式 = 实体

选择要拉伸的对象或 [模式(MO)]: _MO 闭合轮廓创建模式 [实体(SO)/曲面(SU)] <实体>: _SO

选择要拉伸的对象或 [模式(MO)]: 找到 1 个　　　　　//选择图 11-42 所示的小面域（小圆）

选择要拉伸的对象或 [模式(MO)]: ✓

指定拉伸的高度或 [方向(D)/路径(P)/倾斜角(T)/表达式(E)] <12.0000>: ✓

绘制了小圆柱体，此时模型效果如图 11-43 所示。

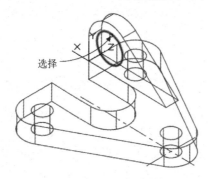
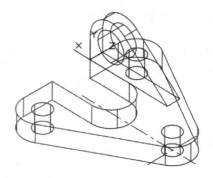

图 11-42　选择小面域　　　　　　　　　图 11-43　模型效果

知识点拨: 步骤 12 和步骤 13 亦可以合并为一个步骤，即执行一次"拉伸"命令来将选定的两个面域一起拉伸，以生成两个独立的拉伸实体。

14 在功能区"常用"选项卡的"视图"面板中，从"视觉样式"下拉列表框中选择"概念"命令，此时模型显示如图 11-44 所示。

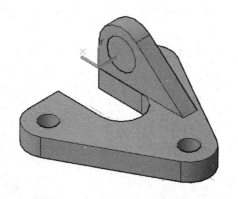

图 11-44　设置"概念"视觉样式

15 在"实体编辑"面板中单击"差集"按钮 ⧀，根据命令行提示进行下列操作。

命令: _subtract

选择要从中减去的实体、曲面和面域...

选择对象: 找到 1 个　　　　　　　　　//选择图 11-45a 所示的对象（鼠标光标所指）

选择对象: ✓

选择要减去的实体、曲面和面域...

选择对象: 找到 1 个　　　　　//选择图 11-45b 所示的圆柱形对象（鼠标光标所指）
选择对象: ✓

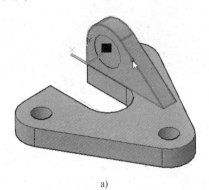 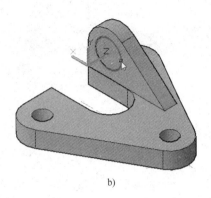

a)　　　　　　　　　　　　　　b)

图 11-45　选择对象

a) 选择要从中减去的实体　b) 选择要减去的圆柱形对象

16 执行下列操作切换到世界坐标系。

命令: UCS✓

当前 UCS 名称: *没有名称*

指定 UCS 的原点或 [面(F)/命名(NA)/对象(OB)/上一个(P)/视图(V)/世界(W)/X/Y/Z/Z 轴(ZA)] <世界>: W✓

此时，坐标系在模型中显示如图 11-46 所示。也可以通过其他选项方式将 UCS 移动到模型的中心镜像面上。

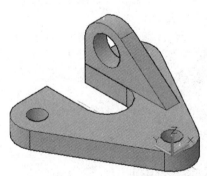

图 11-46　切换回世界坐标系

17 在"修改"面板中单击"三维镜像"按钮 %，根据命令行提示进行下列操作。

命令: _mirror3d

选择对象: 找到 1 个
　　　　　　//选择图 11-47a 所示的对象

选择对象: ✓

指定镜像平面 (三点) 的第一个点或 [对象(O)/最近的(L)/Z 轴(Z)/视图(V)/XY 平面(XY)/YZ 平面(YZ)/ZX 平面(ZX)/三点(3)] <三点>: YZ✓

指定 YZ 平面上的点 <0,0,0>:✓

是否删除源对象? [是(Y)/否(N)] <否>:✓

镜像结果如图 11-47b 所示。

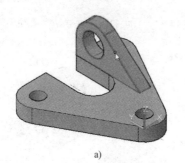 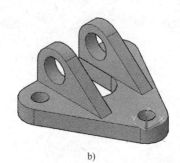

a)   b)

图 11-47   三维镜像操作及结果

a) 选择要镜像的实体   b) 镜像结果

18 在"实体编辑"面板中单击"并集"按钮 ⚬⚬，根据命令行提示分别选择要合并的 3 个实体。如下是并集操作记录。

命令: _union
选择对象: 找到 1 个
选择对象: 找到 1 个，总计 2 个
选择对象: 找到 1 个，总计 3 个
选择对象: ✓
合并效果如图 11-48 所示。

19 删除模型中不需要的辅助中心线。

20 在功能区中切换至"可视化"选项卡，接着在该选项卡的"视觉样式"面板中单击"消隐"按钮 ⬡，效果如图 11-49 所示。

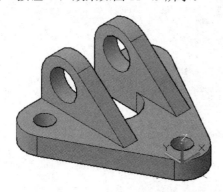 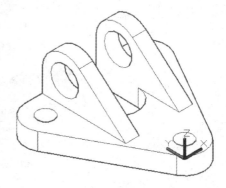

图 11-48   合并的效果   图 11-49   概念消隐效果

21 按〈Ctrl+S〉组合键保存文件。

11.4   普通轴

本实例要完成的普通轴零件如图 11-50 所示。

本范例具体的设计方法及步骤如下。

1 新建一个图形文件，该文件采用网盘资料"图形样板"文件夹中的"TSM_制图样板.dwt"样板。

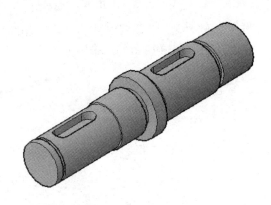

图 11-50 轴的三维模型

② 将该新图形文件另存为 "TSM_11_轴.dwg"。

③ 在 "草图与注释" 工作空间中绘制图 11-51 所示的封闭二维图形。其中最长线段位于 X 轴。

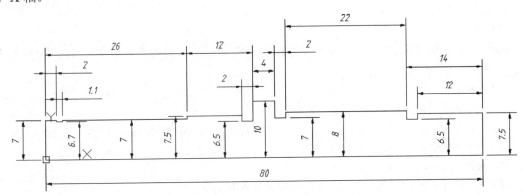

图 11-51 绘制二维图形

④ 单击 "面域" 按钮 ⌷，根据命令行提示进行下列操作。

命令: _region
选择对象: 指定对角点: 找到 22 个　　　　　　　　　//框选所有图形
选择对象: ✓
已提取 1 个环。
已创建 1 个面域。

⑤ 切换到 "三维建模" 工作空间，在功能区 "常用" 选项卡的 "建模" 面板中单击 "旋转" 按钮 ⌷，接着根据命令行提示进行下列操作。

命令: _revolve
当前线框密度: ISOLINES=4，闭合轮廓创建模式 = 实体
选择要旋转的对象或 [模式(MO)]: _MO 闭合轮廓创建模式 [实体(SO)/曲面(SU)] <实体>: _SO
选择要旋转的对象或 [模式(MO)]: 找到 1 个　　　　　　//选择生成的面域
选择要旋转的对象或 [模式(MO)]: ✓
指定轴起点或根据以下选项之一定义轴 [对象(O)/X/Y/Z] <对象>: X✓
指定旋转角度或 [起点角度(ST)/反转(R)/表达式(EX)] <360>:✓

旋转结果如图 11-52 所示。

6 在"三维建模"工作空间的"常用"选项卡中，单击"绘图"面板中的"多段线"按钮 ，在绘图区域的空白处绘制图 11-53 所示的二维图形。

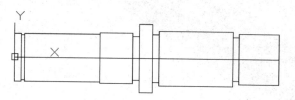

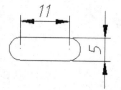

图 11-52　旋转结果

图 11-53　绘制二维图形

7 在功能区"常用"选项卡的"绘图"面板中单击"面域"按钮 ，根据命令行提示进行下列操作。

命令: _region
选择对象: 指定对角点: 找到 1 个　　　　　　//选择刚绘制的二维图形（二维多段线）
选择对象: ↙
已提取 1 个环。
已创建 1 个面域。

8 在功能区"常用"选项卡的"建模"面板中单击"拉伸"按钮 ，接着根据命令行提示进行下列操作。

命令: _extrude
当前线框密度:　ISOLINES=4，闭合轮廓创建模式 = 实体
选择要拉伸的对象或 [模式(MO)]: _MO 闭合轮廓创建模式 [实体(SO)/曲面(SU)] <实体>: _SO
选择要拉伸的对象或 [模式(MO)]: 找到 1 个　　　　//选择刚建立的面域
选择要拉伸的对象或 [模式(MO)]: ↙
指定拉伸的高度或 [方向(D)/路径(P)/倾斜角(T)/表达式(E)]: 6↙

9 在功能区"常用"选项卡的"视图"面板中，从"三维导航"下拉列表框中选择"西南等轴测"选项，接着从"视图"面板的"视觉样式"下拉列表框中选择"概念"选项，此时，模型效果如图 11-54 所示。

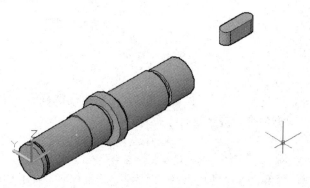

图 11-54　采用"西南等轴测"方位和"概念"视觉样式

10 在功能区"常用"选项卡的"修改"面板中单击"复制"按钮 ，复制出一个规格相同的键槽形状的拉伸实体，如图 11-55 所示。

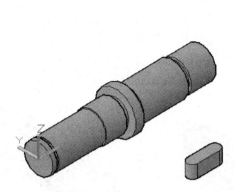

图 11-55 复制出一个拉伸体

11 在功能区"常用"选项卡的"修改"面板中单击"对齐"按钮，根据命令行提示进行下列操作。

命令: _align
选择对象: 找到 1 个　　　　　　　　　//选择创建的第一个拉伸体
选择对象: ✓
指定第一个源点: ✓　　　　　　　　　//选择图 11-56 所示的圆心作为第一个源点
指定第一个目标点: 8.3,0,4✓
指定第二个源点: ✓
对齐结果如图 11-57 所示。

第一个源点

圆心

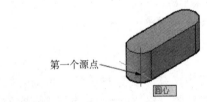

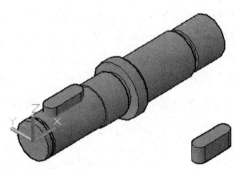

图 11-56 指定第一个源点　　　　　　　　图 11-57 对齐结果

12 使用同样方法，在功能区"常用"选项卡的"修改"面板中单击"对齐"按钮，根据命令行提示进行下列操作。

命令: _align
选择对象: 找到 1 个　　　　　　　　　//选择复制生成的拉伸体（第二个键槽拉伸体）
选择对象: ✓
指定第一个源点: 　　　　　　　　　//选择图 11-58 所示的圆心作为第一个源点
指定第一个目标点: 49,0,5✓
指定第二个源点: ✓

对齐结果如图 11-59 所示。

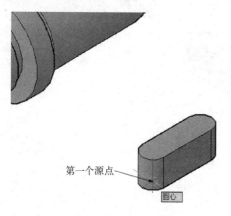

第一个源点

圆心

图 11-58　指定第一个源点

图 11-59　对齐结果

13 在功能区"常用"选项卡的"实体编辑"面板中单击"差集"按钮，根据命令行提示进行下列操作。

命令: _subtract
选择要从中减去的实体、曲面和面域...
选择对象: 找到 1 个　　　　　　　//选择轴的主体（旋转实体）
选择对象: ↙
选择要减去的实体、曲面和面域...
选择对象: 找到 1 个　　　　　　　//选择其中的一个键槽拉伸体
选择对象: 找到 1 个, 总计 2 个　　//选择另一个键槽拉伸体
选择对象: ↙

此时，得到的轴模型如图 11-60 所示。

14 在功能区"常用"选项卡的"视图"面板中，从"视觉样式"下拉列表框中选择"勾画"视觉样式选项，此时可以在绘图区域中观察到图 11-61 所示的类似于真实勾画的图形效果，可以再尝试选择其他的视觉样式选项来观察模型效果。最后从"视觉样式"下拉列表框中选择"隐藏"视觉样式选项，则模型显示效果如图 11-62 所示（已经调整的模型显示视角）。

图 11-60　得到的轴零件

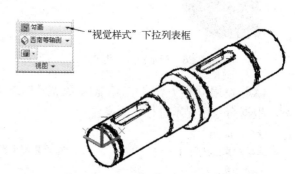

"视觉样式"下拉列表框

图 11-61　使用"勾画"视觉样式

15 创建倒角。

在功能区中切换至"实体"选项卡，从"实体编辑"面板中单击"倒角边"按钮，

根据命令行提示执行以下操作。

命令:_CHAMFEREDGE

距离 1 = 1.0000，距离 2 = 1.0000

选择一条边或 [环(L)/距离(D)]: D✓

指定距离 1 或 [表达式(E)] <1.0000>: 1✓

指定距离 2 或 [表达式(E)] <1.0000>: ✓

选择一条边或 [环(L)/距离(D)]:　　　　　　　　//选择图 11-63 所示的一条边

选择同一个面上的其他边或 [环(L)/距离(D)]: ✓

按〈Enter〉键接受倒角或 [距离(D)]: ✓

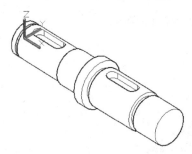　　　　　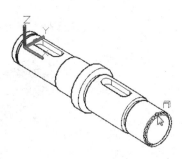

图 11-62　选择"隐藏"视觉样式时　　　　　图 11-63　选择要倒角的一条边

16 在功能区中打开"视图"选项卡，在"选项板"面板中单击"材质浏览器"按钮以选中此按钮，系统打开图 11-64 所示的"材质浏览器"选项板。此时，先在图形窗口中选择轴零件，在"材质浏览器"选项板中单击"Autodesk 库"旁的"三角箭头-展开"按钮，接着从弹出的下拉式的子库列表中选择"金属"，再打开"金属"的下一级列表并选择"钢"，然后从钢列表框中选择"半抛光"材质，如图 11-65 所示。此时可将此材质添加为文档材质。

17 右击"半抛光"材质，如图 11-66 所示，接着从弹出的快捷菜单中选择"指定给当前选择"命令，从而将该材质指定给轴零件。

　　　　　　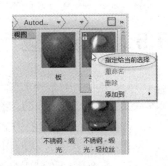

图 11-64　"材质浏览器"选项板　　　图 11-65　选择材质　　　图 11-66　把材质指定给当前选择

18 在功能区"可视化"选项卡的"视觉样式"面板中，从"视觉样式"下拉列表框中选择"着色"选项，并选择"真实面样式"图标选项●，以及在"可视化"选项卡的"材质"面板中选择"材质开/纹理关"图标选项●等，如图 11-67 所示。此时模型着色效果如图 11-68 所示。

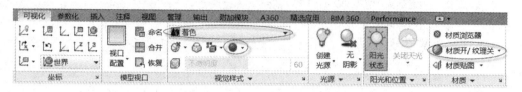

图 11-67 设置与视觉样式和材质相关的选项

图 11-68 指定材质后的模型着色效果

19 在功能区的"可视化"选项卡中还有"光源"面板、"阳光和位置"面板、"渲染"面板和"相机"面板等，如图 11-69 所示，即利用"可视化"选项卡的相关面板还可以根据需要创建光源，设置阴影效果、阳光状态、位置，以及设置渲染选项等内容，最后可通过渲染功能创建三维实体模型的照片级或真实感着色图像。默认情况下，将渲染图形当前视图中的所有对象，如果未指定命名视图或相机视图，那么将渲染当前视图。

图 11-69 功能区的"可视化"选项卡

20 按〈Ctrl+S〉组合键保存文件。

11.5 本章点拨

任何复杂的三维实体造型都是由一些基本的实体（如圆柱体、球体、长方体、楔体等）通过一定的组合方式形成的。在 AutoCAD 2017 中，通常先分别设计各个基本实体（或称基本形体），然后通过一定的方式组合或编辑这些形体，如进行布尔运算（取并集、差集或交集）、各类三维操作等，从而得到复杂的机械零件组合体。

本章以多个典型机械零件作为操作实例，介绍其三维建模的操作步骤及技巧等，从而使读者对使用 AutoCAD 2017 进行三维造型设计形成清晰而深刻的认识。值得注意的是，在三维建模过程中，应该熟练地根据制图目的和要求来随时改变坐标系。

有些实体是通过拉伸、旋转或者扫掠等方式来创建的，这就要求设计人员除了掌握用户坐标系（UCS）的应用之外，还需要掌握如何在三维空间中建立二维图形。通常将这些封闭的二维图形转化为面域。

11.6　思考与特训练习

（1）如何创建面域？创建面域主要有哪些好处？

（2）在一些三维图形（立体图）的设计过程中，需要使用鼠标光标来捕捉到相关的圆心、象限点等，应该如何进行"对象捕捉"设置呢？

（3）在 AutoCAD 2017 中，如何对三维机械零件进行材质的设置？

（4）在 AutoCAD 2017 中，如何添加新光源？

（5）在 AutoCAD 2017 中，如何进行渲染环境的设置？

（6）特训练习：根据图 11-70 所示的平面图尺寸，绘制其三维模型。

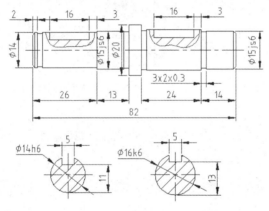

图 11-70　轴的平面图

（7）特训练习：根据图 11-71 所示的三视图，绘制相关的三维模型。

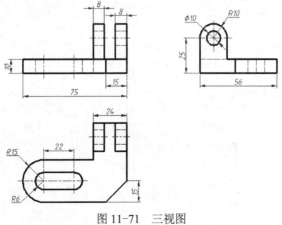

图 11-71　三视图

（8）绘制图 11-72 所示的三维造型，具体的尺寸请自行设置。

（9）绘制图 11-73 所示的三维造型，具体的尺寸请自行设置。

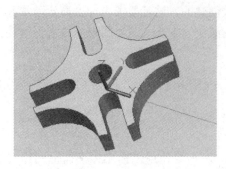

图 11-72　三维造型练习

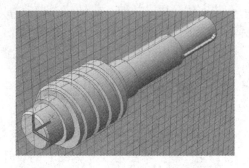

图 11-73　蜗杆轴参考模型